全国机械行业高等职业教育“十二五”规划教材
高等职业教育教学改革精品教材

数控铣削自动编程

（CAXA 版）

主　编　张丽华
副主编　王　睿　刘振江
参　编　郝春玲　张朋辉
主　审　肖卫宁

机械工业出版社

本书重点介绍了“CAXA 制造工程师”2008 版的基本操作、使用技巧和典型应用。全书共分为五个学习情境，每个学习情境选取两个典型项目，分别介绍了曲面零件的自动编程、实体零件的自动编程和叶轮的自动编程。本书将造型、工艺设置、加工方法、程序编制及经验技巧融入典型项目中讲解，基于工作过程进行了教学内容的组织与安排，充分体现了教材内容的实用性、针对性、及时性和新颖性。

本书的讲解由浅入深，循序渐进，适用于高等职业教育机电类专业中从事数控技术、模具设计与制造和计算机辅助设计与制造等专业的学生，也可作为机械设计制造及其自动化专业本科生的教材，还可供数控加工技术人员参考。

图书在版编目（CIP）数据

数控铣削自动编程：CAXA 版/张丽华主编．—北京：机械工业出版社，2011.12

全国机械行业高等职业教育“十二五”规划教材　高等职业教育教学改革精品教材

ISBN 978-7-111-34843-6

Ⅰ.①数…　Ⅱ.①张…　Ⅲ.①数控机床：铣床－计算机辅助设计－软件包，CAXA－高等职业教育－教材　Ⅳ.①TG547

中国版本图书馆 CIP 数据核字（2011）第 238994 号

机械工业出版社（北京市百万庄大街 22 号　邮政编码 100037）
策划编辑：崔占军　边　萌　责任编辑：崔占军　边　萌
版式设计：张世琴　责任校对：李秋荣
封面设计：鞠　杨　责任印制：乔　宇
北京机工印刷厂印刷（三河市南杨庄国丰装订厂装订）
2012 年 2 月第 1 版第 1 次印刷
184mm×260mm·9.25 印张·229 千字
0 001—3 000 册
标准书号：ISBN 978-7-111-34843-6
定价：19.00 元

凡购本书，如有缺页、倒页、脱页，由本社发行部调换

电话服务	网络服务
社服务中心：（010）88361066	门户网：http：//www.cmpbook.com
销售一部：（010）68326294	
销售二部：（010）88379649	教材网：http：//www.cmpedu.com
读者购书热线：（010）88379203	**封面无防伪标均为盗版**

前　言

随着现代科学技术的发展，数控加工在机械制造领域迅速普及。为了满足高职院校和企业培养数控专业人才的需求，使学生获得“工作过程知识”，必须实施基于工作过程的课程，这不是简单地将原有的教学内容进行重新排序，而需要深入彻底地进行教学改革，教学改革的关键是教材改革。

我们以职业标准为主要依据，在借鉴国内外数控技术的先进资料和经验的基础上，引入具有丰富数控自动编程和加工经验的企业一线技术人员和行业专家参与本教材的编写，使教材内容密切联系企业数控加工的生产实际，有利于实现工学结合的人才培养模式。教材内容以“CAXA 制造工程师”2008 版为蓝本，针对典型零件造型设计、加工方法和自动编程等工作任务而编写，选择曲面造型与自动编程、实体造型与自动编程和叶轮造型与自动编程等学习情境，基于工作过程进行了教学内容的组织与安排，充分体现了教材内容的实用性、针对性、及时性和新颖性。

1. 采用基于工作过程的教学思路。教材每个学习情境都具有明确的学习性工作任务和具体的成果展示，通过工作任务制定学习目标和内容，根据所学知识制定项目实施计划。

2. 理论知识与实践技能相结合。传统机械 CAD/CAM 教材设计和加工是独立讲解的，而教材则通过典型的工作任务将设计、加工和仿真融为一体，真正做到理实一体化，体现了工作任务实施的完整性。

3. 所选项目类型有一定难度。教材所选项目涉及到的理论知识和加工技能不仅全面而且具有一定的难度，训练学生在学习中拓宽思路，提高解决实际问题的能力。

4. 引入最先进的多轴加工技术。通过叶轮轴的四轴加工和典型叶轮的五轴加工，体现了最先进的多轴加工技术的应用。

5. 在培养专业能力的同时，促进学生团队能力的发展和综合素质的提高。

本教材适用于高等职业教育机电类专业中从事数控技术、模具设计与制造和计算机辅助设计与制造等专业的学生。也可作为机械设计制造及其自动化专业本科生的教材，还可供数控加工技术人员参考。

本教材由渤海船舶职业学院张丽华任主编，渤海船舶职业学院王睿、沈阳理工大学应用技术学院刘振江任副主编，渤海船舶职业学院郝春玲、中航工业沈阳黎明航空发动机（集团）有限责任公司张朋辉参加了部分内容的编写。具体分工如下：学习情境一的项目一和学习情境五的项目二由张朋辉编写；学习情境一的项目二和学习情境五的项目一由张丽华编写，学习情境二由王睿编写；学习情境三由郝春玲编写，学习情境四由刘振江编写。张丽华负责全书的组织和统稿，天津冶金职业技术学院肖卫宁任主审。

尽管我们在探索《数控铣削自动编程（CAXA 版）》教材的特色建设方面作出了许多努力，但由于作者水平有限，数控技术发展迅速，教材编写中难免存在疏漏之处，恳请各相关高职教学单位和读者在使用本书的过程中给予关注，提出宝贵意见，在此深表感谢！

编　者

目　录

学习情境一　简单三维曲面零件的自动编程

学习目标

1. 学习简单三维图形的绘制和编辑。
2. 掌握三维加工方法的综合应用。
3. 具备对三维简单曲面的加工工艺分析、自动编程及加工的能力。

项目一　鼠标凸模的自动编程

【任务一】　图样分析

鼠标零件图如图 1-1 所示[⊖]。根据模具需要构建图 1-2 所示的鼠标凸模零件图，主要由鼠标模型和底座两个部分构成。其中，鼠标模型主要通过草图拉伸、导动曲面、曲面裁剪、倒圆角等操作来完成，而底座部分为 135mm × 100mm × 25mm 的立方体，主要通过草图拉伸增料操作来创建。

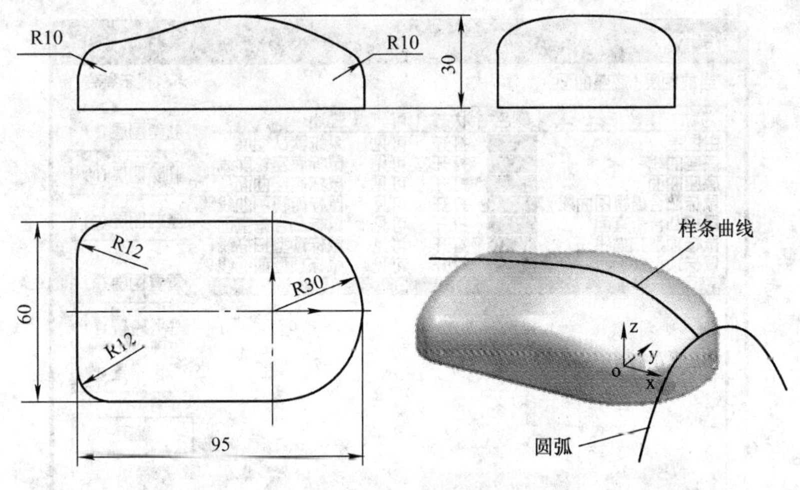

图 1-1　鼠标零件图

对鼠标凸模主要从形状构造和加工方法进行分析。

【任务二】　零件造型

思路：曲面的创建命令、曲面的裁剪和曲面的过渡

一、粗坯创建

（一）鼠标凸模底座

（1）打开 CAXA 制造工程师软件，系统默认视图状态为 XOY 平面状态。如果不是，则

⊖　图中字母为计算机绘图生成的字母，其字体不作改动。

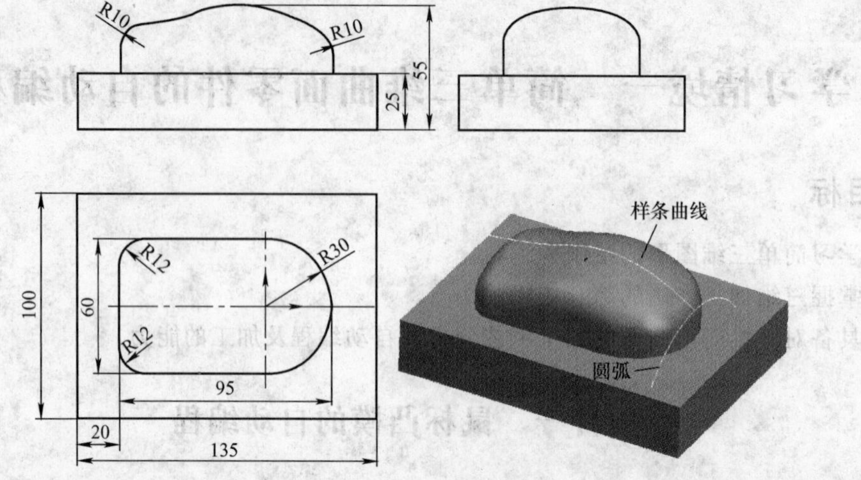

图 1-2　鼠标凸模零件图

按键盘上的 F5 键，将视图状态切换到 XOY 平面状态。选择 XY 面为当前绘图基准面。

（2）为了管理不同的元素，合理的使用“层”是一种非常好的选择，所以此处首先选择“标准工具栏”中的图标，或者选择“【设置（S）】→【层设置（L）】”菜单项，系统将打开“图层管理”对话框，新建图 1-3 所示的图层，并将“底座曲面”图层设置为当前图层，然后单击“确定”退出当前对话框。

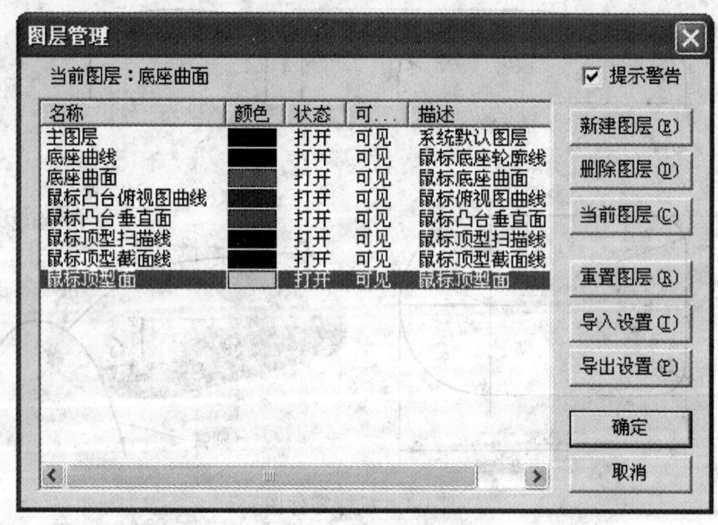

图 1-3　底座相关图层设置

（3）选择图 1-4 所示的“曲线生成栏”中的矩形图标，在左侧立即菜单中选择“中心_长_宽”，键入“长度 = 135”，回车；“宽度 = 100”，回车。然后在提示中心点选取时直接键入“ - （135/2 - 30 - 20），0”并回车，保证基准点（0，0，0）位于 R30mm 圆弧的中心（矩形右边距中心的距离为 30mm + 20mm = 50mm），绘制图 1-5 所示的 135mm × 100mm 的鼠标凸模底座矩形。

上述操作中软件直接提供数学运算功能，实现了对矩形的定位。当然对于图形元素的定位也可接借助软件提供的几何变换功能进行调整，例如“平移”命令，通过移动保证其位置的准确定位。

图 1-4　曲线生成栏

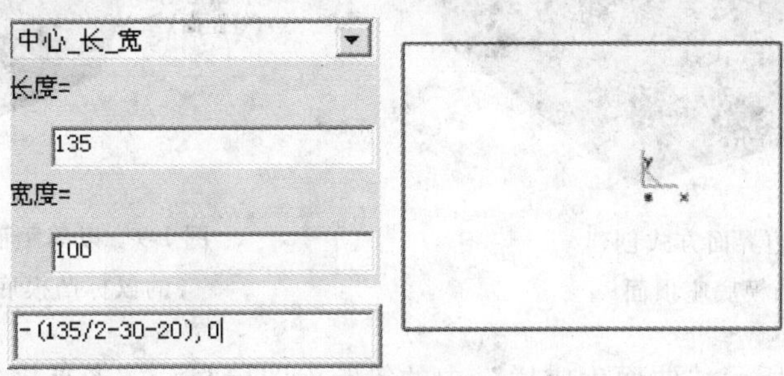

图 1-5　鼠标凸模底座矩形

【技巧】数学运算在建模过程中的合理应用。

（4）打开图 1-3 所示的图层管理对话框，并将“底座曲面”图层设置为当前图层。

（5）按 F8 键切换视图到轴测图状态。单击图 1-6 所示“曲面生成栏”中的“扫描面”图标，或者直接选择“【造型（U）】→【曲面生成（S）】→【扫描面】”菜单项。

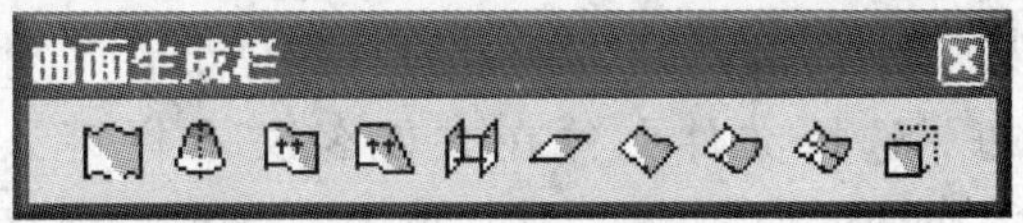

图 1-6　曲面生成栏

在扫描面菜单中，根据图 1-2 所示的参数，将扫描距离修改为“25”并回车；如图 1-7a 所示，根据系统提示栏中提示按空格键弹出矢量工具，选择“Z[⊖]轴负方向”作为扫描方向，如图 1-7b 所示。接下来，根据系统提示选择图 1-5 所示的鼠标凸模底座矩形作为“拾取曲线”，生成结果如图 1-7c 所示。

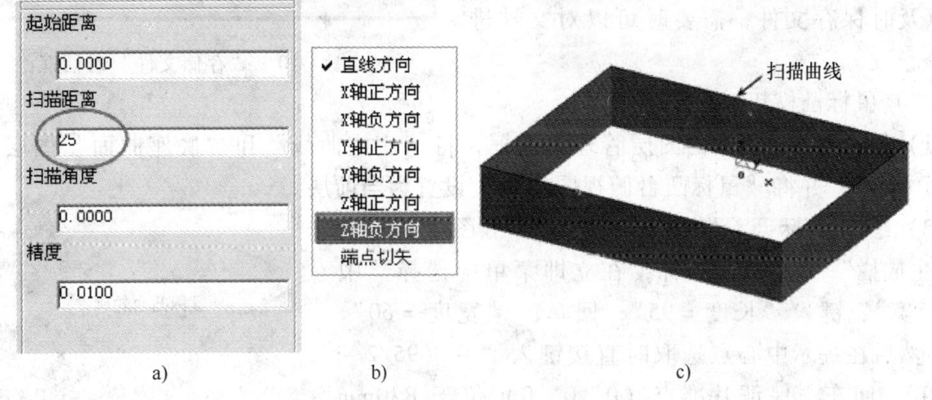

图 1-7　以扫描面方式创建的鼠标凸模底座沿周垂直面
a）扫描面参数设置　b）矢量工具　c）扫描面

（6）单击图 1-6 所示“曲面生成栏”中的边界面图标，或者直接选择“【造型（U）】→【曲面生成（S）】→【边界面】”菜单项。在边界面立即菜单中，选择“四边面”，并根据系统提示选择图 1-5 所示的鼠标凸模底座矩形作为“边界曲线”，其结果如图 1-8 所示。

⊖ 文中字母为计算机编程显示的内容时，取与其一致的字体。

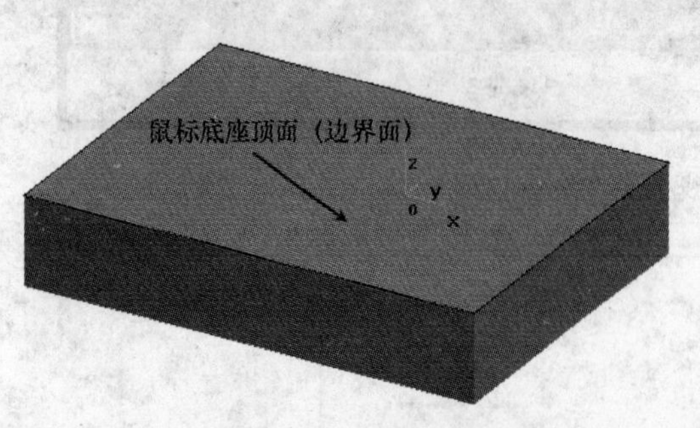

图 1-8　以边界面方式创建的鼠标凸模底座顶面

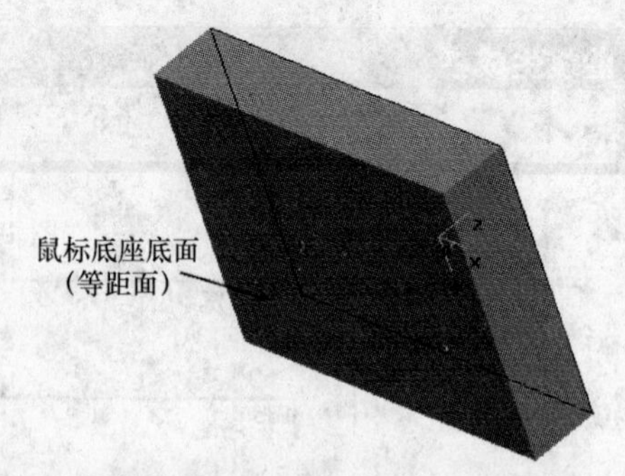

图 1-9　以等距面方式创建的鼠标凸模底座底面

（7）单击图 1-6 所示“曲面生成栏”中的等距面图标，或者直接选择“【造型（U）】→【曲面生成（S）】→【等距面】”菜单项。在等界面立即菜单中，将等距距离修改为“25”并回车。根据系统提示首先选择图 1-8 所示的鼠标凸模底座顶面，然后根据系统提示选择向下的等距方向，最终生成的鼠标凸模底座底面如图 1-9 所示。

（8）保存文件。选择标准工具栏中的“存储”图标，或者选择“文件”菜单→“保存”，打开图 1-10 所示的“存储文件”对话框，选择文件夹并在文件名文本栏键入“pc_mouse-曲面版”，然后单击“保存”保存创建的文件。

为了防止由于意外操作使文件内容丢失，而造成不必要的损失，在实际工作中，要特别注意及时保存文件，需要时可以对文件进行备份。

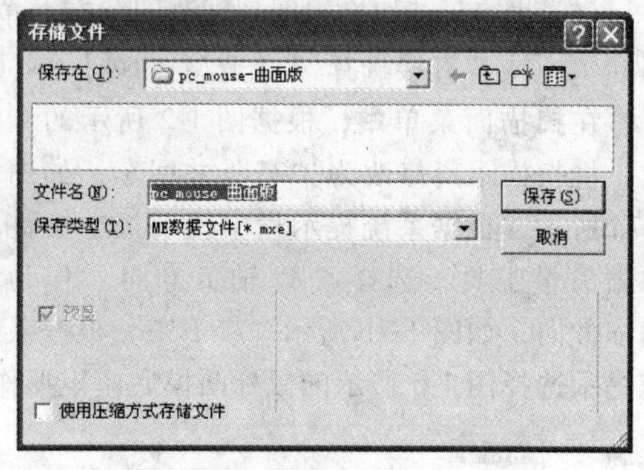

图 1-10　“存储文件”对话框

（二）鼠标凸模粗坯

（1）打开图 1-3 所示的图层管理对话框，将“底座曲线”和“底座曲面”图层设置为“隐藏”状态，并将“鼠标凸台俯视图曲线”设置为当前层。

（2）绘制鼠标凸台俯视图曲线。单击图 1-4 所示“曲线生成栏”上的矩形图标，在立即菜单中选择“中心_长_宽”，键入“长度 =95”，回车；“宽度 =60”，回车。然后在提示中心点选取时直接键入“ -（95/2 - 30），0”，回车，保证基准点（0，0，0）位于 R30mm 圆弧的中心（矩形右边距中心距离为 30mm），绘制图 1-11 所示 95mm ×60mm 的矩形。

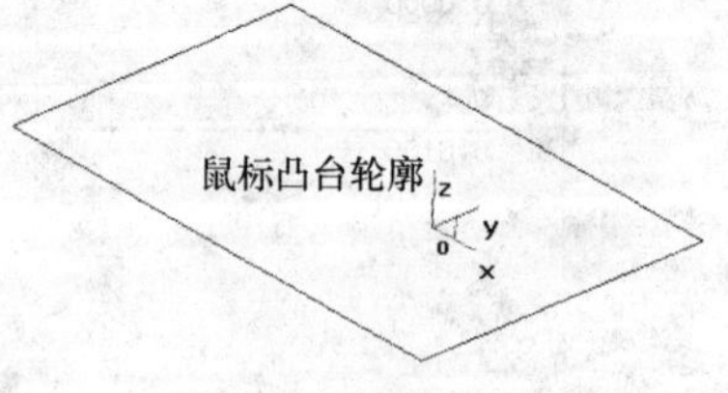

图 1-11　绘制 95mm ×60mm 矩形

（3）打开图 1-3 所示的图层管理对话框，将“鼠标凸台垂直面”设置为当前层。

（4）单击图 1-6 所示“曲面生成栏”中的扫描面图标，或者直接选择“【造型（U）】→【曲面生成（S）】→【扫描面】”菜单项。

在扫描面立即菜单中，将扫描距离修改为“40”，回车，并根据系统提示栏中提示按空格键弹出矢量工具，选择“Z 轴正方向”作为扫描方向。接下来，根据系统提示选择图 1-11

所示的鼠标凸台轮廓作为“拾取曲线”，结果如图 1-12 所示。

(5) 倒 R30mm 圆角。单击“线面编辑栏”的“曲面过渡”图标，在立即菜单中，相关的参数设置如图 1-13a 所示，根据系统提示，依次选择两面过渡的第一曲面及曲面方向，第二曲面及曲面方向分别如图 1-13b 和图 1-13c 所示，完成的结果如图 1-14 所示。

图 1-12　以扫描面方式创建鼠标凸台沿周垂直面

根据上述操作，完成另一侧 R30mm 圆弧的过渡，最终鼠标凸台右侧 R30mm 圆弧的效果如图 1-15 所示。

(6) 倒 R12mm 圆角。根据上述 R30mm 圆弧的倒角方法，进行 R12mm 圆弧过渡，最终完成的结果如图 1-16 所示。

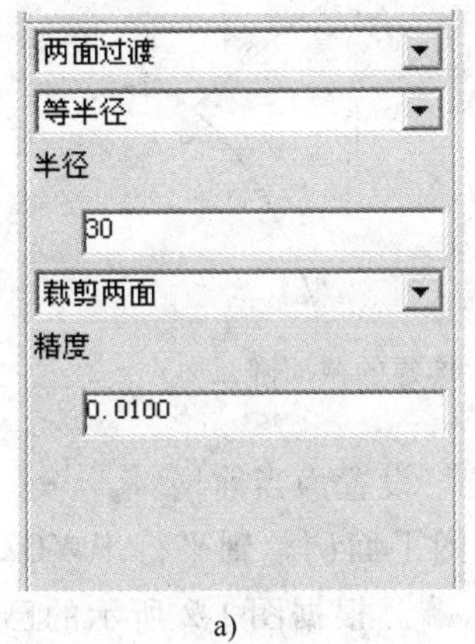

a)

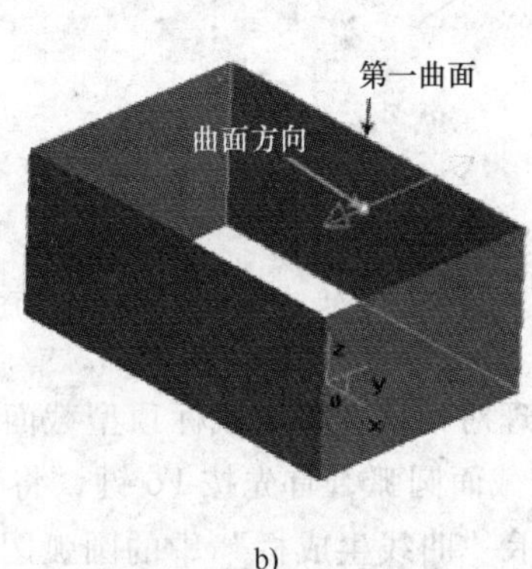

b)

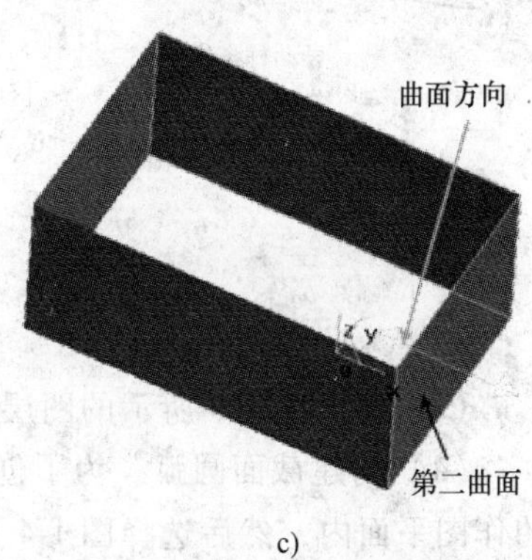

c)

图 1-13　凸台右侧两垂直边倒角

a) 两面过渡 R30mm 圆弧参数设置　b) 第一曲面及曲面方向　c) 第二曲面及曲面方向

(7) 保存文件。至此完成了鼠标凸台粗坯创建任务。然后选择标准工具栏中的“存储”图标，或者选择“文件”菜单→“保存”，对上述操作进行存储。

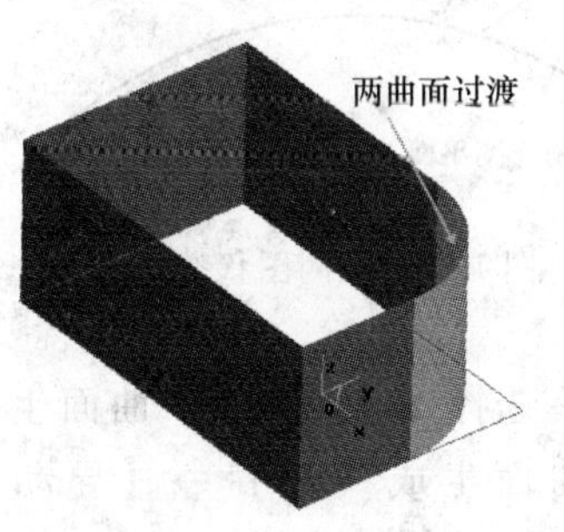

图 1-14　两曲面过渡 R30mm 圆弧

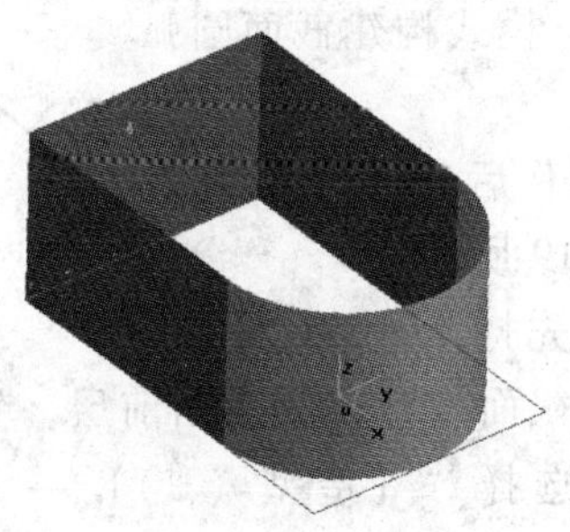

图 1-15　鼠标凸台右侧 R30mm 圆弧

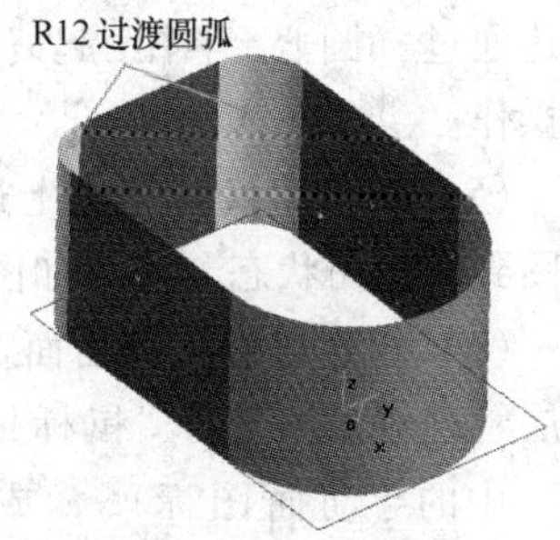

图 1-16　R12mm 圆弧过渡

二、鼠标顶型面创建

通过对图 1-1 和图 1-2 的分析，鼠标顶面为圆弧沿着样条线平行导动生成。其中样条线型值点坐标分别为：(−70，0，20)、(−40，0，25)、(−20，0，30)、(30，0，15)；圆弧在平行于 YOZ 的平面内，圆心坐标为（30，0，－35），半径为 50mm，起始角度为 40°，终止角度为 140°。主要操作步骤如下。

（1）打开图 1-3 所示的图层管理对话框，将“鼠标凸台俯视图曲线”和“鼠标凸台垂直面”图层设置为“隐藏”状态，并将“鼠标顶型扫描线”设置为当前层。按下 F7 键，将视图状态切换到 XOZ 平面状态。

（2）构建导动样条线。选择图 1-4 所示“曲线生成栏”中的样条线图标，在立即菜单中选择“插值”、“缺省切矢”及“开曲线”。然后在提示拾取点时依次输入（－70，0，20）、（－40，0，25）、（－20，0，30）、（30，0，15）并回车，最后单击鼠标右键，完成样条线的创建，结果如图 1-17 所示。

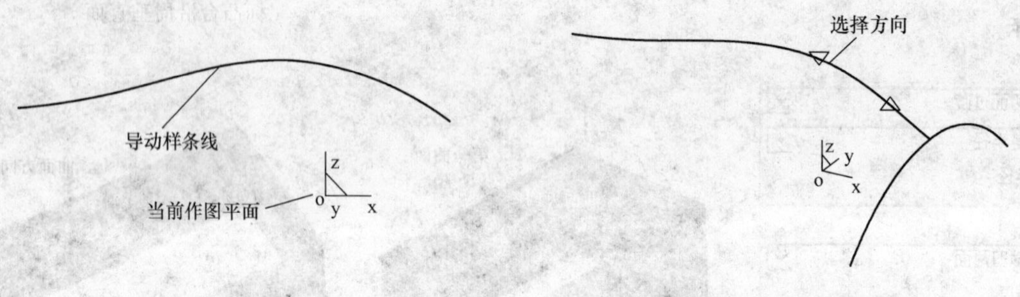

图 1-17　导动样条线

图 1-18　构建的截面圆弧

（3）打开图 1-3 所示的图层管理对话框，将“鼠标顶型截面线”设置为当前层。

（4）构建截面圆弧。为了创建截面圆弧，首先按 F6 键，将作图平面调整到平行于 YOZ 的作图平面内，然后选择图 1-4 所示“曲线生成栏”中的圆弧图标。根据图 1-2 所示的已知条件，在立即菜单中选择“圆心_半径_起终角”方式，键入“起始角＝40”，回车；“终止角＝140”，回车。然后根据系统提示栏的信息提示，首先输入圆弧圆心点（30，0，－35）；再输入半径“50”，并单击鼠标右键，最终构建的截面圆弧如图 1-18 所示。

【技巧】 在使用 CAXA 系统软件作图过程中，要注意提示栏的信息，它是对操作步骤的提醒，例如上述通过“圆心_半径_起终角”模式构建截面圆弧的操作。

（5）视图切换。完成上述操作后，按 F8 键切换视图到轴测图状态，结果如图 1-19 所示。

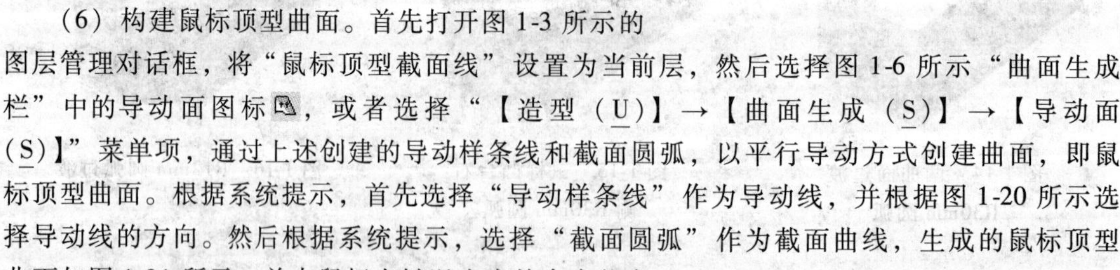

图 1-19　轴测图状态

（6）构建鼠标顶型曲面。首先打开图 1-3 所示的图层管理对话框，将“鼠标顶型截面线”设置为当前层，然后选择图 1-6 所示“曲面生成栏”中的导动面图标，或者选择“【造型（U）】→【曲面生成（S）】→【导动面（S）】”菜单项，通过上述创建的导动样条线和截面圆弧，以平行导动方式创建曲面，即鼠标顶型曲面。根据系统提示，首先选择“导动样条线”作为导动线，并根据图 1-20 所示选择导动线的方向。然后根据系统提示，选择“截面圆弧”作为截面曲线，生成的鼠标顶型曲面如图 1-21 所示，单击鼠标右键退出当前命令状态。

（7）保存文件。至此完成了鼠标顶型曲面的构建任务。选择标准工具栏中的“存储”图标，或者选择“文件”菜单→“保存”，对上述操作进行存储。

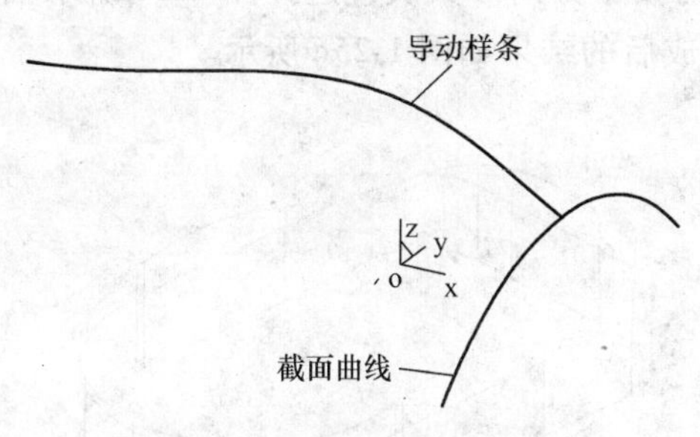

图 1-20　导动线的方向选择

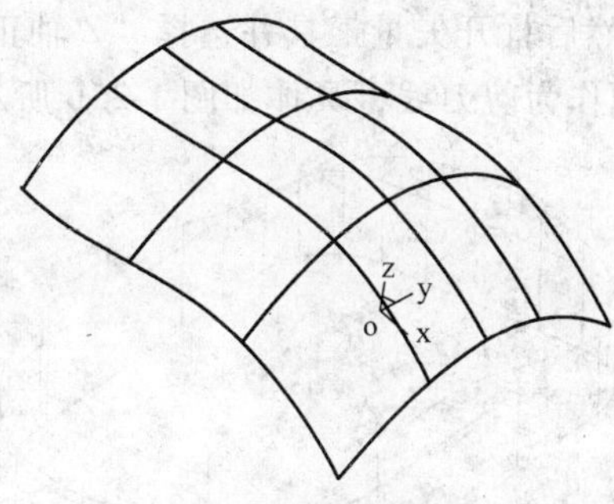

图 1-21　鼠标顶型曲面

三、鼠标凸台曲面模型

本节的主要目的是对鼠标凸模成形部分进行裁剪并倒 R10mm 的圆角，操作将分两部分进行：曲面的裁剪和曲面倒 R10mm 圆角。

（一）曲面裁剪

（1）打开图 1-3 所示的图层管理对话框，新建名称为“R10 沿周倒角”图层，并将其设置为当前图层，并将“主图层”、“鼠标凸台垂直面”和“鼠标顶型面”图层也设置为“可见”状态，其余设置为“隐藏”状态。

（2）裁剪鼠标成形部分垂直面。单击“线面编辑栏”的曲面裁剪图标，在立即菜单中，相关的参数设置如图 1-22a 所示。根据系统提示，首先拾取被剪裁的曲面（注意鼠标选择部位为裁剪后需保留的部分），然后选择剪刀曲面如图 1-22b 所示；裁剪完成后的结果如图 1-22c 所示。

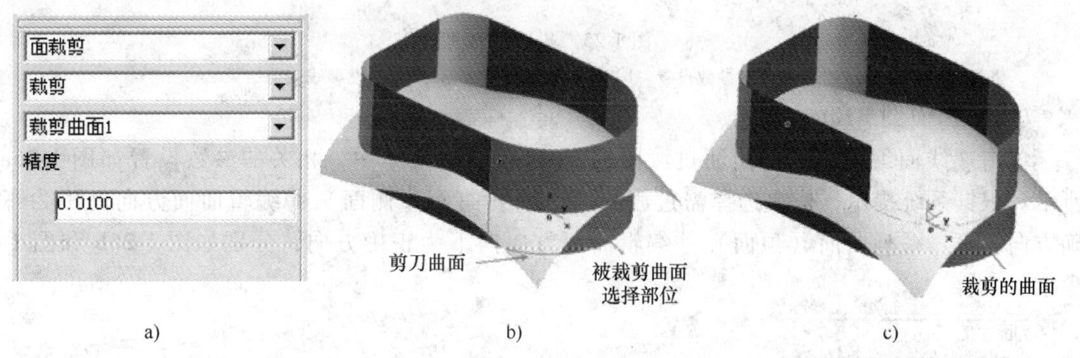

图 1-22　曲面裁剪

a）曲面裁剪参数设置　b）曲面裁剪对象拾取　c）曲面裁剪结果

根据上述（1）、（2）步骤的操作方法，依次完成鼠标凸台其余垂直面的裁剪，最终的结果如图 1-23 所示。

（3）裁剪鼠标顶型面

1）选择“曲线生成栏”中的相关线图标，或者选择“【造型（U）】→【曲线生成（C）】→【相关线】”菜单项，在立即菜单中此处选择“曲面边界线”及“单根”，然后根据系统提示选择鼠标垂直面底部曲线（红颜色曲线为抽取曲线），结果如图 1-24 所示，它将作为裁剪曲线被使用。

2）单击“线面编辑栏”的曲面裁剪图标，在立即菜单中，相关的参数设置如图 1-25a 所示。根据系统提示，首先拾取被剪裁的曲面（注意鼠标选择部位为裁剪后需保留的部分)，然后打开矢量工具并选择“Z 轴正方向”作为投影方向。其次，选择图 1-24 所示抽取的曲线作为剪刀线，具体如图 1-25b 所示。裁剪完成后的结果如图 1-25c 所示。

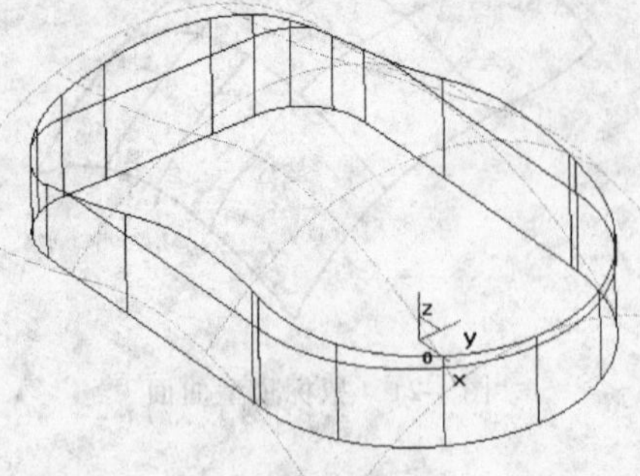

图 1-23　鼠标凸台垂直面裁剪后的结果

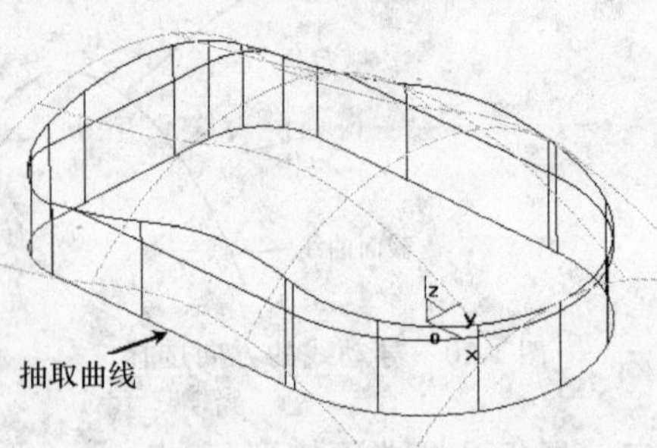

图 1-24　生成抽取的鼠标凸台周型轮廓曲线

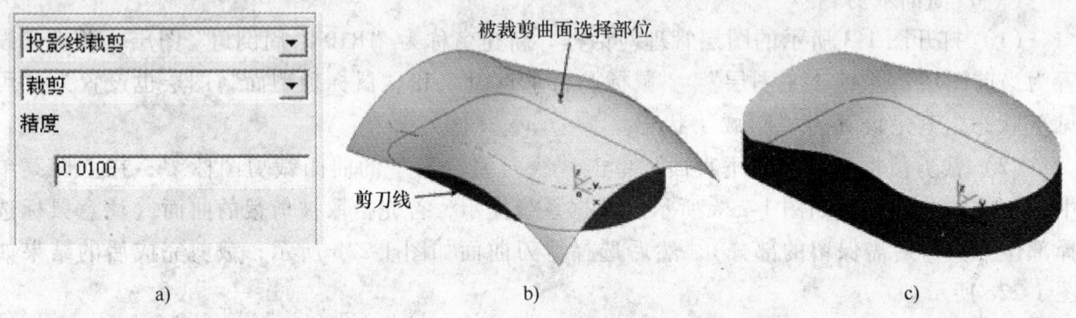

图 1-25　投影线裁剪

a) 投影线裁剪参数设置　b) 投影线裁剪对象拾取　c) 投影线裁剪结果

(二) 曲面倒 R10mm 圆角

单击“线面编辑栏”的曲面过渡图标，在立即菜单中，相关的参数设置如图 1-26a 所示。根据系统提示，依次选择需过渡的第一系列曲面（侧面）并编辑曲面方向向里为正确方向，第二系列曲面（顶面）并编辑曲面方向向下为正确方向，分别如图 1-26b 和图 1-

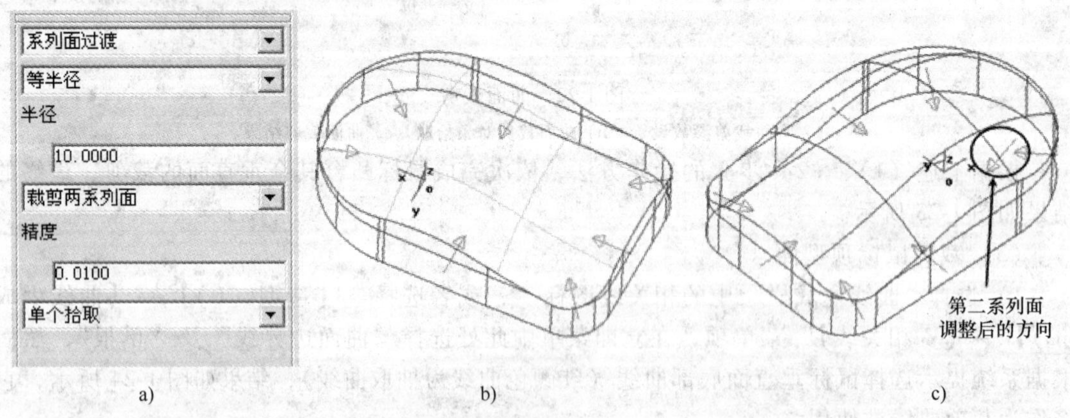

图 1-26　曲面圆角过渡参数设置

a) 曲面倒角参数设置　b) 第一系列曲面及方向　c) 第二系列曲面及方向

26c 所示，完成的结果如图 1-27 所示。

至此已经完成鼠标凸模曲面模型的创建，接下来将“隐藏”部分的曲面调整为“可见”并保存文件。

（1）打开图 1-3 所示的图层管理对话框，新建名称为“鼠标凸台抽取曲线”图层，并将图 1-24 所示生成抽取的鼠标凸台周型轮廓曲线移动到该层下。

（2）保存文件。选择标准工具栏中的“💾存储”图标，或者选择“文件”菜单→“保存”，对上述操作进行存储。

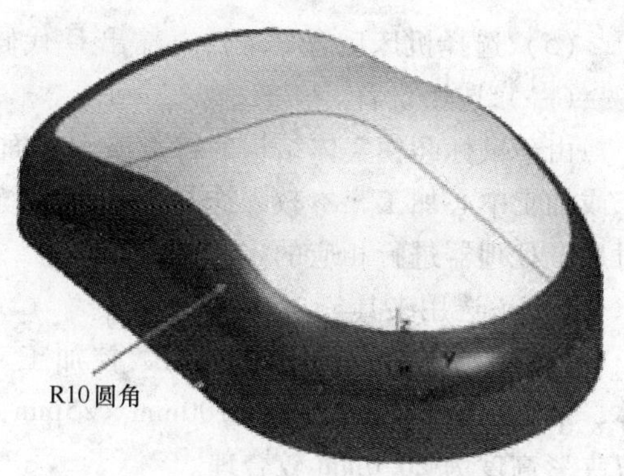

图 1-27　鼠标成形部分倒 R10mm 圆角结果

【任务三】　加工参数设置

针对鼠标凸模的数控工艺及加工程序，主要采用粗、精加工工艺路线，通过自动编程模式生成正确而合理的刀具轨迹，并根据所采用的机床进行刀具轨迹的仿真校验。

根据鼠标凸模造型的特点，考虑到其复杂曲面形状，从设备上可以选用三轴或两轴半联动的数控铣床或加工中心来加工；考虑到零件装夹，根据凸模形状选用机用平口钳装夹。

一、鼠标凸模工艺分析

针对鼠标凸模类工件装夹的特点，其最初毛坯状态为 145mm×110mm×60mm 方料，从生产效率和经济性两者综合考虑，制定如下的工艺路线：

下料→普通刨→平磨→数控铣粗加工→淬火→数控铣精加工→钳工修研、抛光。

对零件分析，其中重要的一项就是加工前的毛坯状态。毛坯状态的确定，不仅影响到毛坯的成形，同时直接影响到机械加工的生产效率和经济性，甚至影响到数控加工刀具轨迹的合理性。对鼠标凸模零件，从工艺路线可以看出，对于第一道数控粗加工工序，其毛坯状态为 135mm×100mm×57mm 的方料，单边加工留量 0.8～1.2mm，实际为 1.0mm；对于精加工工序，其毛坯状态为型面部位有 1.0mm 的中间毛坯。

自动编程方案如下。

1. 粗加工工序

（1）利用 Φ20mm 的硬质合金平底铣刀，采用【等高线粗加工】的方法，加工鼠标底座上表面，去掉大量多余的毛坯。

（2）利用 R6mm 的硬质合金球头铣刀，采用【曲面区域精加工】的方法，完成对鼠标凸模成形部分的粗加工，留量为 1.0mm。

2. 精加工工序

（1）利用 R4mm 的硬质合金球头铣刀，采用【参数线精加工】的方法，完成对鼠标凸模成形部分的精加工，留抛光量为单边 0.02mm。

（2）利用 Φ16mm 的硬质合金平底铣刀，采用【平面轮廓精加工】的方法，精加工鼠标凸模成形部分沿周立面，保证尺寸要求。

（3）根据机床所配备的系统资料，定制后置处理器。

（4）对刀具轨迹进行仿真校验，并根据仿真结果对其进行修改、完善。

(5) 选择机床后置处理器，输出 G 代码。

(一) 选用设备

由于鼠标凸模实体结构的特点属于单面加工，故可选用三轴或两轴半联动的立式数控铣床或加工中心加工，本教程选择的机床系统为 Siemens 840D 系统。在后续的加工准备中将对后置处理器进行相应的定制。

(二) 选用夹具

经过平磨工序，鼠标凸模的数控加工工序毛坯尺寸为 135mm × 100mm × 57mm 的立方体，而鼠标底座为 135mm × 100mm × 25mm 的立方体，因此可选用机用平口钳装夹，本例建议夹紧高度为 20.0mm 较合理。

二、鼠标凸模的加工

(一) 构建毛坯模型

双击特征树中的“【加工】→【毛坯】”命令，系统将弹出定义毛坯对话框，并单击 ⊙参照模型 后再单击其上面的“参照模型”即出现图 1-28a 所示的毛坯尺寸参数表，考虑到上表面需有一定的加工余量，修改其 Z 值的有关参数，将拾取的原高度改为“57”，其余选择默认参数，最终结果为图 1-28b 所示的透明状框线。

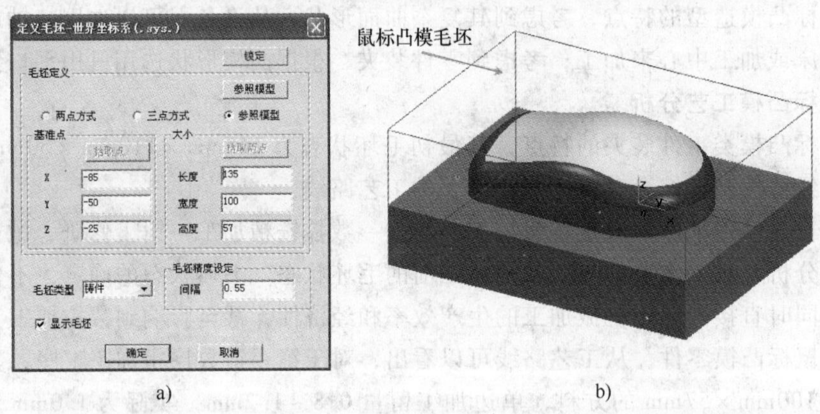

图 1-28　定义鼠标凸模毛坯

(二) 刀具准备

根据加工工艺分析，双击特征树中的“【加工】→【刀具库】”命令，系统将弹出“刀具库管理”对话框，选择增加刀具，针对“刀具定义”对话框的参数设置及加工方案预选择的刀具，进行刀具定义，详细如图 1-29 所示。

(三) 机床后置处理器准备

鼠标凸模采用三轴数控铣或者加工中心加工，机床系统为 Siemens 840D 系统。根据加工工艺分析，双击特征树中的“【加工】→【机床后置】”命令，系统将打开“机床后置”对话框。首先选择机床信息标签页下的“当前机床”下拉列表选择“SIEMENS”，根据实际的机床信息及 CNC 控制系统信息分别对机床信息及后置设置进行定制，其结果如图 1-30 所示。

在这里需要说明的是，在对机床后置处理进行设置时，编程人员要先对机床相应的信息进行收集整理，然后按照上述步骤进行定制，并通过闭环测试的模式，以实例对定制内容进行验证，直到符合机床加工代码的要求。

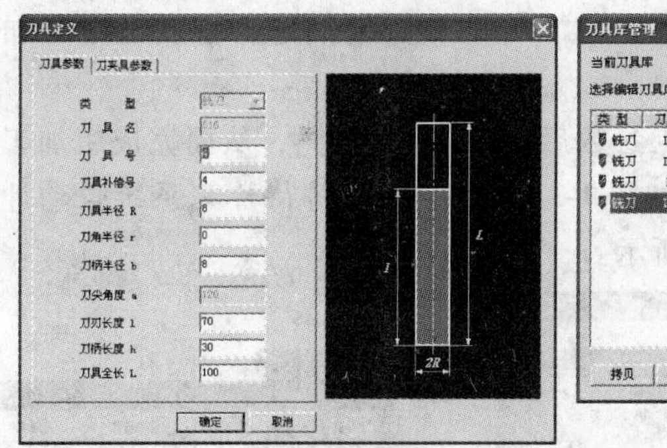

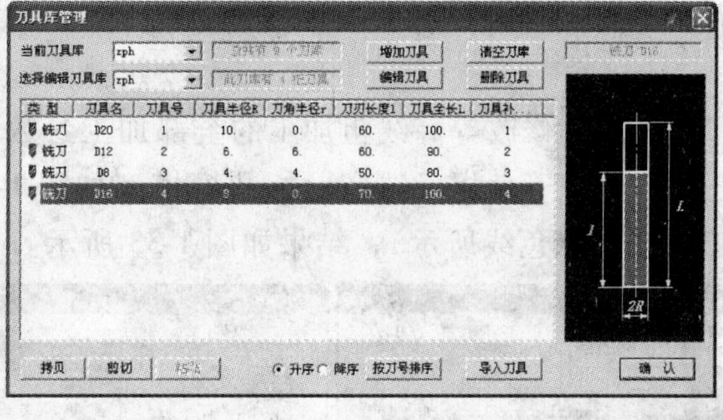

图 1-29　刀具定义

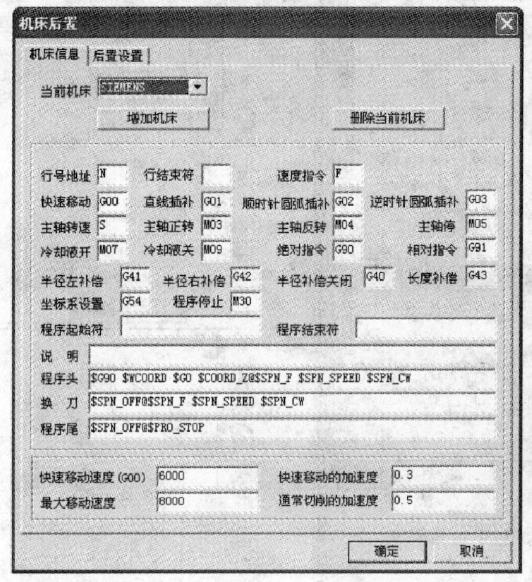

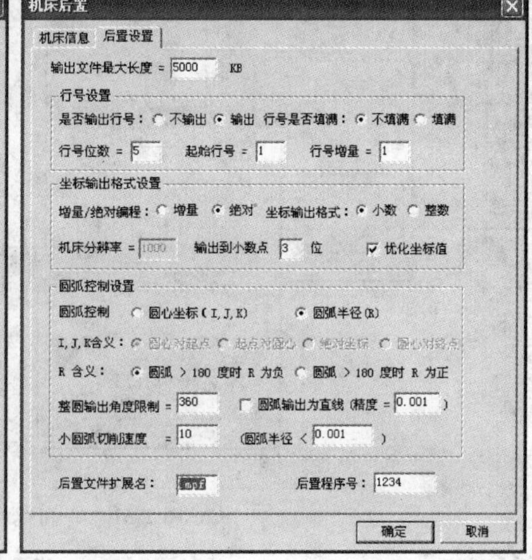

图 1-30　机床信息及后置设置

（四）刀具轨迹生成

通过对鼠标凸模的工艺分析，主要采用区域式粗加工、参数线精加工来完成对鼠标凸模的粗、精加工，在上面步骤做好后，下面就各刀具轨迹参数的设置进行详细说明。

1. 等高线粗加工

(1) 设置粗加工参数。选择“【加工】→【粗加工】→【等高线粗加工】”命令，在弹出的“等高线粗加工”对话框后设置粗加工的参数，如图 1-31 所示。

其中，在“加工参数 1”标签页，“Z 切入”选择“层高”模式，并输入层高为“0.5”；“XY 切入”选择“行距”模式，并输入行距为“10”（即刀具直径的 50%）；“行间连接方式”选择“圆弧模式”；“加工模式”选择“XY 优先”（即层优先）；“加工余量”根据工艺要求键入“1.0”。

在“加工参数 2”标签页，“区域切削类型”选择 ⊙ 抬刀切削混合。由于鼠标凸模模型为开区域模式，所以在“切入切出”标签页，“切入方式”选择“垂直”，同时为了减少抬刀距离，并根据鼠标凸模毛坯的高度和加工坐标系，以“绝对”模式设定“安全高度（H)”为“35.0”。

而在“刀具参数”标签页，选择预先定义的“D20”铣刀并确定，将其设定为加工刀具。

（2）填入、修改等高线粗加工的全部加工参数后，单击“确定”，从而完成粗加工参数设定任务。按左下角提示选择鼠标凸模模型如图 1-32 所示，然后等待片刻系统自动计算完成加工轨迹（绿色线所示），结果如图 1-33 所示。

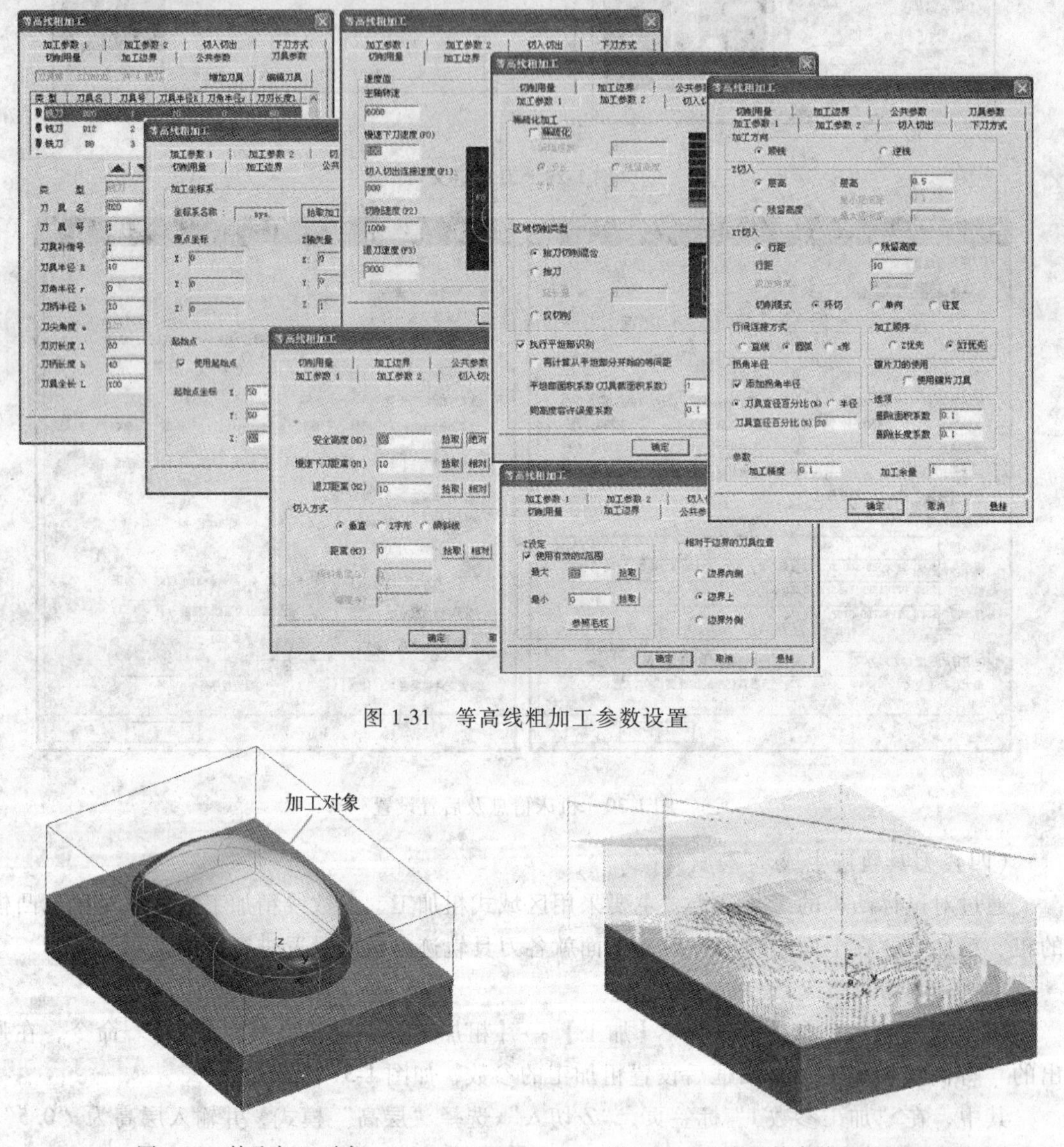

图 1-31　等高线粗加工参数设置

图 1-32　拾取加工对象

图 1-33　生成的等高线粗加工刀具轨迹

（3）隐藏轨迹。单击“【编辑】→【隐藏】”，鼠标左键拾取绿色轨迹线，单击右键确定，即可把等高线粗加工的刀具轨迹隐藏，方便后续刀具轨迹的创建。

2. 曲面区域式粗加工

为了对鼠标凸台顶型面及 R10mm 圆角进行规整加工，确保使用“D20 立铣刀”加工曲率较大的曲面后的残余量的均匀，采用“曲面区域式精加工”方式进行粗加工。具体操作如下。

（1）双击特征树中的“【加工】→【毛坯】”命令，系统将弹出“定义毛坯”对话框，并单击 显示毛坯，隐藏毛坯。

（2）设置粗加工参数。选择“【加工】→【精加工】→【曲面区域式加工】”命令，在弹出的“曲面区域式加工”对话框后设置粗加工的参数如图 1-34 所示。

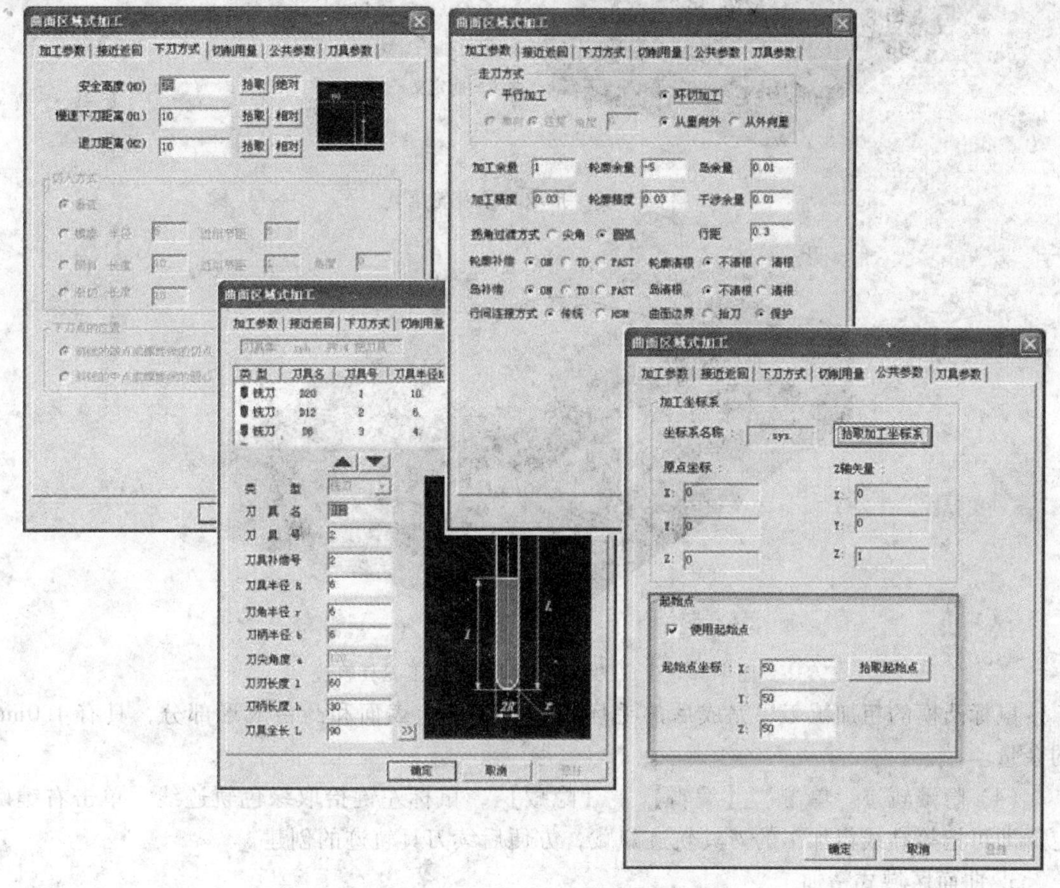

图 1-34 曲面区域式粗加工参数设置

其中，在“加工参数”标签页，“加工余量”键入“1.0”；根据所使用刀具此处“轮廓余量”键入“－5.0”（即刀具直径的50%），输入的负值是指将轮廓扩大了的数值；“加工精度”和“轮廓精度”由默认的“0.01”改为“0.03”，从而降低刀具轨迹的计算时间和缩小程序量；轮廓补偿和岛补偿都选择“ON”模式；因为是粗加工所以轮廓清根和岛清根参数都选择“不清根”。

在“公共参数”标签页，为了安全起见，选择使用“安全起点”，并将“起始点坐标”的 X、Y、Z 分别输入“50.0”。

而在“刀具参数”标签页，选择预先定义的“D12”球头铣刀并确定，将其设定为加工刀具。

（3）填入、修改曲面区域式加工的全部加工参数后，单击“确定”，从而完成此次粗加工参数设定任务。按左下角提示选择鼠标凸模模型及位于“鼠标凸台抽取曲线”图层中的抽取曲线作为加工轮廓，如图 1-35 所示；然后等待片刻系统自动计算完成加工轨迹（绿色线所示），结果如图 1-36 所示，应特别注意刀具轨迹的起点。

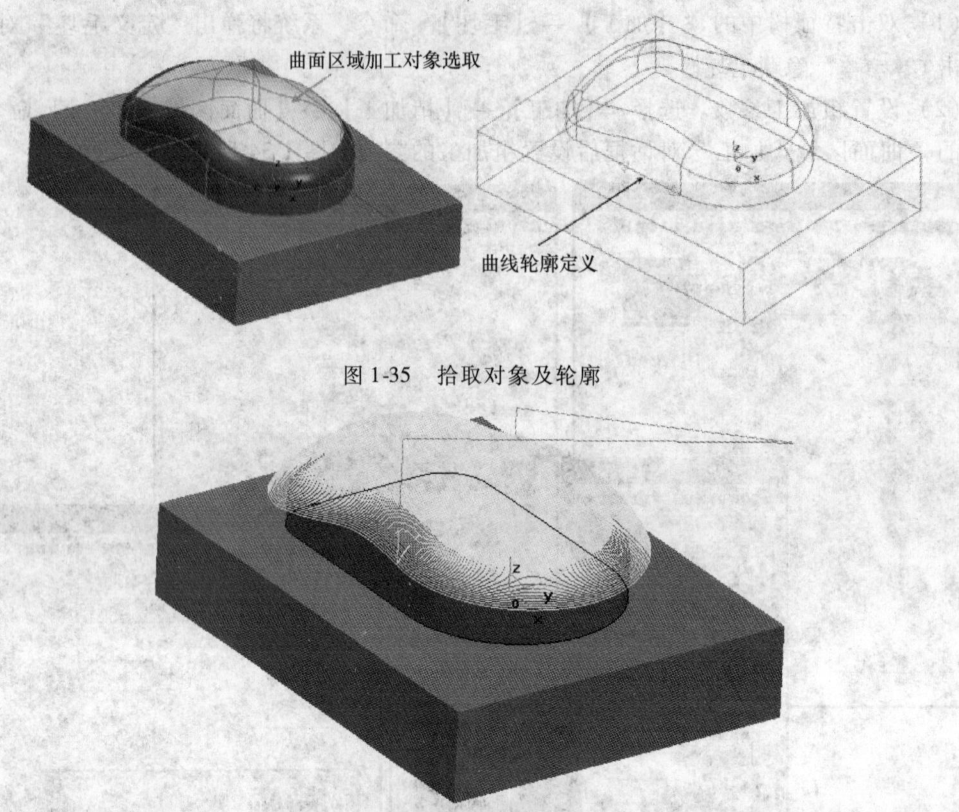

图 1-35 拾取对象及轮廓

图 1-36 生成的曲面区域式粗加工刀具轨迹

鼠标凸模的粗加工工序完成后的毛坯状态为底座上表面和凸台成形部分，具有 1.0mm 的余量。

(4) 隐藏轨迹。单击“【编辑】→【隐藏】”，鼠标左键拾取绿色轨迹线，单击右键确定，即可把等高线粗加工的刀具轨迹隐藏，方便后续刀具轨迹的创建。

3. 曲面区域式精加工

(1) 显示轨迹。单击并选中特征树中的【刀具轨迹】→ 2-曲面区域式加工，然后单击鼠标右键，系统将弹出快捷菜单，选择“显示”菜单项，重新显示“2-曲面区域式加工”刀具轨迹。

(2) 单击鼠标右键选中 2-曲面区域式加工，系统将弹出图 1-37 所示的快捷菜单。选择“拷贝”对当前刀具轨迹进行复制。

(3) 粘贴复制的刀具轨迹。单击鼠标右键选中 2-曲面区域式加工，系统将弹出图 1-37 所示的快捷菜单。选择“粘贴”菜单项对当前刀具轨迹进行粘贴，结果如图 1-38 所示。

(4) 编辑修改加工参数。单击并选中特征树中的“【刀具轨迹】→ 3-曲面区域式加工→加工参数”，在弹出的“曲面区域式加工”对话框中设置精加工的参数，如图 1-39 所示。

其中，在“加工参数”标签页，“加工余量”键入“0.02”；根据所使用刀具此处“轮廓余量”键入“－4.0”（即刀具直径的 50%）；“加工精度”和“轮廓精度”由默认的“0.03”改为“0.01”，提高工件表面质量。

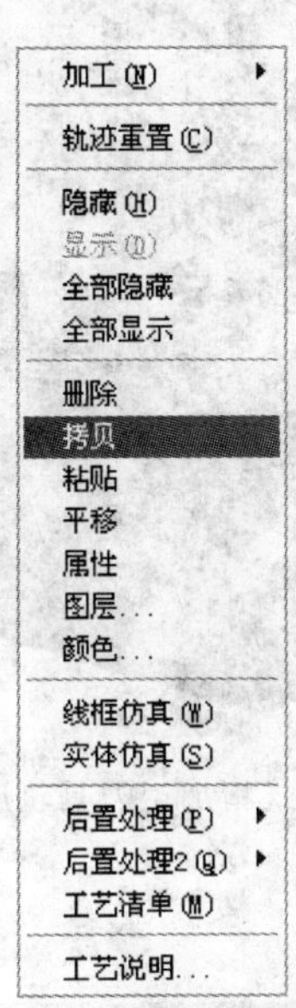

图 1-37　刀具轨迹快捷菜单

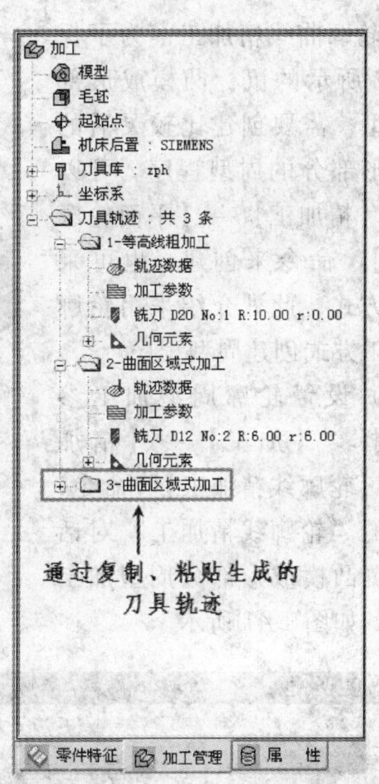

图 1-38　复制粘贴生成的刀具轨迹

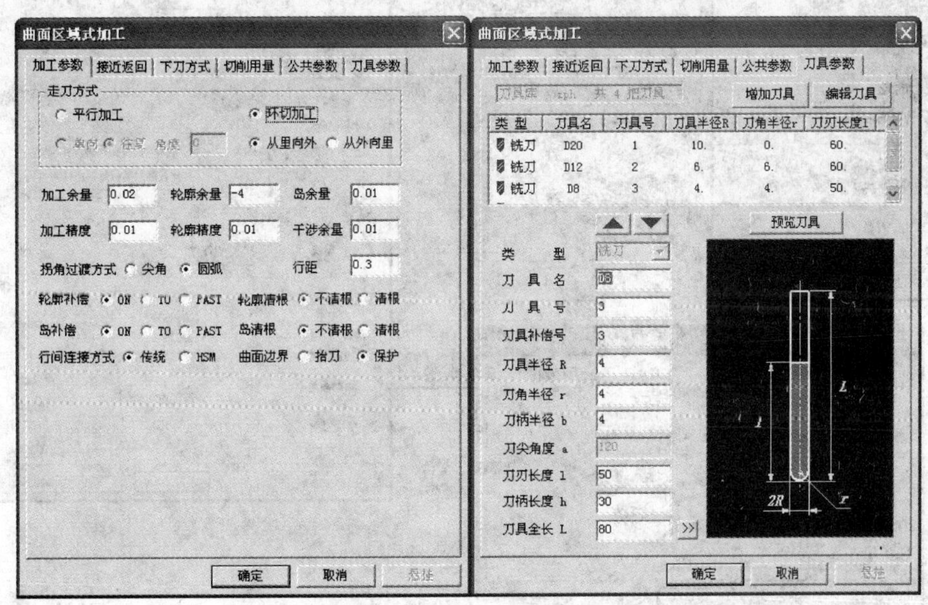

图 1-39　曲面区域式精加工参数设置

而在“刀具参数”标签页，选择预先定义的“D8”球头铣刀并确定，将其设定为加工刀具。

（5）填入、修改曲面区域式精加工的全部加工参数后，单击“确定”，从而完成此次精加工参数设定任务。然后等待片刻系统重新计算完成加工轨迹（绿色线所示），结果如图 1-40 所示。

4. 轮廓曲线精加工　为了保证图 1-2 所示的鼠标凸模成形部分的周型，需要创建比较灵活的凸模成形部分的周型程序。可以采用“【精加工】→【平面轮廓精加工】”命令来创建，也可采用别的方式，此处介绍采用轮廓线精加工方式创建周型程序。

(1) 设置轮廓周型加工参数。选择“【加工】→【精加工】→【轮廓线精加工】”命令，在弹出的“轮廓线精加工”对话框后设置凸模成形部分周型加工的参数，如图 1-41 所示。

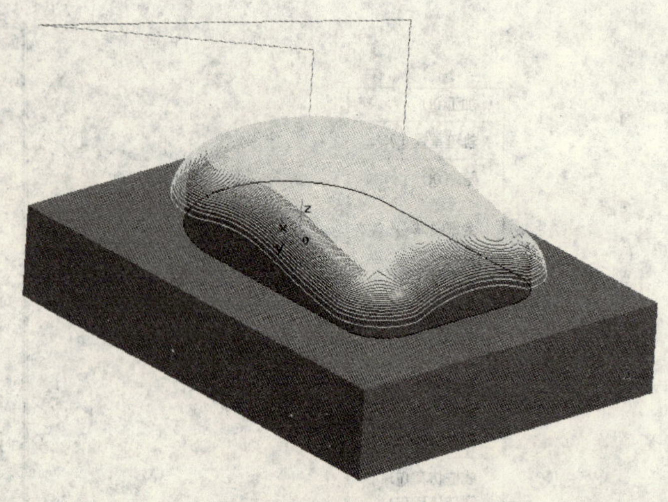

图 1-40　曲面区域式精加工刀具轨迹

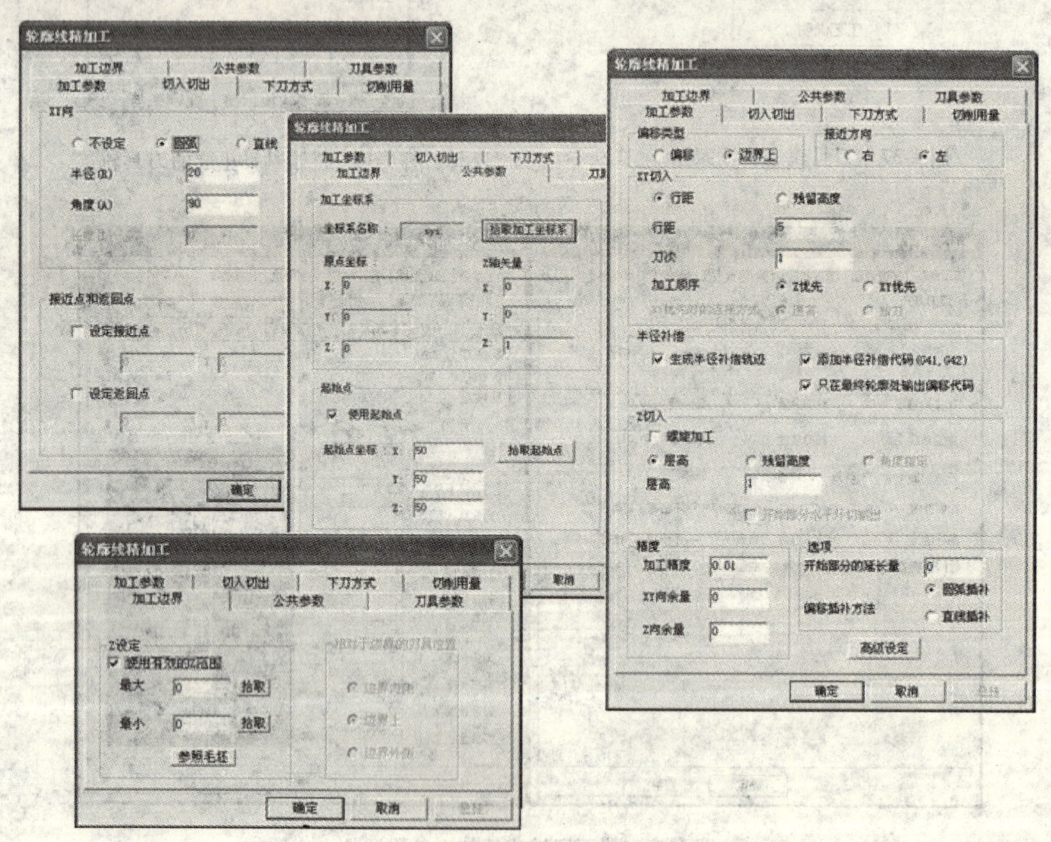

图 1-41　轮廓线精加工参数设置

其中，在“加工参数”标签页，“接近方向”选择“左”选项；在半径补偿部分，分别选中“生成半径补偿轨迹”、“添加半径补偿代码（G41，G42）”、“只在最终轮廓处输出偏移代码”三个选项；“加工精度”保留默认的“0.01”。

在“切入切出”标签页，“XY 向”选择圆弧方式，为了防止刀具补偿参数过切报警，此处“半径（R）”设置为“20”，“角度（A）”设置为“90”。

因为带有刀具补偿的轮廓加工与刀具无关，所以在“刀具参数”标签页选择预先定义的“D20”或者“D16”立铣刀都可以。

（2）填入、修改全部加工参数后，单击“确定”，从而完成此次轮廓周型加工参数设定任务。按系统提示选择图 1-24 抽取的成形部分曲线，系统自动计算完成加工轨迹（红色线所示），结果如图 1-42 所示。

（3）隐藏轨迹。单击“【编辑】→【隐藏】”，鼠标左键拾取上述轨迹线，单击右键确定，即可把上述刀具轨迹隐藏，方便创建后续刀具轨迹的操作。

【练习】分别采用平面轮廓精加工和轮廓曲线精加工两种方式创建上述周型程序。

5. 平面区域粗加工精用

（1）选择“曲线生成栏”中的相关线图标，或者选择“【造型（U）】→【曲线生成（C）】→【相关线】”菜单项，在立即菜单中选择“实体边界”，然后根据系统提示选择鼠标凸模底座的上表面外轮廓线（紫色曲线），结果如图 1-43 所示，它将在平面区域粗加工刀具轨迹设置时被使用。

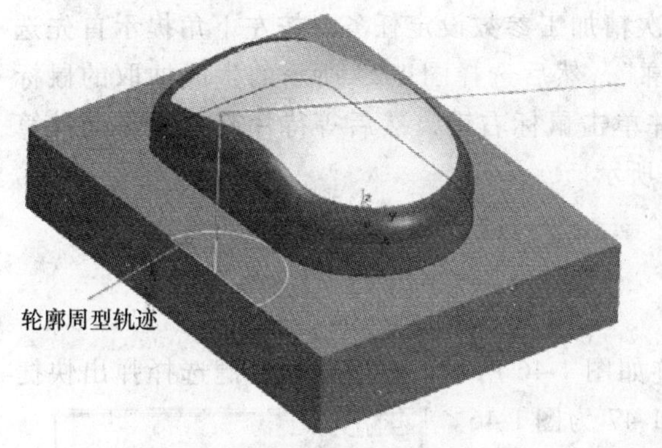

图 1-42　轮廓线精加工刀具轨迹

图 1-43　底座周型曲线

（2）设置精加工参数。选择“【加工】→【粗加工】→【平面区域粗加工】”命令，在弹出的“平面区域粗加工”对话框后设置精加工的参数如图 1-44 所示。

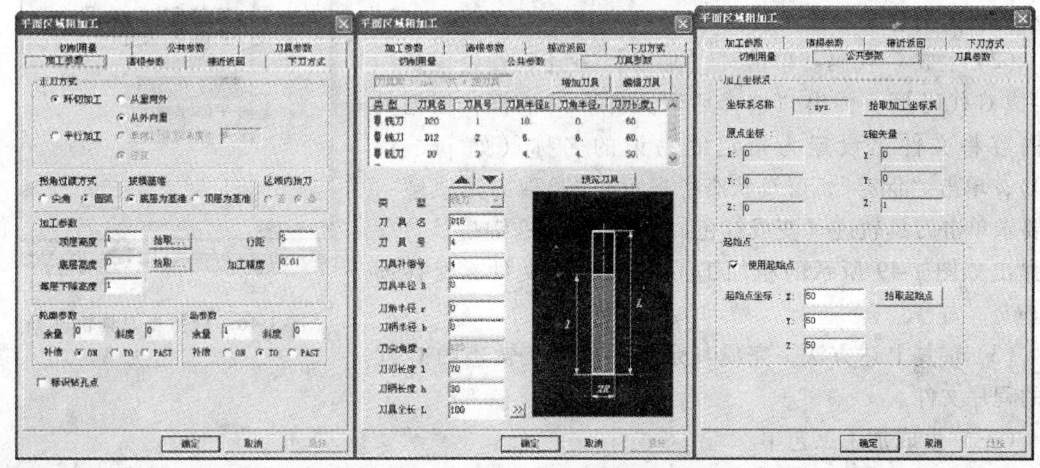

图 1-44　平面区域粗加工精用参数设置

其中，在“加工参数”标签页，“走刀方式”选择“环切加工”选项及“从外向里”选项；轮廓参数下的“余量”改为“0.0”，补偿选择“ON”选项；岛参数下的“余量”改为“1.0”，补偿选择“TO”选项；“加工精度”改为“0.01”。

图 1-45　平面区域精加工轨迹

在“公共参数”标签页，为了安全起见，选择使用“安全起点”，并将“起始点坐标”的 X、Y 、Z 分别输入“50.0”。

而在“刀具参数”标签页，选择预先定义的“D16”球头铣刀并确定，将其设定为加工刀具。

（3）填入、修改平面区域加工的全部加工参数后，单击“确定”，从而完成此次精加工参数设定任务。按左下角提示首先选择图 1-43 所示的底座周型曲线作为“拾取轮廓”，然后选择图 1-24 所示的生成抽取的鼠标凸台周型轮廓曲线作为“拾取岛屿”元素，并单击鼠标右键，然后等待片刻系统自动计算完成加工轨迹（绿色线所示），结果如图 1-45 所示。

【任务四】　自动编程与仿真

（一）切削仿真

借助 CTRL 键，选择需要仿真的刀具轨迹如图 1-46 所示，然后鼠标右键选择弹出快捷菜单，选择“【实体仿真】”菜单项。其中图 1-47 为图 1-46 所示刀具轨迹的粗加工轨迹仿真校验效果图，图 1-48 为图 1-46 所示刀具轨迹的精加工轨迹仿真校验效果图。

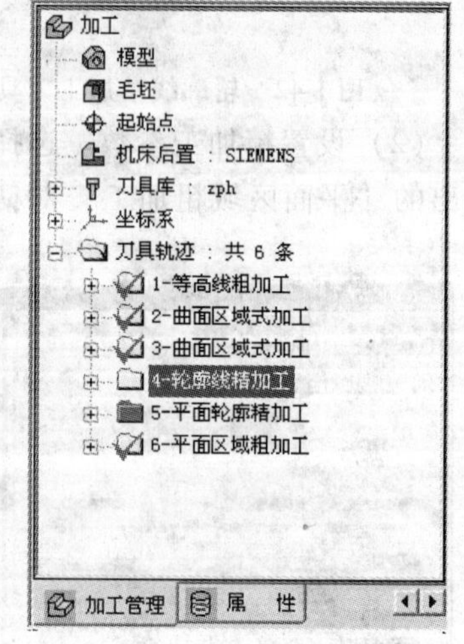

图 1-46　待仿真刀具轨迹

（二）生成加工程序

（1）选择机床后置。根据前面分析的结果，选择图 1-30 所示的机床信息及后置设置。

（2）生成 G 代码。单击“【加工】→【后置处理】→【生成 G 代码】”，弹出“选择后置文件”对话框，根据具体内容将文件名设定为指定的易记的名称（如 pm_a_d20），单击“保存”，屏幕状态栏提示：“拾取刀具轨迹”，按要求单击刀具轨迹（变成红色），单击鼠标右键确认，立即弹出如图 1-49 所示的粗加工 G 代码程序文件，保存即可。

（3）重复上述方法，完成其余粗、精加工轨迹的 G 代码的程序文件。

（三）生成加工工艺单

（1）单击“【加工】→【工艺清单】”命令，弹出“工艺清单”对话框，分别填入“零

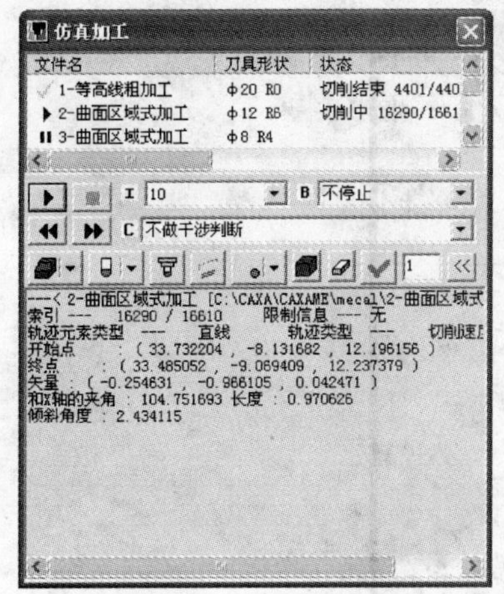

图 1-47 粗加工刀具轨迹仿真校验效果图

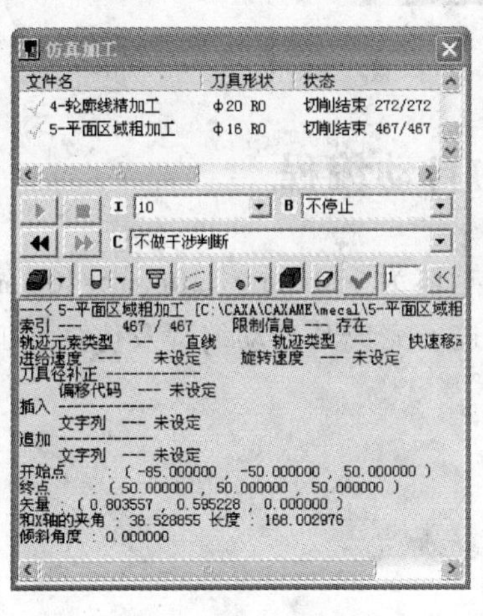

图 1-48 精加工刀具轨迹仿真校验效果图

件名称”、“零件图图号”、“零件编号”及设计、工艺、校核人员的姓名等内容。然后单击“拾取轨迹”，按状态栏的提示拾取刀具加工轨迹（粗、精加工均有），单击鼠标右键；再单击“生成清单”，将生成“工艺明细表、机床、起始点、模型、毛坯”、“功能参数”、“刀具”、“刀具轨迹”和 G 代码等工艺清单。

（2）工艺清单的内容主要有：

① 明细表、机床、起始点、模型、毛坯。

② 功能参数。

③ 刀具参数。

④ 刀具轨迹。

⑤ G 代码。

至此，鼠标凸模的造型、生成加工轨迹、加工轨迹仿真、生成 G 代码、生成加工工艺清单的工作已经全部完成。

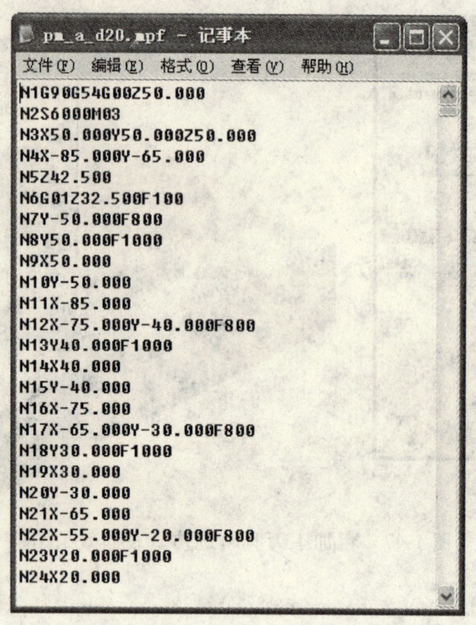

pm_a_d20.mpf - 记事本

文件(F) 编辑(E) 格式(O) 查看(V) 帮助(H)

```
N1G90G54G00Z50.000
N2S6000M03
N3X50.000Y50.000Z50.000
N4X-85.000Y-65.000
N5Z42.500
N6G01Z32.500F100
N7Y-50.000F800
N8Y50.000F1000
N9X50.000
N10Y-50.000
N11X-85.000
N12X-75.000Y-40.000F800
N13Y40.000F1000
N14X40.000
N15Y-40.000
N16X-75.000
N17X-65.000Y-30.000F800
N18Y30.000F1000
N19X30.000
N20Y-30.000
N21X-65.000
N22X-55.000Y-20.000F800
N23Y20.000F1000
N24X20.000
```

图 1-49 粗加工 G 代码

项目二 “花生状”模具的自动编程

完成图 1-50 所示的“花生状”模具造型的创建，其毛坯为 120mm × 120mm × 40mm 的立方体，选择合适的粗、精加工方法，生成正确的刀具轨迹，完成其自动编程及仿真加工。

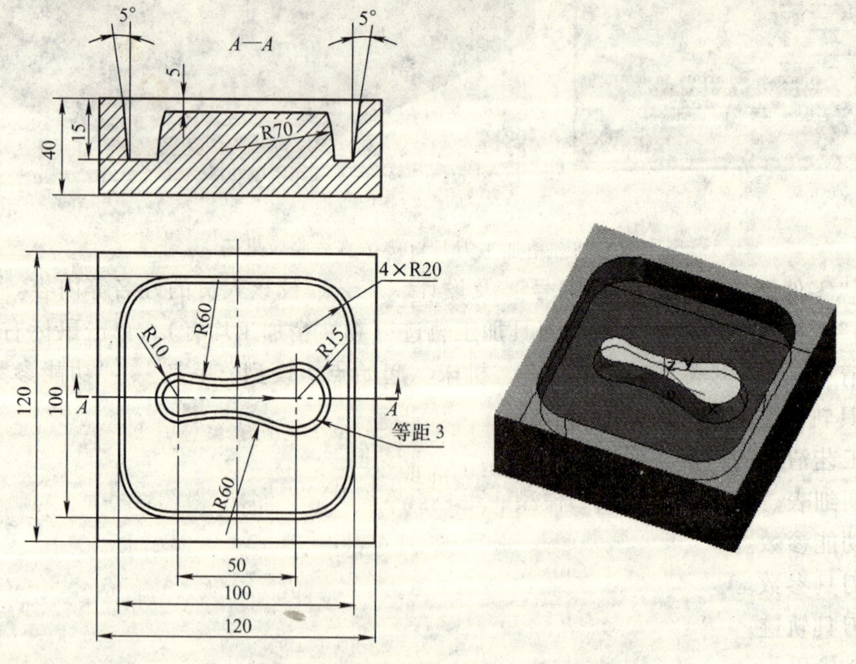

图 1-50 “花生状”模具二维图及曲面造型图

【任务一】 图样分析

由图 1-50 可知，该造型由“花生状”凸台、100mm×100mm 圆角矩形凹坑和 120mm×120mm 矩形方台三部分构成，其二维图轮廓尺寸的确定，可采用“曲面造型”的思想创建，具体创建方案如下。

（1）“花生状”凸台曲面的创建。可利用【导动面】命令中的“双导动线/双截面/变高”的方式来完成；也可以利用【边界面】命令中的“四边面”的方式来创建（本例采用【导动面】方式）。

（2）100mm×100mm 圆角矩形凹坑曲面的创建。由于该部分出现了 5°的倾斜面，因此，可采用【导动面】命令中的“双导动线/单截面/变高”的方式来完成。

（3）120mm×120mm 矩形曲面的创建。可利用【扫描面】命令来完成，也可以利用【直纹面】命令中“曲线+曲线”的方式来完成（本例采用【扫描面】方式）。

（4）各连接部分曲面。利用“曲面造型”的思想来创建该造型，各主体曲面创建完成后，出现 3 个连接曲面，分别如下。

连接曲面 1：“花生状”凸台曲面与 100mm×100mm 圆角矩形凹坑曲面之间的下底面。可采用【平面】命令中的“裁剪平面”的方式完成。

连接曲面 2 和曲面 3：100mm×100mm 圆角矩形凹坑曲面与 120mm×120mm 矩形曲面之间的上表面和下底面。均可采用【平面】命令中的“裁剪平面”的方式完成。

【任务二】 零件造型

（一）绘制“花生状”曲面

（1）单击直线图标，选择“水平/铅垂线”方式，长度=100mm，绘制中心在原点的“水平+铅垂”线 L1 和 L2。

单击“等距线”图标，将直线 L1 分别向左、向右等距 25mm，得到直线 L3 和 L4，分别与直线 L2 交于 A、B 两点。

单击圆图标，选择“圆心_半径”方式。分别以 A 点、B 点为圆心，绘制 R10mm 和 R15mm 的圆。

单击圆弧图标，选择“两点_半径”方式，利用“空格键”激活“点”工具菜单，选择“切点”，分别拾取 R10mm 和 R15mm 的圆，得到曲线 1 和曲线 2，结果如图 1-51 所示。

（2）利用“剪切”和“删除”命令，按尺寸要求，去掉多余的直线。单击曲线组合图标，利用“空格键”激活“矢量工具”菜单，选择“链取”，将“花生状”基本图的轮廓组合成一条曲线；再利用“等距线”命令，将该曲线向内等距 3mm，结果如图 1-52 所示。

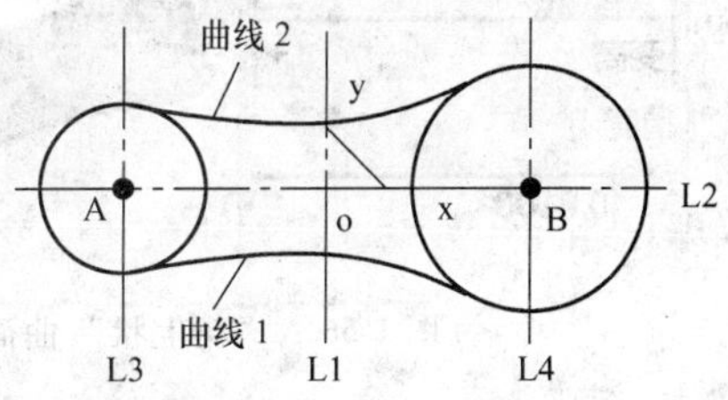

图 1-51 “花生状”基本图

（3）按 F8 键旋转至轴测图显示，单击“【造型】→【几何变换】→【平移】”，或单击图标，如图 1-53 所示填写立即菜单，“拾取元素”为图 1-52 所示的“等距 3mm 曲线”，结果如图 1-54 所示。

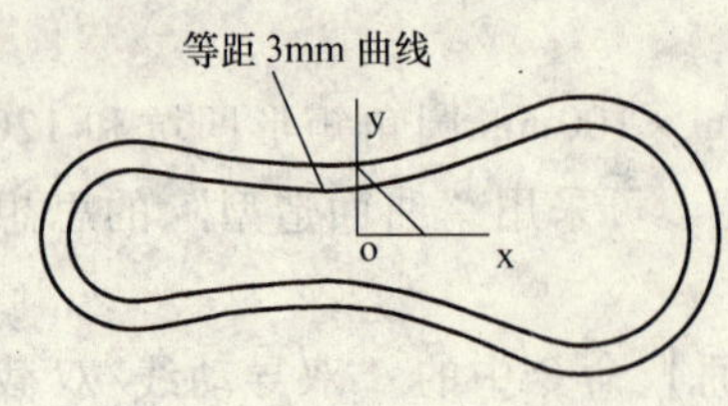

图 1-52 “花生状”等距图

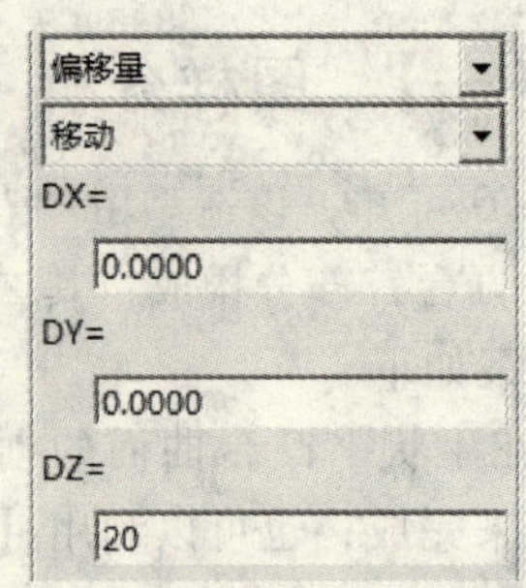

图 1-53 “平移”立即菜单

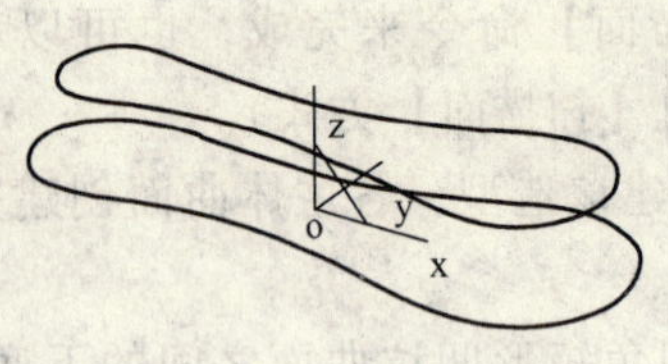

图 1-54 “平移”结果图

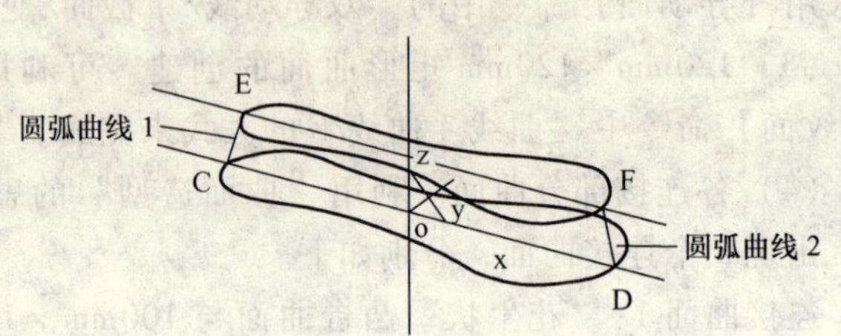

图 1-55 “圆弧”曲线

(4) 利用“直线”中“水平 + 铅垂”方式和“平移”中“拷贝”方式，生成图 1-55 所示的点 C、D、E 和 F；再利用“圆弧”命令中“两点_半径”方式，分别选择点 C 和 E，点 D 和 F，生成 R70mm 的圆弧曲线 1 和圆弧曲线 2，结果如图 1-55 所示

(5) 利用“剪切”和“删除”命令，按尺寸要求，去掉多余的直线。单击“【造型】→【曲面生成】→【导动面】”，或单击图标，选择“双导动线/双截面/变高”方式，“拾取第一、二条导动线”分别拾取图 1-55 所示的“圆弧曲线 1 和圆弧曲线 2”，确定方向均向下，“拾取截面线”分别拾取图 1-54 所示的两条曲线作为双截面（注意：双截面的拾取点要对称，否则曲面扭曲），单击鼠标右键结束拾取，参数及结果如图 1-56 所示。

(6) 单击“【造型】→【曲面生成】→【平面】”，或单击图标，选择“裁剪平面”方式，拾取图 1-52 中所示的“等距 3mm 曲线”为“平面外轮廓线”，单击鼠标右键结束选择，生成曲面如图 1-57 所示。

图 1-56 “花生状”曲面

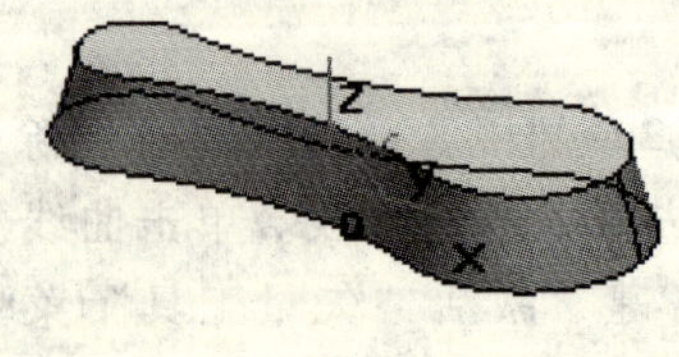

图 1-57 “花生状”上表面

(二) 绘制 100mm × 100mm 的圆弧矩形轮廓曲面

(1) 单击“【造型】→【曲线生成】→【矩形】”，或单击图标，选择“中心_长_宽”的方式，绘制长度 = 100mm，宽度 = 100mm，中心在原点的矩形。

单击“【造型】→【曲线编辑】→【曲线过渡】”，或单击图标，选择“圆弧过渡”

方式，绘制 4 个半径为 20mm 的圆弧。

利用【曲线组合】命令，将该轮廓曲线组合成一条曲线，并将该曲线“平移”拷贝至 DZ = 25mm 处。

利用【直线】中“水平 + 铅垂”的“水平”方式，生成如图 1-58 中所示的直线 L5，并将直线 L5“平移”至 DZ = 25mm 处，结果如图 1-58 所示。

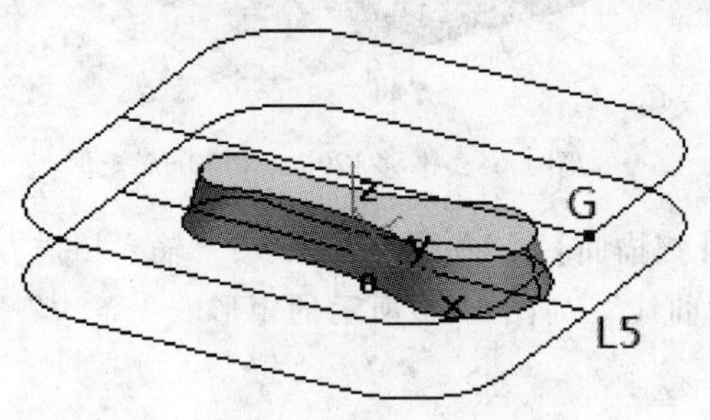

图 1-58 “100mm × 100mm 圆弧矩形”曲面

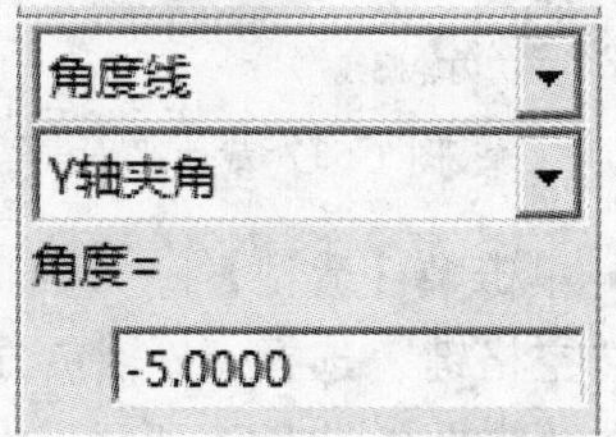

图 1-59 “5°线”立即菜单

（2）按 F7 键旋转至“XZ 平面”，利用【直线】中“角度线”方式，按图 1-59 所示填写立即菜单，生成图 1-60 所示的 5°线，与图 1-58 中的直线 L5 相交于点 H。

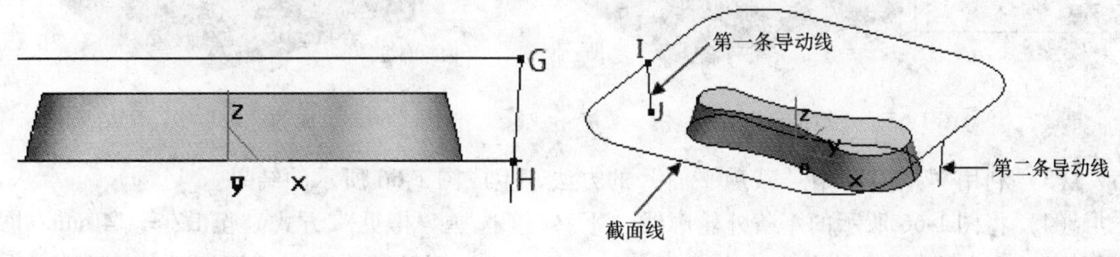

图 1-60 5°线

图 1-61 生成的导动线盒截面线

（3）同理，得到图 1-61 所示的线段 IJ；利用“剪切”和“删除”命令，按尺寸要求，去掉多余的直线。

（4）利用【导动面】中“双导动线/单截面/变高”方式，按照图 1-61 所示拾取曲线，生成如图 1-62 所示的导动面。

（5）单击“【造型】→【曲线生成】→【相关线】”，或单击图标，选择“曲线边界面/全部”方式，拾取上一步中生成的“导动面”；再利用“平面”中“裁剪平面”的方式，选择图 1-63 所示的“外轮廓线”和“内轮廓线”（注意：利用“空格键”中“单个拾取”的链取方式），生成图 1-63 所示的裁剪平面。

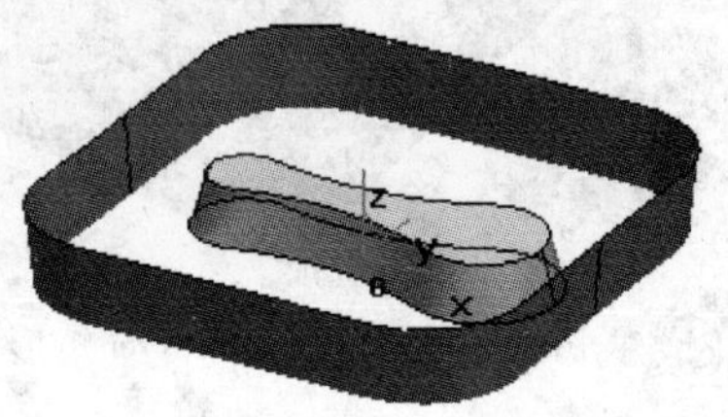

图 1-62 导动面

（三）绘制 120mm × 120mm 的矩形轮廓曲面

（1）按 F5 键转换至“XY 平面”，利用【矩形】中“中心_长_宽”的方式，绘制长度 = 120mm，宽度 = 120mm，中心在原点的矩形，并将该矩形“平移”至 DZ = 25mm 处，按 F8 键转换至轴测图，结果如图 1-64 所示。

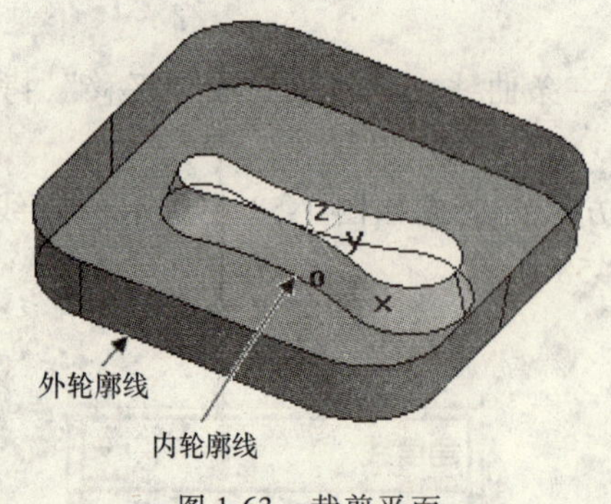

图 1-63　裁剪平面

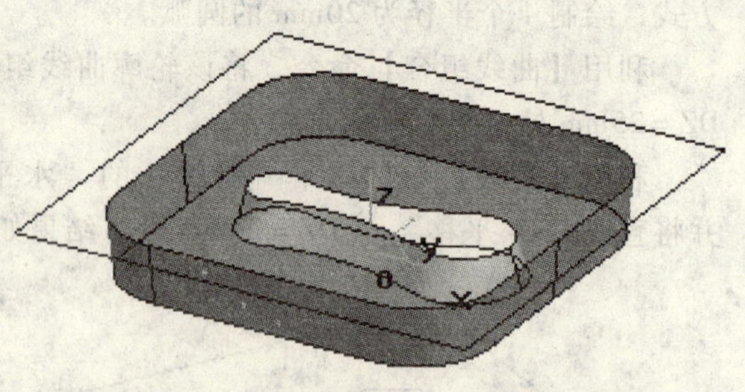

图 1-64　平移 120mm × 120mm 矩形

（2）单击"【造型】→【曲面生成】→【扫描面】"，或单击图标，"输入扫描方向"为利用"空格键"选择"Z 轴负方向"，"拾取曲线"为图 1-64 所示的矩形的 4 条边，立即菜单参数及结果如图 1-65 所示。

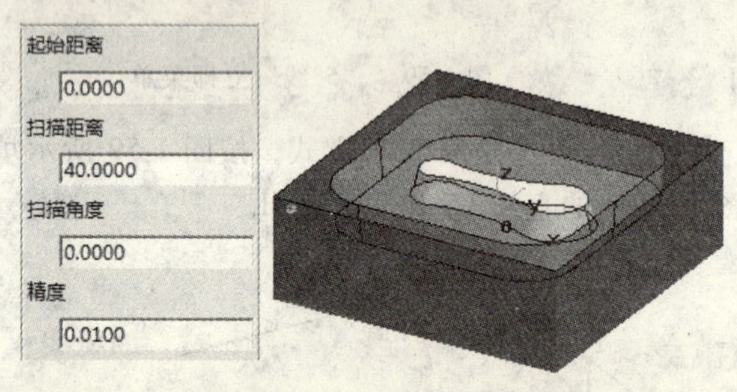

图 1-65　"扫描面"结果

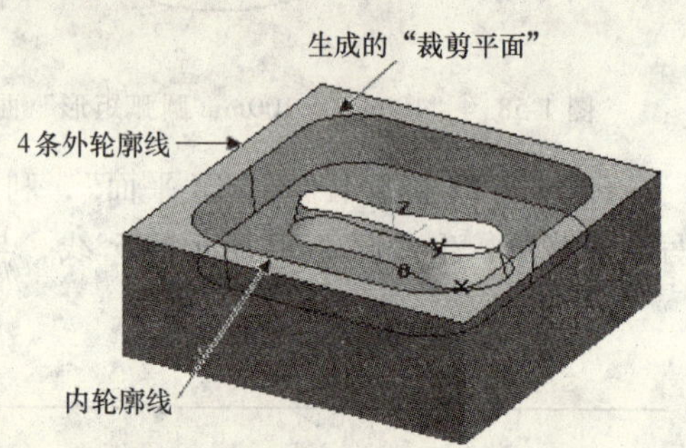

图 1-66　生成的"裁剪平面"结果

（3）利用"平面"中"裁剪平面"的方法，生成图 1-66 所示的结果。

（4）将图 1-66 所示的 4 条外轮廓线"平移"（选择"拷贝"方式）至 DZ = －40mm 处，再利用上述步骤（3）的方法，生成 120mm × 120mm 矩形的下底面，结果如图 1-67 所示。

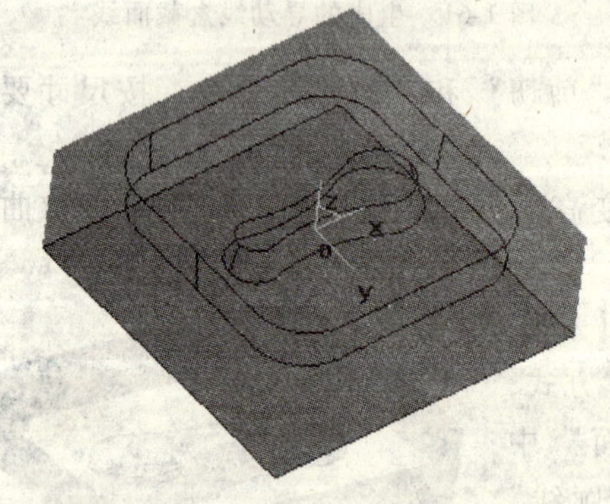

图 1-67　120mm × 120mm 矩形下底面

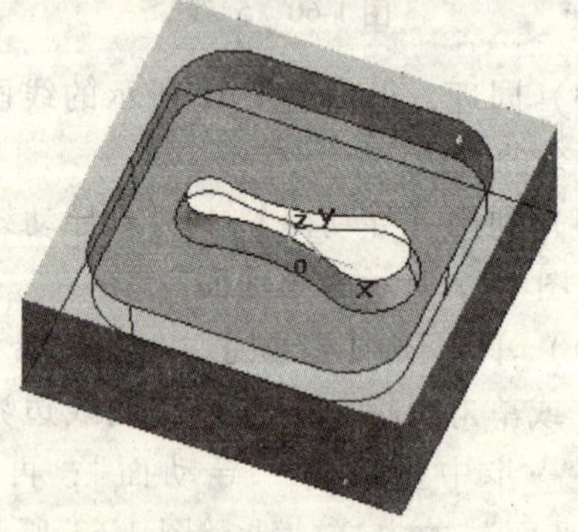

图 1-68　"花生状"模具曲面造型

（5）至此，"花生状"模具曲面造型构建完成，结果如图 1-68 所示。

【任务三】　加工参数设置

根据"花生状"模具曲面造型的特点，选用两轴半或三轴的数控铣床加工，选用机用平口钳装夹，其自动编程方案如下。

（1）利用 ϕ8mm 的平底铣刀，采用【平面区域粗加工】的方法，完成“花生状”凸台曲面与 100mm × 100mm 圆角矩形凹坑之间部分的粗加工，去掉大量多余的毛坯。

（2）利用 R2mm 的球头铣刀，采用【轮廓导线精加工】的方法，完成对“花生状”凸台曲面的精加工。

（3）仿真加工，生成 G 代码。在加工“花生状”模具曲面造型前，首先手动将毛坯加工至 120mm × 120mm × 40mm 的净毛坯尺寸，因此，该造型在加工时，只需一次装夹即可，且保证“花生状”模具曲面造型的 Z 轴向上（目的是与机床的 Z 轴方向一致，保证生成 G 代码的可用性）。

（一）“毛坯”的设置

单击“特征树”下面“加工管理”选项卡，单击“毛坯”后单击鼠标右键，选择“定义毛坯”，结果及参数选择过程如图 1-69 所示。

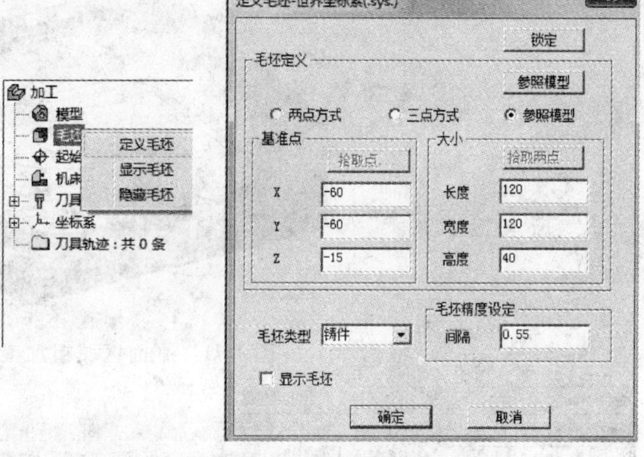

图 1-69 定义毛坯

（二）平面区域粗加工

利用“【加工】→【粗加工】→【平面区域粗加工】”，或单击图标方式，对“花生状”模具曲面造型进行粗加工。根据图 1-70 所示，填写各参数后，系统提示“拾取轮廓”为“100 × 100 圆角矩形凹坑底部的轮廓线”，确定链取方向后，单击鼠标右键；“拾取岛屿”为“花生状”底部的轮廓线，确定链取方向后，单击鼠标右键结束命令，系统计算出“平面区域粗加工”方式生成的刀具轨迹，结果如图 1-71 所示。

（三）轮廓导动精加工

利用“【加工】→【精加工】→【轮廓导动精加工】”，或单击图标方式，对“花生状”模具曲面造型进行精加工。根据图 1-72 所示，填写各参数后，系统提示“拾取轮廓和

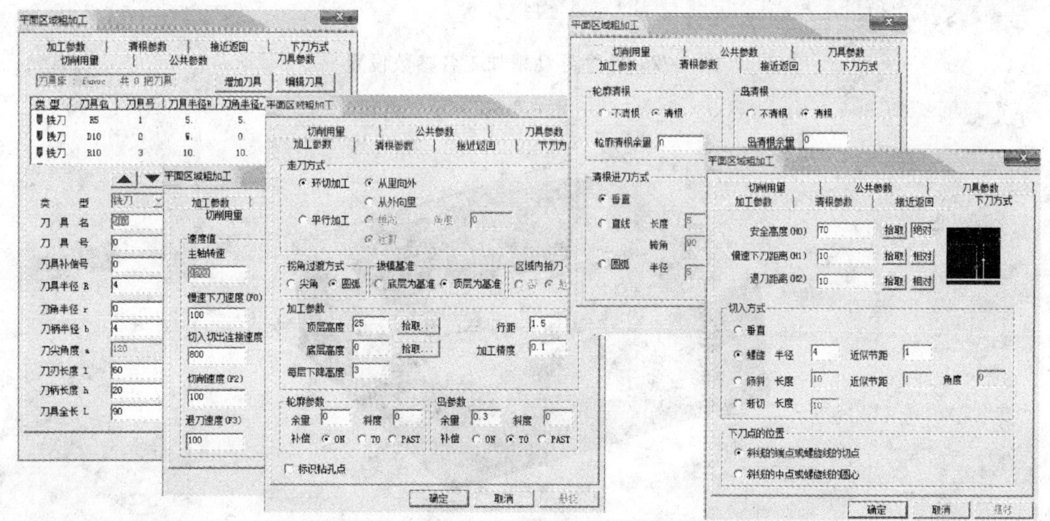

图 1-70 平面区域粗加工各参数设置

加工方向”为“花生状”岛屿顶部轮廓线和“右侧”箭头方向后，单击鼠标右键；“拾取截面线”为“花生状”岛屿曲面的截面线，确定方向为外侧后，单击鼠标右键结束命令，系统计算出“轮廓导动精加工”方式生成的刀具轨迹，结果如图 1-73 所示。

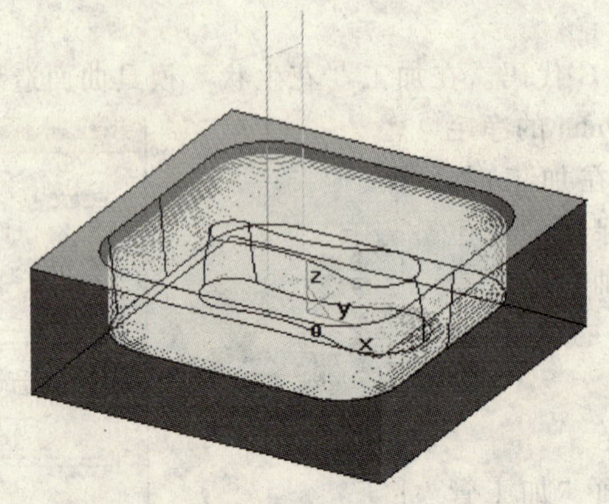

图 1-71　平面区域粗加工刀具轨迹

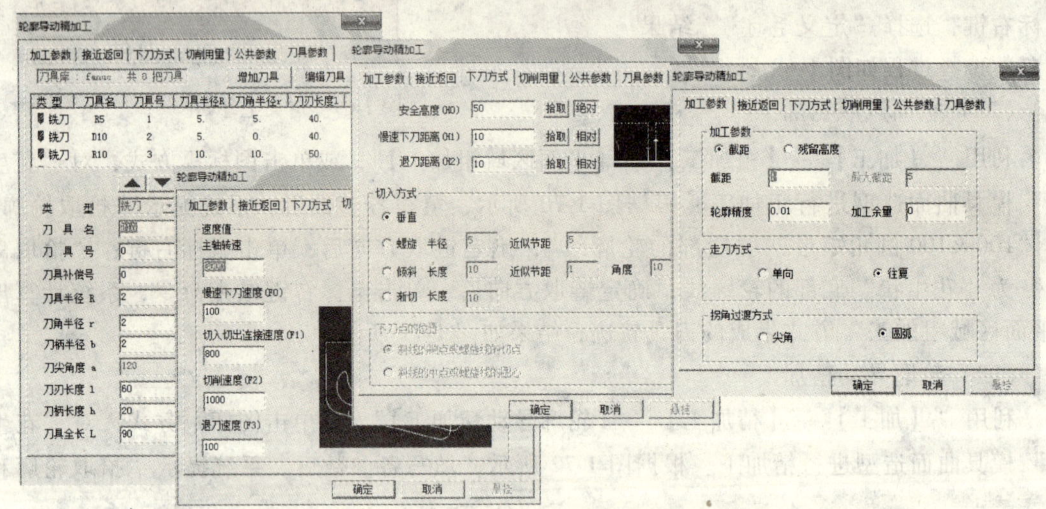

图 1-72　轮廓导动精加工各参数设置

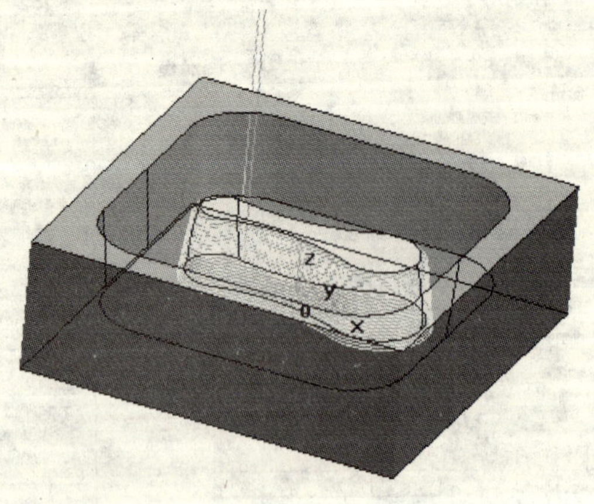

图 1-73　轮廓导动精加工刀具轨迹

【任务四】 自动编程与仿真

选择所有的加工轨迹，单击“【加工】→【实体仿真】”或单击“特征树”中“刀具轨迹”（所选刀具轨迹必须是显示状态）后，单击鼠标右键，选择“实体仿真”，结果如图 1-74 所示，各加工轨迹的部分 G 代码如图 1-75 所示。

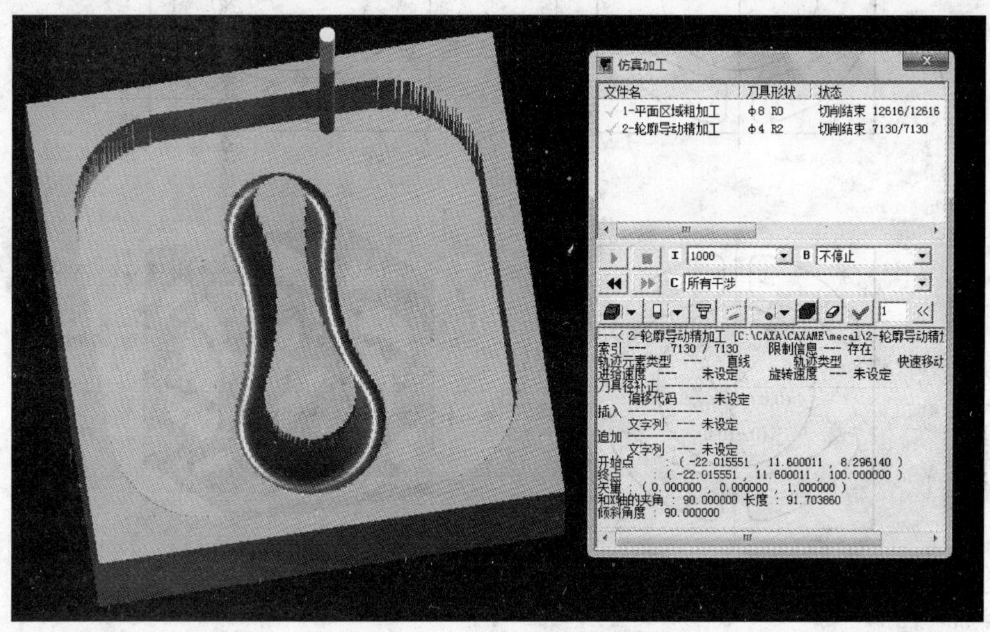

图 1-74 所有加工轨迹的仿真结果

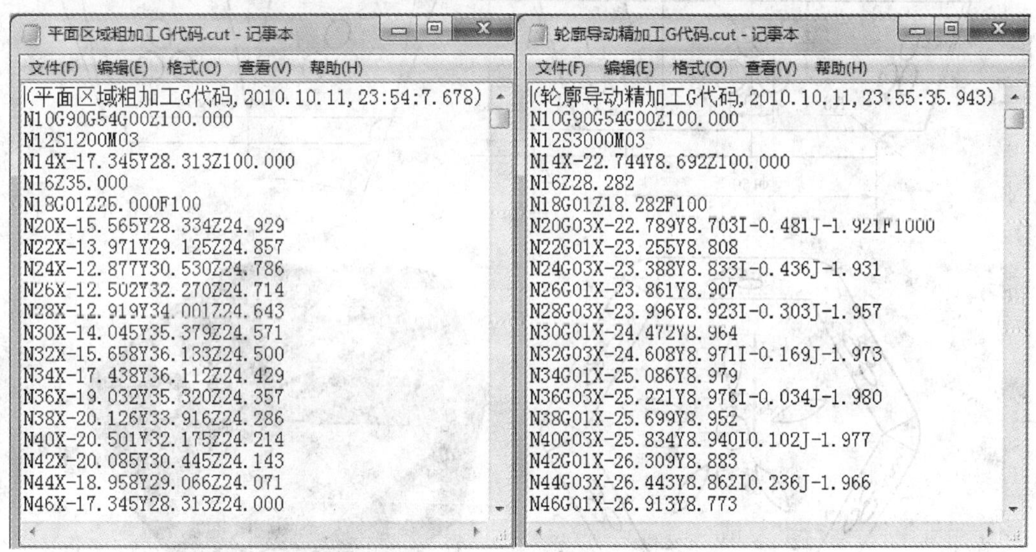

图 1-75 各加工轨迹 G 代码

课外实践

1. 完成图 1-76 所示“纸巾盒”曲面造型的创建，并选择合理的粗、精加工方式对任意一表面进行自动编程。

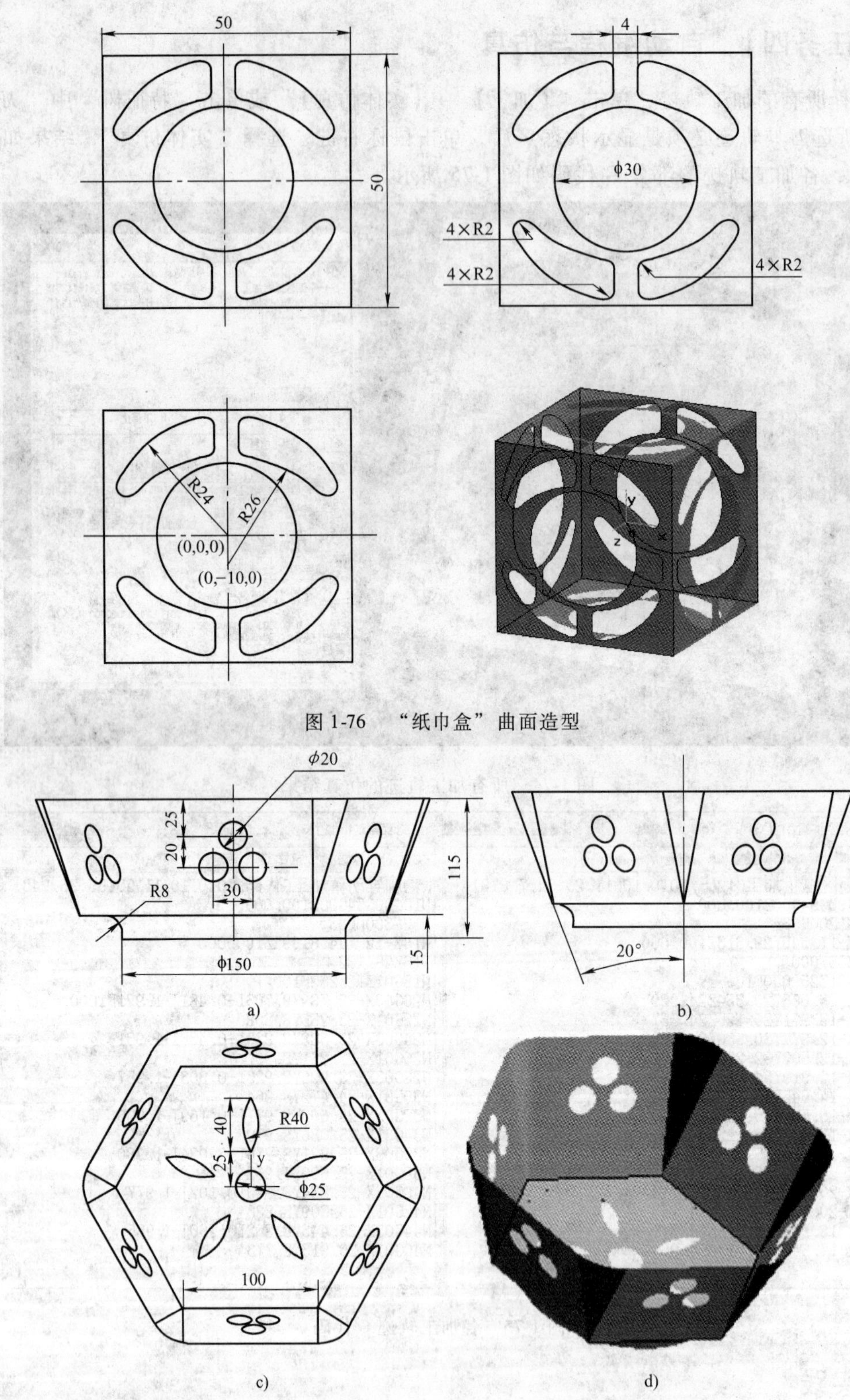

图 1-76 “纸巾盒”曲面造型

图 1-77 “水果盘”曲面造型

a）主视图 b）右视图 c）俯视图 d）曲面造型

2. 完成图 1-77 所示“水果盘”曲面造型的创建，并选择合理的粗、精加工方式对任意一表面进行自动编程。

3. 完成图 1-78 所示“箱体”曲面造型的创建，并选择合理的粗、精加工方式对前表面进行自动编程。

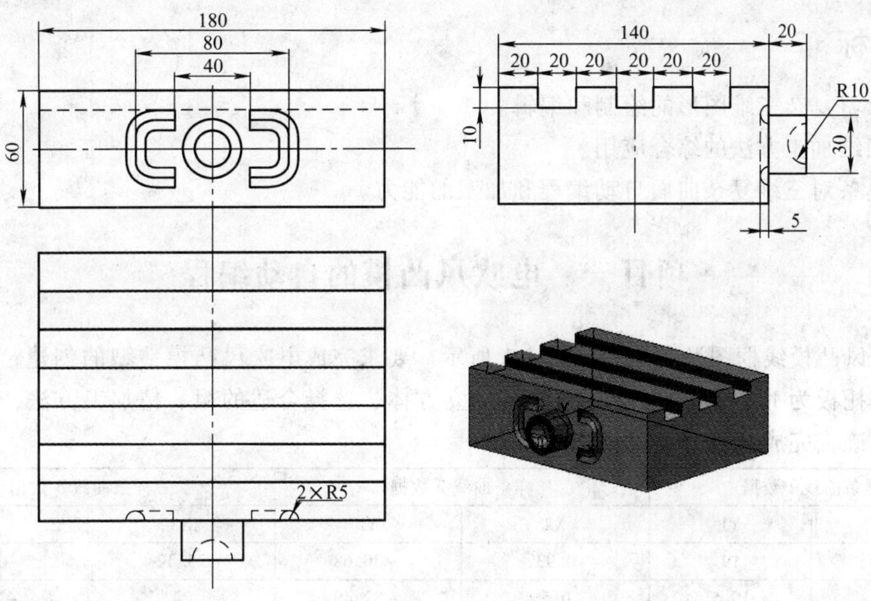

图 1-78 “箱体”曲面造型

4. 完成图 1-79 所示“图标”曲面造型的创建，并选择合理的粗、精加工方式对其进行自动编程。

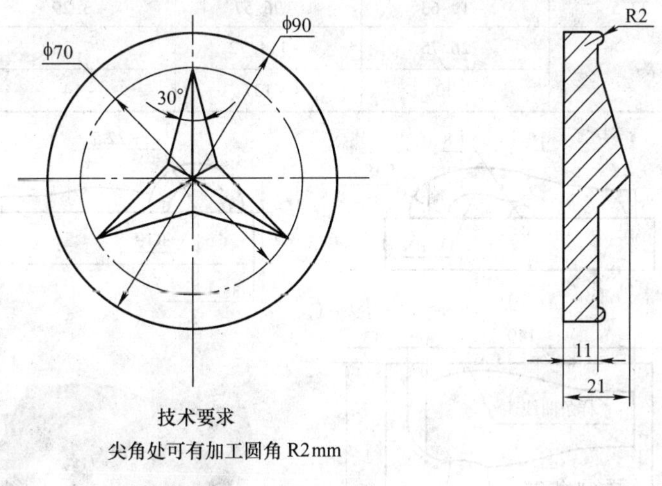

图 1-79 “图标”曲面造型

学习情境二　复杂三维曲面零件的自动编程

学习目标

1. 学习复杂三维图形的绘制和编辑。
2. 三维加工方法的综合应用。
3. 具备对三维复杂曲面自动编程和加工的能力。

项目一　电吹风凸模的自动编程

电吹风凸模线框图及实体图如图 2-1 所示。要求完成电吹风凸模造型的创建，其中，电吹风凸模托板为 180mm × 180mm × 35mm 的立方体，选择合适的粗、精加工方法，生成正确的刀具轨迹，完成其自动编程及仿真加工。

样条曲线 1 数据		样条曲线 2 数据		样条曲线 3 数据	
X1	Y1	X2	Y2	X3	Y3
-100	19	0.93	-30.68	23.42	-27.38
-75	19.5	0.5	-32.49	24	-29.36
-60	20.5	-4.27	-51.22	25.46	-56.98
0	32.5	-8.51	-66.71	15.07	-79.86
25	29	-13.11	-81.07	0.94	-96.28
40	22.5	-19.63	-96.57	-3.29	-105.62
样条曲线数据表		-26.75	-114.72	-7.78	-122.40
		-30	-137	-14	-137

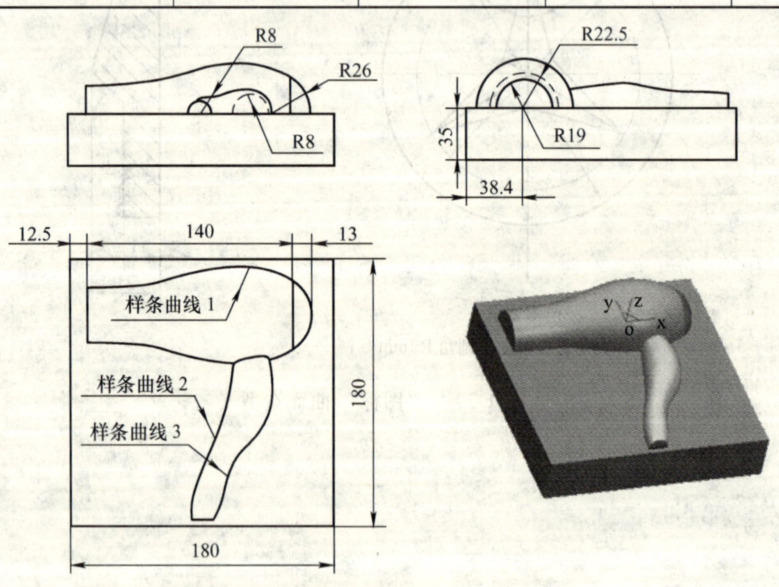

图 2-1　电吹风凸模线框图及实体图

【任务一】 图样分析

由图 2-1 所示可知，该造型由电吹风的主体、手柄和托板三部分构成，其线框轮廓的确定，可采用“实体—曲面混合”造型的思想创建，即分别利用【导动面】命令中的“双导动线/双截面/变高”和“双导动线/单截面/变高”的方式创建主体和手柄的造型；利用“【增料拉伸】”命令完成托板的造型。

【任务二】 零件造型

（一）完成电吹风的主体曲面造型

（1）绘制“样条曲线 1”，利用“【造型】→【曲线生成】→【样条】”，或单击图标方式，根据给定的数据，完成绘制，其参数设定及结果如图 2-2 所示。

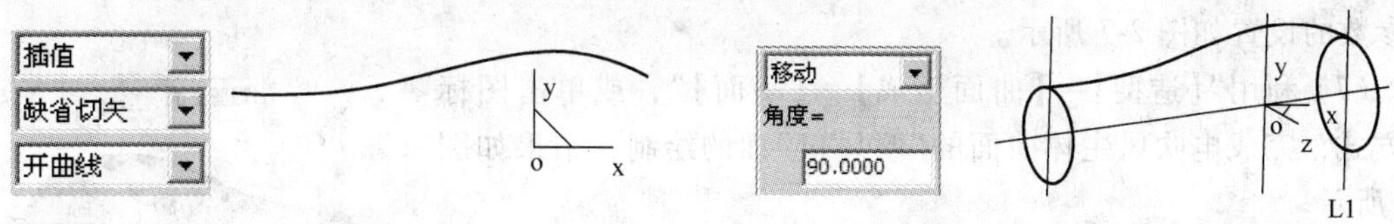

图 2-2 样条曲线 1

图 2-3 旋转视图结果

（2）根据样条曲线 1 所在位置，确定绘制该造型的参考原点，并利用直线命令中的“水平 + 铅垂”的方式绘制参考线，长度选择“80”，直线中点为原点。

利用“【造型】→【曲线编辑】→【曲线拉伸】”，或单击图标方式，将“水平 + 铅垂”线的水平线两边延长至长于样条曲线 1。

利用等距或平行线将“水平 + 铅垂”线中的垂直线复制到样条曲线 1 的两端。根据给定数据，利用“【造型】→【曲线生成】→【圆】”，或单击图标中的“圆心_半径”方式，完成 R19mm 和 R22.5mm 的绘制；利用“【造型】→【几何变换】→【旋转】”，或单击图标方式，将两圆旋转至“YZ 平面”，单击图标旋转视图，结果如图 2-3 所示。

（3）利用“【造型】→【曲线生成】→【等距线】”，或单击图标方式，将图 2-3 中的直线 L1，向右等距“13”，再利用“【造型】→【曲线生成】→【圆】”，或单击图标，选择“两点_半径”方式，完成 R26mm 圆弧的绘制，其中所选两点及结果如图 2-4 所示。

（4）删除多余线段，利用“【造型】→【几何变换】→【平面镜像】”，或单击图标方式，完成“样条曲线 1”的平面镜像，结果如图 2-5 所示。

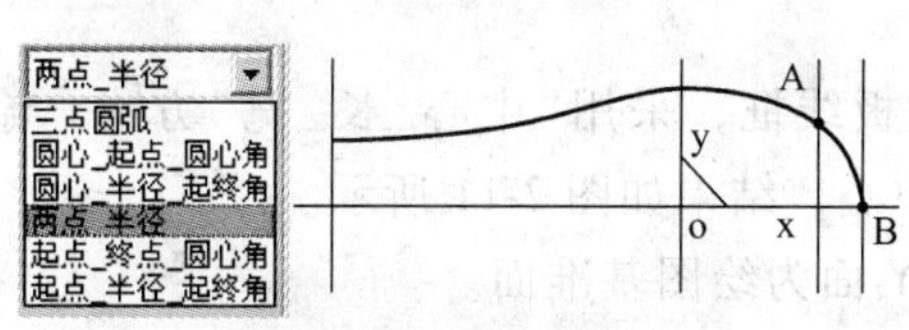

图 2-4 R26mm 的圆弧

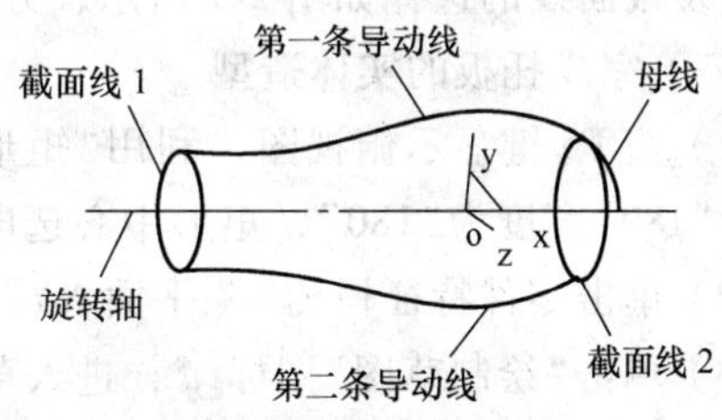

图 2-5 平面镜像结果

（5）利用“【造型】→【曲面生成】→【导动面】”，或单击图标方式，完成电吹风主体曲面的前半部分绘制，其中拾取“第一、第二条导动线”及“截面线”如图 2-5 所示，方向选择均向右，导动面结果及参数的设置如图 2-6 所示。

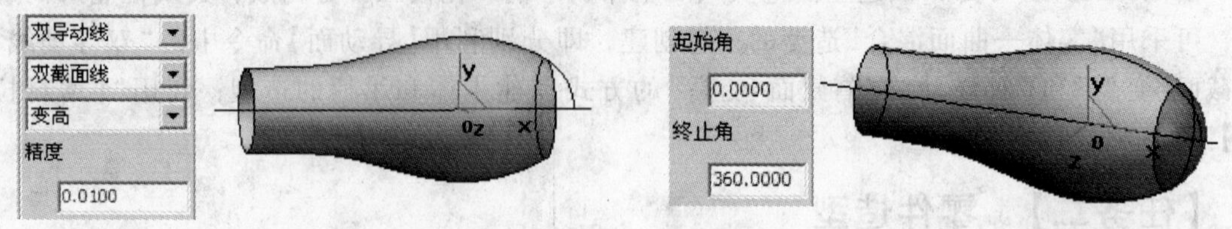

图 2-6 导动面结果　　　　图 2-7 旋转面结果

（6）利用“【造型】→【曲面生成】→【旋转面】”，或单击图标方式，完成电吹风主体曲面的后半部分绘制，其中旋转轴及母线的选择如图 2-5 所示，方向选择均向右，旋转面结果及参数的设置如图 2-7 所示。

（7）利用“【造型】→【曲面生成】→【平面】”，或单击图标方式，完成电吹风主体曲面的“吹风口”面的绘制，结果如图 2-8 所示。

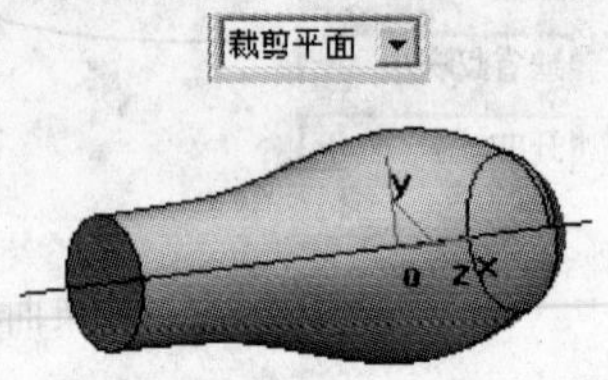

图 2-8 平面结果

（二）完成电吹风的手柄曲面造型

（1）分别绘制样条曲线 2、样条曲线 3，方法与上述（一）中（1）描述相同，再利用“直线”和“圆”命令绘制图 2-9 所示的截面线。绘制直线选“两点/单个/非正交”方式，连接两条样条曲线的端点，绘制圆选“圆心_半径”方式，圆心为直线的中点，半径捕捉样条曲线的端点。再利用“旋转”命令将圆绕直线轴旋转 90°，删除直线，结果如图 2-9 所示。

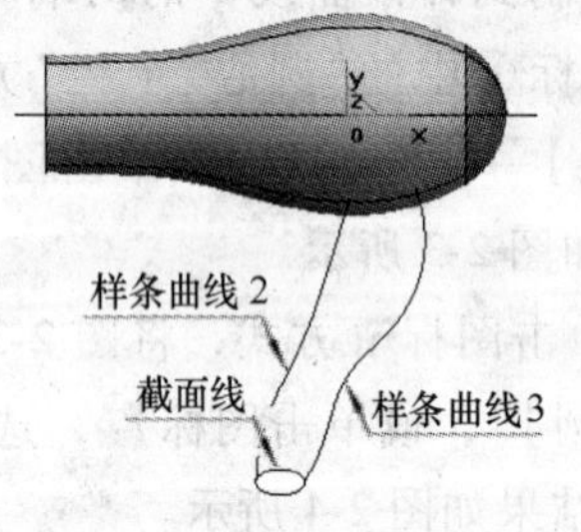

图 2-9 样条曲线 2、3

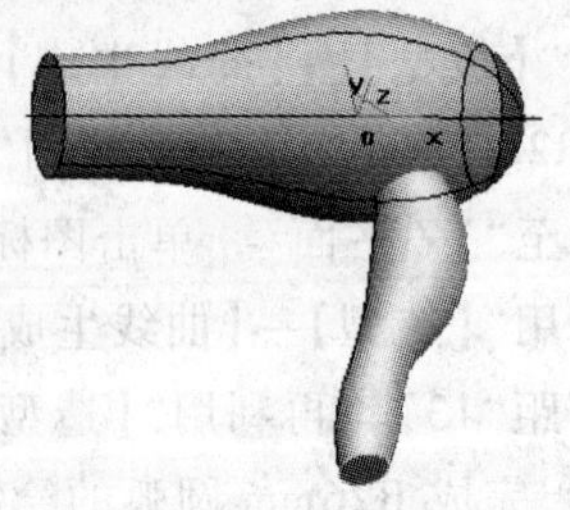

图 2-10 手柄曲面

（2）分别完成手柄导动面及平面的绘制，方法与上述（一）中（5）和（7）描述相同，其中导动线及截面线的选择如图 2-9 所示，方向选择均向上，结果如图 2-10 所示。

（三）完成托板的实体造型

（1）按 F5 键显示俯视图，利用“矩形”绘制托板线框，采用“中心_长_宽”方式，输入长度为“180”宽度为“180”，矩形中心选电吹风的中心，结果如图 2-11 所示。

（2）单击零件特征树的“平面 XY”，选择 XY 面为绘图基准面。

（3）单击“绘制草图”图标，进入草图绘制状态。

（4）利用“【造型】→【曲线生成】→【曲线投影】”，或单击图标方式，依次选取图 2-11 所示的投影曲线，将 180mm × 180mm 的线框投影至“平面 XY”中，生成“草图 0”，退出草图状态，参数及结果如图 2-12 所示。

（5）利用“【造型】→【曲面生成】→【增料】→【拉伸】”，或单击图标方式，完成托板实体造型的绘制，拉伸增料参数的设置如图 2-13 所示，电吹风凸模曲面造型如图 2-14 所示。

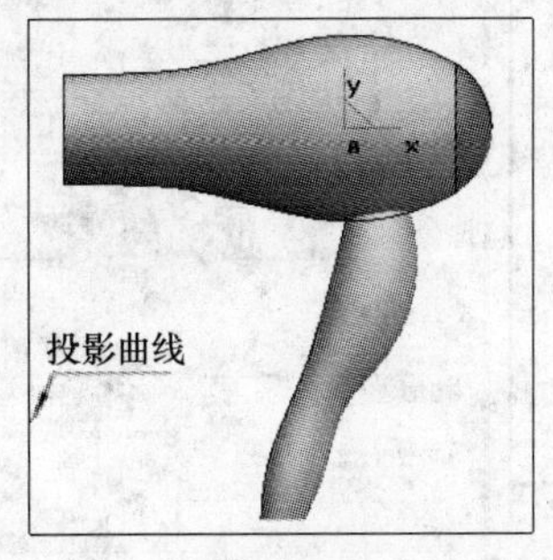

图 2-11　180mm × 180mm 线框

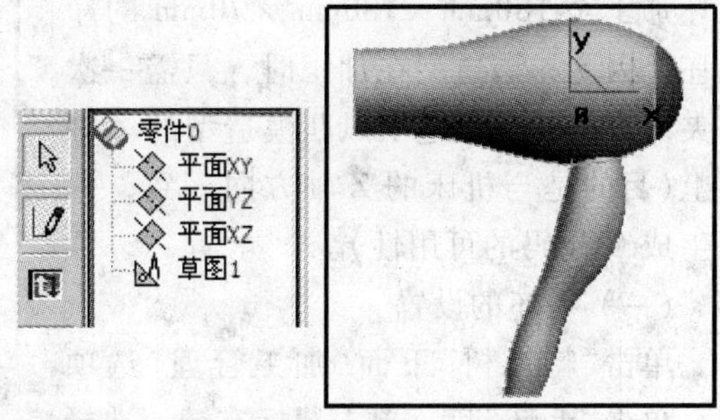

图 2-12　生成草图 0 结果

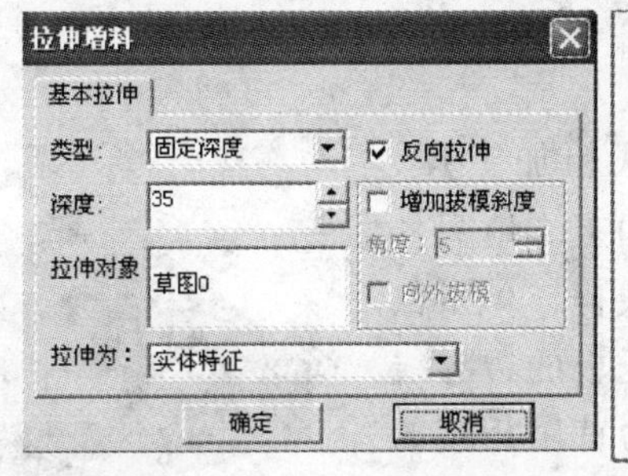

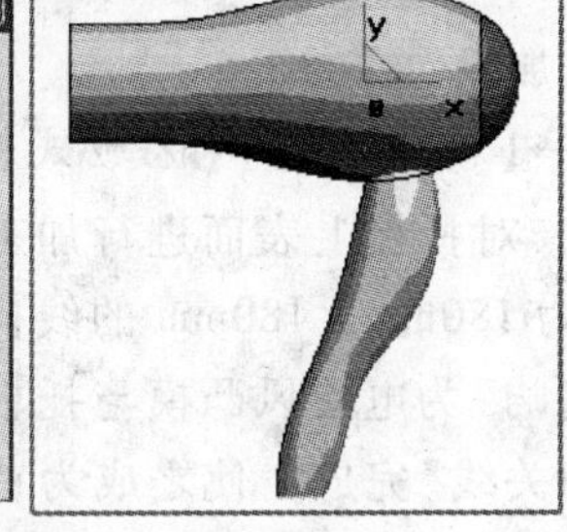

图 2-13　拉伸增料对话框

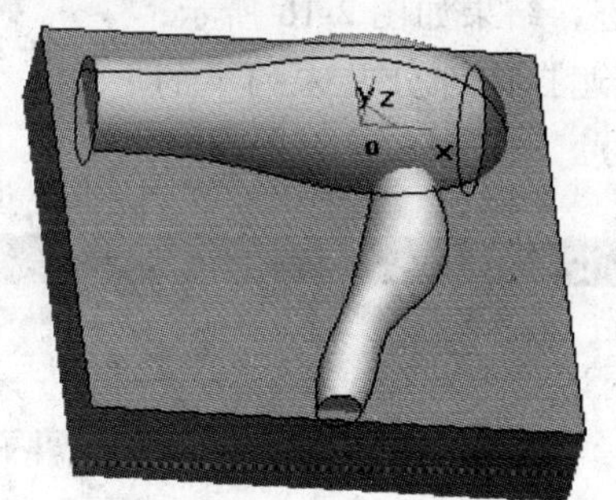

图 2-14　电吹风凸模曲面造型

（6）至此，电吹风凸模曲面造型构建完成。

【任务三】　加工参数设置

根据电吹风凸模造型的特点，可选用两轴半或三轴联动的数控铣床加工，选用机用平口钳装夹，其自动编程方案如下。

（1）利用 ϕ20mm 的平底铣刀，采用【区域式粗加工】的方法，加工托板上表面，去掉大量多余的毛坯。

（2）利用 R6mm 的球头铣刀，采用【等高线粗加工】的方法，完成对主体和手柄部分的粗加工。

（3）利用 R4mm 的球头铣刀，采用【扫描线精加工】的方法，完成对主体和手柄部分的精加工。

(4)仿真加工，生成 G 代码。

在加工电吹风凸模造型前，先手动将毛坯加工至 180mm × 180mm × 70mm 的净毛坯。因此，该造型在加工时，只需一次装夹即可，且保证电吹风凸模造型的 Z 轴向上(目的是与机床的 Z 轴方向一致，保证生成 G 代码的可用性)。

(一) 毛坯的设置

单击“特征树”下面“加工管理”选项卡，单击“毛坯”后，单击鼠标右键，选择“定义毛坯”，结果及参数选择过程如图 2-15 所示。

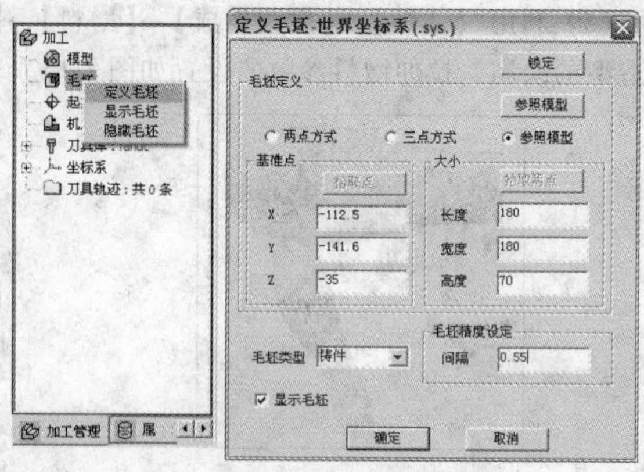

图 2-15　定义毛坯

(二) 区域式粗加工

利用“【加工】→【粗加工】→【区域式粗加工】”，或单击图标方式，对托板上表面进行加工。填写各参数后，拾取轮廓为 180mm × 180mm 的线框，单击鼠标右键后，拾取“岛屿”为电吹风凸模与托板的边界线(利用“直线”与“相关线”完成，使之成为首尾相接的曲线)，单击鼠标右键结束该命令。系统计算出“区域式粗加工”方式生成的刀具轨迹，结果如图 2-16 所示，其参数设置如图 2-17 所示(被遮挡的部分及未列举的选项卡为系统默认值，未修改)。

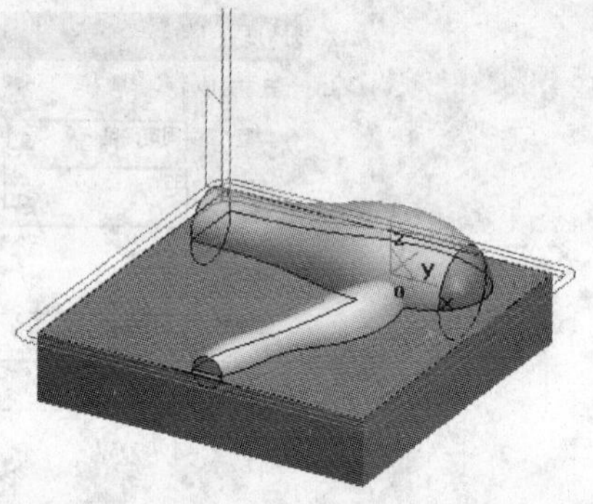

图 2-16　区域式粗加工刀具轨迹

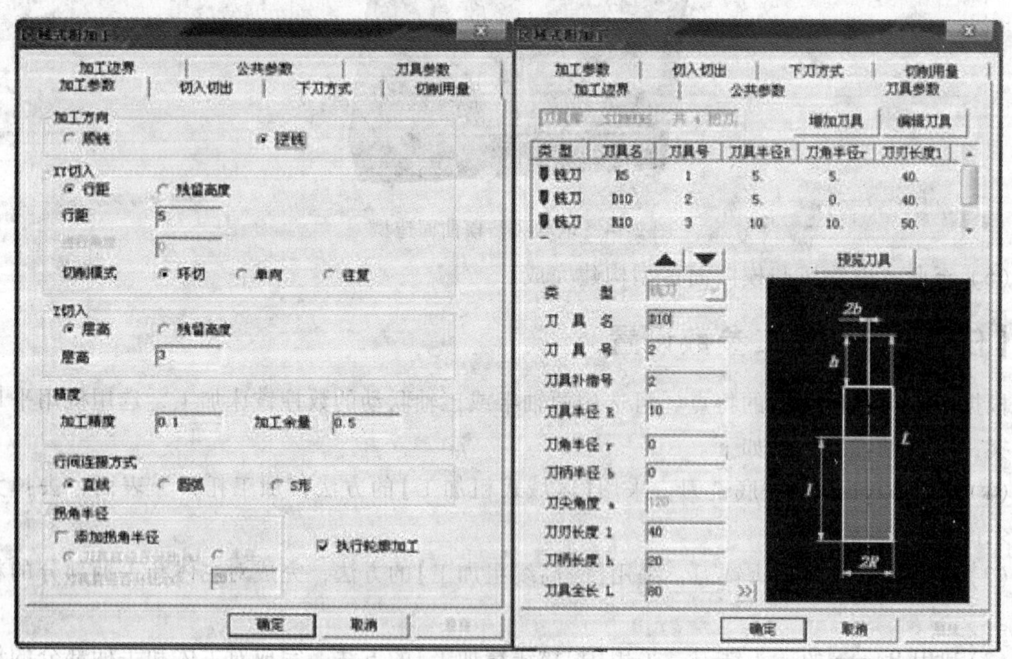

图 2-17　区域式粗加工各参数设置

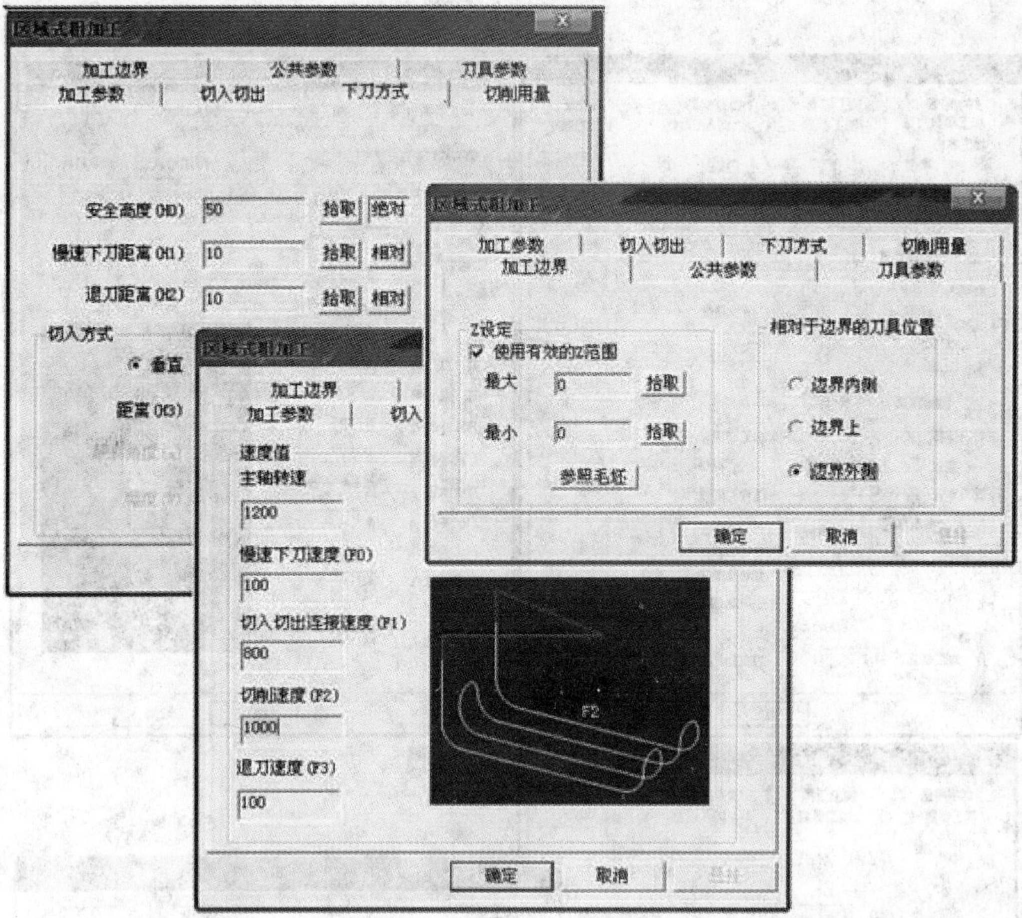

图 2-17 （续）

（三）等高线粗加工

利用“【加工】→【粗加工】→【等高线粗加工】”，或单击图标方式，对电吹风凸模进行粗加工。填写各参数后，拾取“加工对象”为“三个曲面造型”，单击鼠标右键结束命令。系统计算出“等高线粗加工”方式生成的刀具轨迹，结果如图 2-18 所示，其参数设置如图 2-19 所示。

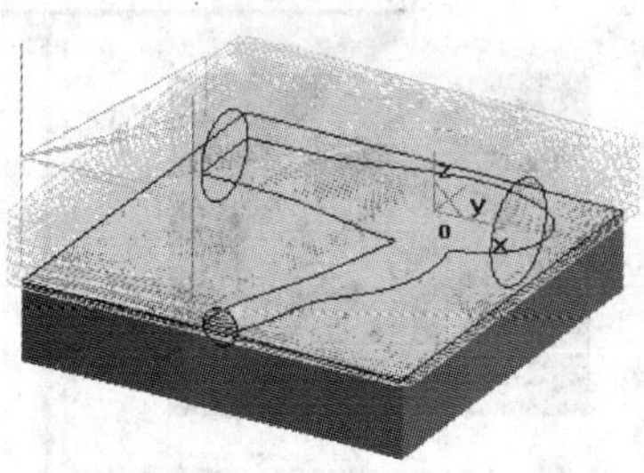

图 2-18 等高线粗加工刀具轨迹

（四）扫描线精加工

利用“【加工】→【精加工】→【扫描线精加工】”，或单击图标方式，对电吹风凸模进行精加工。填写各参数后，拾取“加工对象”为“三个曲面造型”，单击鼠标右键结束命令。系

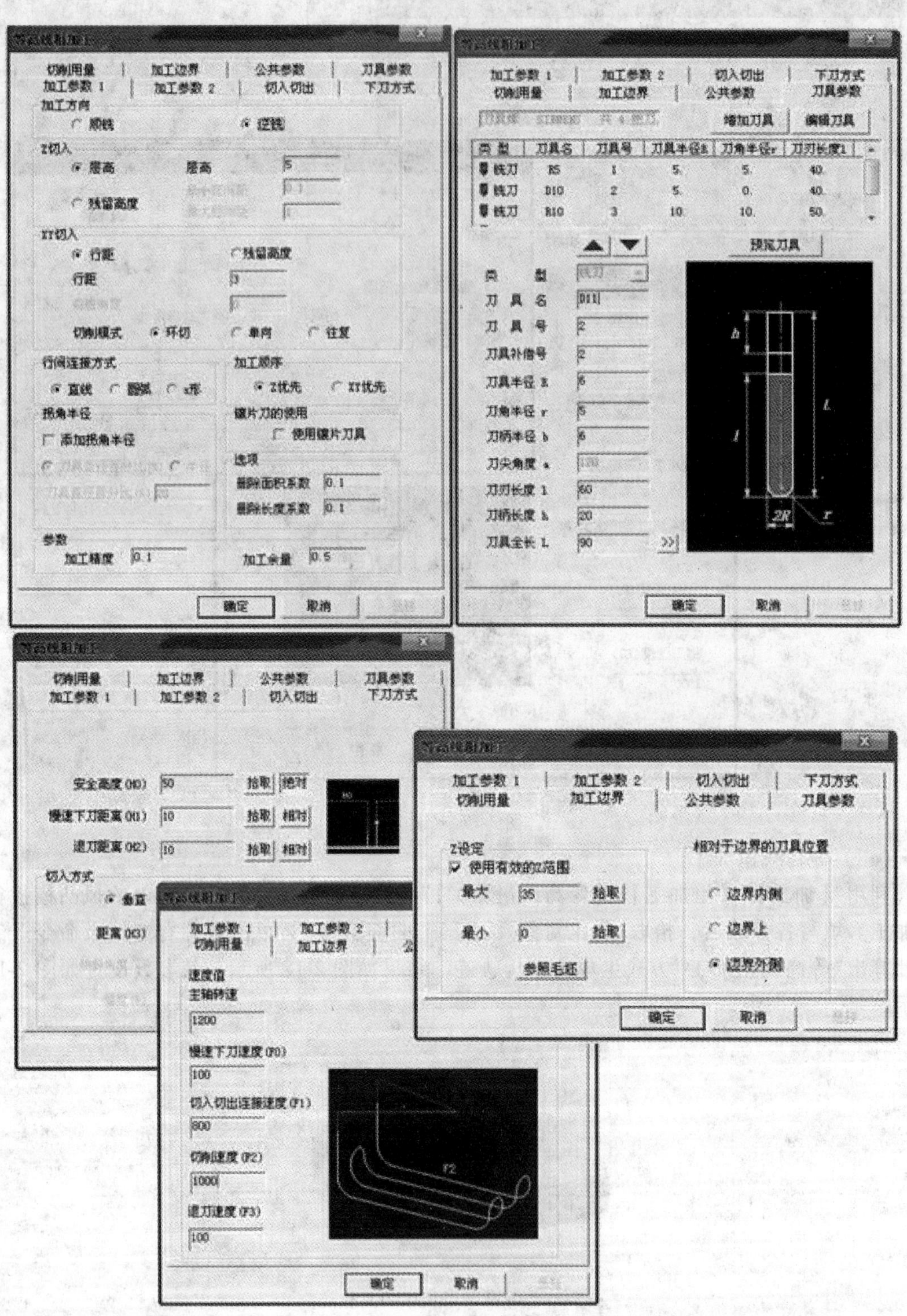

图 2-19　等高线粗加工各参数设置

统计算出“扫描线精加工”方式生成的刀具轨迹，结果如图2-20所示，其参数设置如图2-21所示。

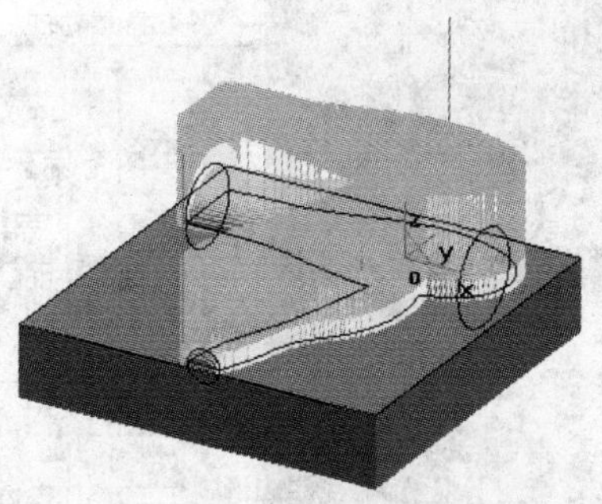

图2-20 扫描线精加工刀具轨迹

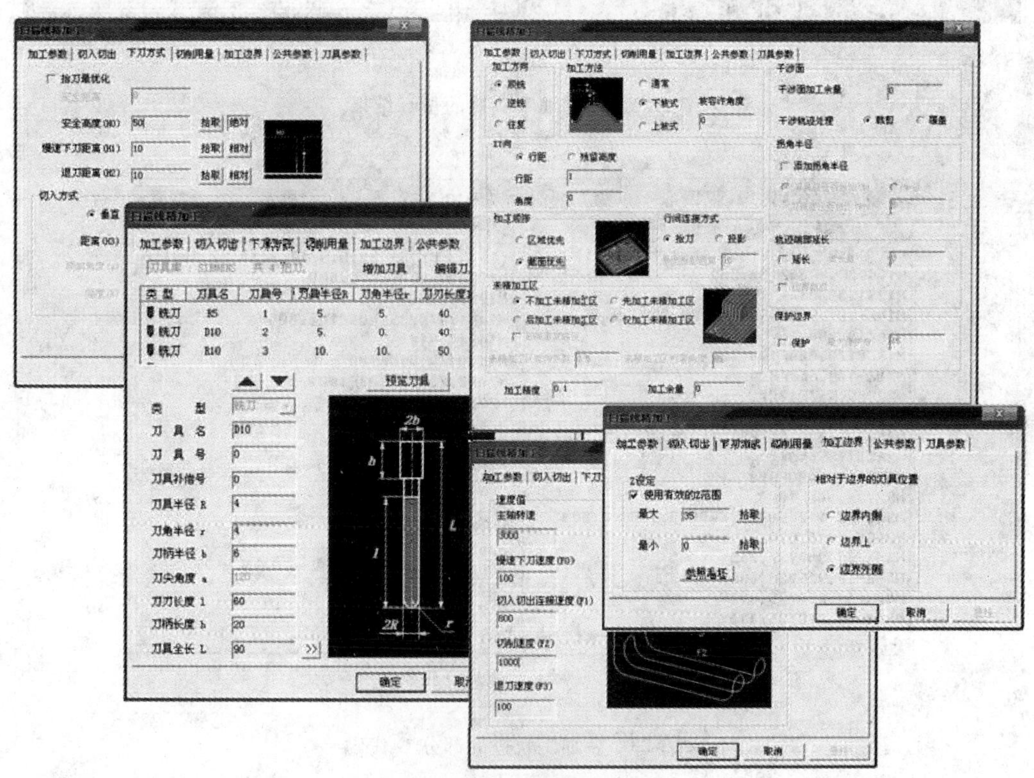

图2-21 扫描线精加工各参数设置

【任务四】 自动编程与仿真

选择所有的加工轨迹，单击“【加工】→【实体仿真】”或单击“特征树”中“刀具轨迹”(所选刀具轨迹必须是显示状态)后，单击鼠标右键，选择“实体仿真”，结果如图2-22所示，各加工轨迹的部分G代码如图2-23所示。

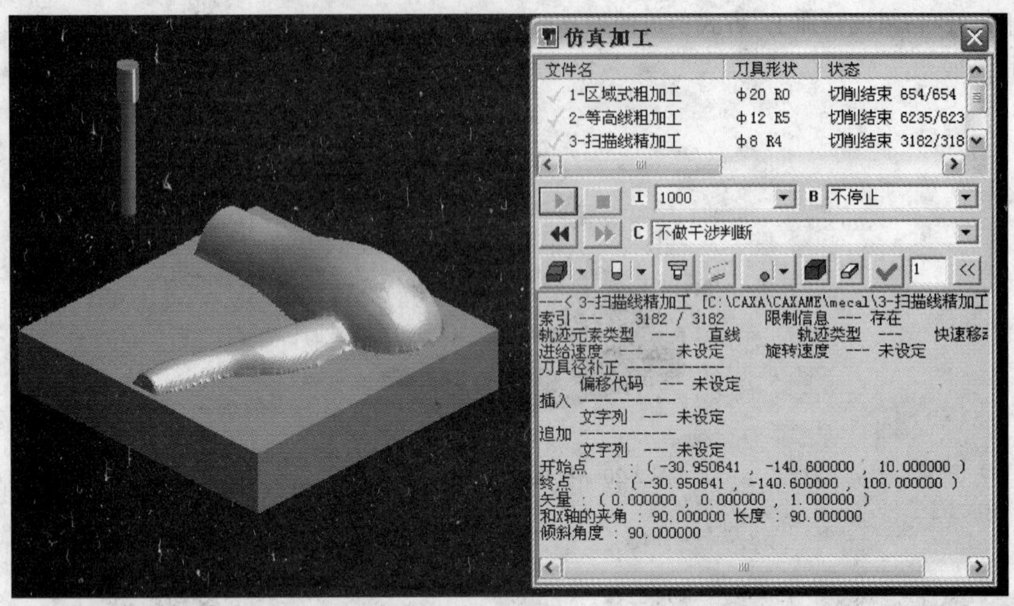

图 2-22 所有加工轨迹的仿真结果

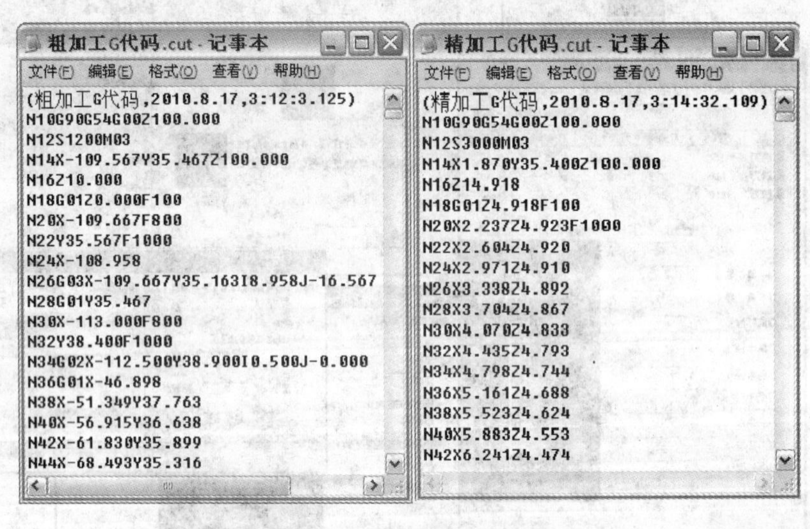

图 2-23 各加工轨迹的部分 G 代码

项目二 吊钩凸模的自动编程

吊钩凸模线框图及曲面造型图如图 2-24 所示，要求完成吊钩凸模曲面造型的创建，选择合适的粗、精加工方法，生成正确的刀具轨迹，完成其自动编程及仿真加工。

【任务一】 图样分析

由图 2-24 所示可知，该造型由吊钩的主体和托板两部分构成，可采用“曲面造型”的思

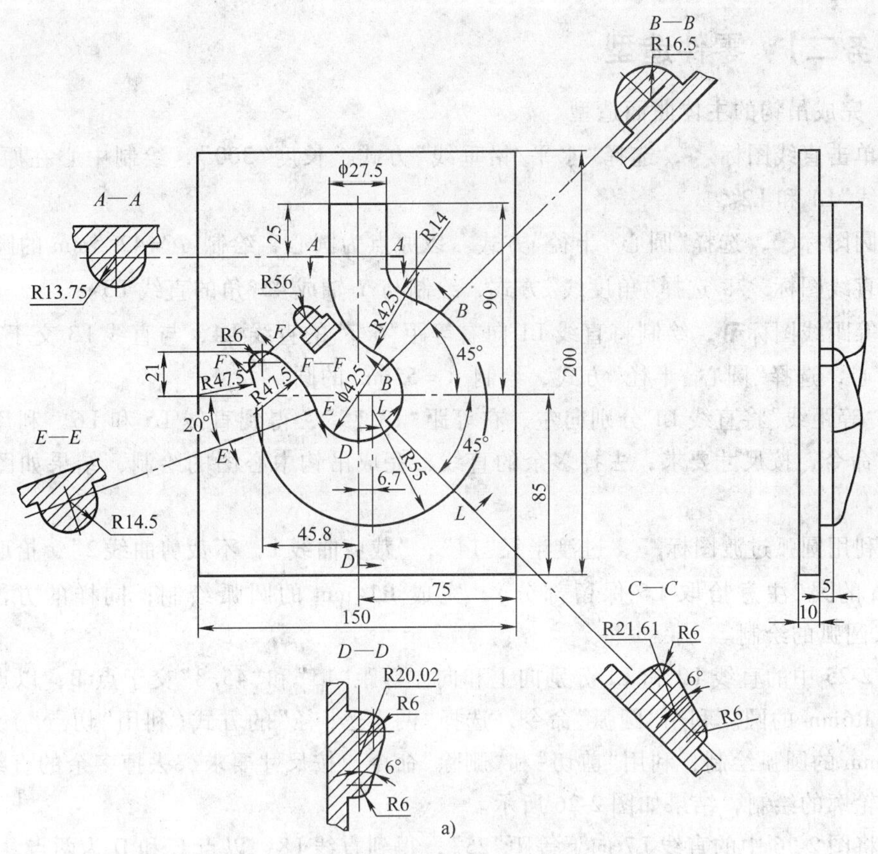

a)

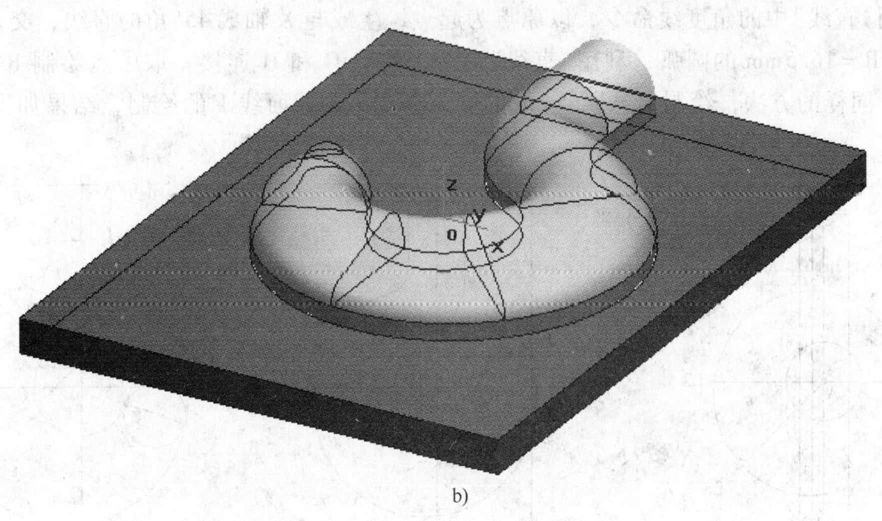

b)

图 2-24　吊钩凸模线框图及曲面造型图

想创建，即分别利用“【导动面】”命令中的“双导动线、双截面/单、变高/等高”方式来创建主体曲面部分的造型；利用“【直纹面】”命令中的“曲线 + 曲线”方式来完成托板曲面部分的造型。

【任务二】 零件造型

（一）完成吊钩的主体曲面造型

（1）单击直线图标，选择“水平/铅垂线”方式，长度“300”，绘制中心在原点的“水平＋铅垂线”L1 和 L2。

单击圆图标，选择“圆心_半径”方式。以原点为圆心，绘制 $\Phi=42.5$mm 的圆。

单击直线图标，选择“角度线”方式，绘制与 Y 轴成 45°角的直线 L3。

单击等距线图标，绘制将直线 L1 向右等距“6.7”的直线 L4，与直线 L3 交于点 A。以点 A 为圆心，选择“圆心_半径”方式，绘制 R＝55mm 的圆。

利用“等距线”将直线 L1 分别向左、右等距“13.75”，得到直线 L5 和 L6。利用“剪切”和“删除”命令，按尺寸要求，去掉多余的直线，完成吊钩中心图的绘制，结果如图 2-25 所示。

（2）利用圆弧过渡图标，过渡半径“14”，“裁剪曲线 1，不裁剪曲线 2”，拾取直线 L6 和 R55mm 的圆（注意拾取 L6 保留部分），完成 R14mm 的圆弧绘制；同样的方法，完成 R42.5mm 圆弧的绘制。

将图 2-25 中的直线 L2 和 L1 分别向上和向左等距“15”和“45.8”交于点 B；以点 B 为圆心，绘制 R6mm 的圆。利用“圆弧”命令，选择“两点_半径”的方式（利用“切点”），完成两个 R47.5mm 的圆弧绘制，利用“剪切”和“删除”命令，按尺寸要求，去掉多余的直线，完成吊钩基本轮廓的绘制，结果如图 2-26 所示。

（3）将图 2-26 中的直线 L7 向下等距“25”，得到直线 L8，以点 C 和 D 为两点，利用“两点_半径”的方式，绘制 R＝13.75mm 的圆弧。

利用“直线”中的角度线命令，以原点为起点，生成与 X 轴成 45°角的直线，交于点 E 和 F，绘制 R＝16.5mm 的圆弧；利用“直线”命令，将点 G 和 H 连接，取中点绘制 R＝5.6mm 的圆弧。同样的方法，绘制 R＝14.5mm 的圆，完成吊钩截面线 1 的绘制，结果如图 2-27 所示。

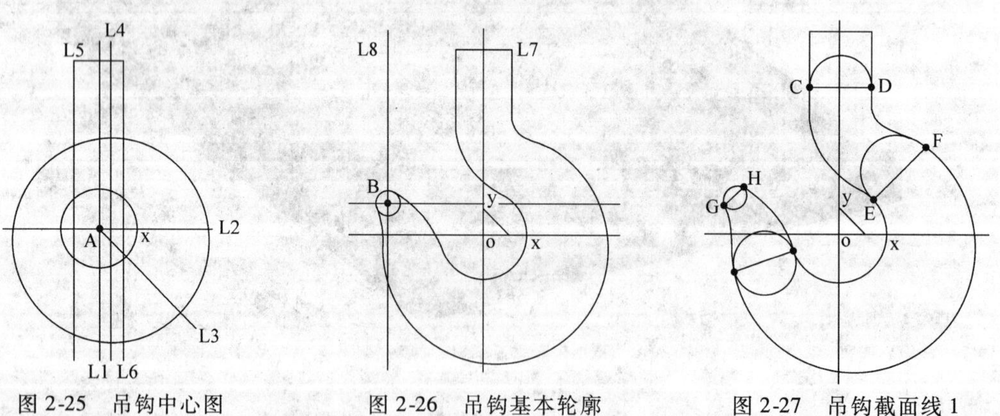

图 2-25　吊钩中心图　　图 2-26　吊钩基本轮廓　　图 2-27　吊钩截面线 1

（4）取线段 IJ 的中点，绘制 R＝20.02mm 的圆，将该圆向里等距“6”，与直线 L1 交于点 K，以点 K 为圆心，完成 R6mm 圆的绘制；拾取 R6mm 圆的“切点”，利用“角度线”完成与 Y 轴成 −16°角的直线的绘制；利用“圆弧过渡”命令，生成 R6mm 的圆弧过渡；利用“曲线组合”命令，生成曲线 1；同样方法，绘制曲线 2，完成吊钩截面线 2 的绘制，结果如图 2-

28 所示。

（5）利用“旋转”命令，将所有截面线旋转 90°，去掉多余的线，结果如图 2-29 所示。

（6）对吊钩基本轮廓线进行曲线的组合和生成断点。将图 2-29 中所示的 1、3、5、7、9、11 点之间的曲线组合成一条样条线，将 2、4、6、8、10、12 点之间的曲线组合成一条样条线；再单击“曲线打断”命令，拾取点 3、4、5、6、7、8、9、10 使之变成断点。

（7）利用“导动面”命令，分别以图 2-29 中的截面线 1-2、3-4、5-6、7-8、9-10 为双截面，以轮廓线 1-3、2-4，轮廓线 3-5、4-6，轮廓线 5-7、6-8，轮廓线 7-9、8-10，轮廓线 9-11、10-12 为双导动线，采用“变高/双截面”的方式，生成导动面结果 1 如图 2-30 所示。

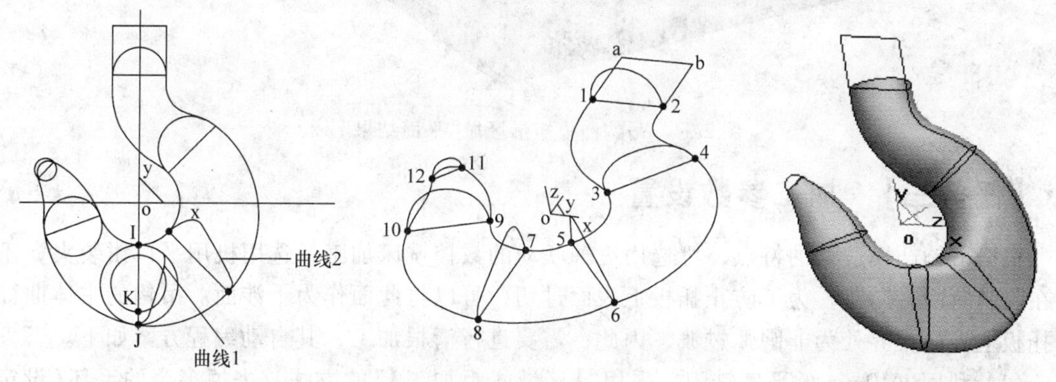

图 2-28　吊钩截面线 2　　图 2-29　截面线旋转结果　　图 2-30　导动面结果 1

（8）利用“导动面”命令，以图 2-29 中的截面线 1-2 为单截面，以轮廓线 1a、2b 为双导动线，采用“变高和单截面”的方式，生成导动面；利用“旋转面”生成吊钩顶点处曲面，即导动面结果 2 如图 2-31 所示。

（9）利用“平移”命令，将所有导动线（即图 2-32 中的“第一条曲线”），向“DZ = －5”方向拷贝，得到图 2-32 中的“第二条曲线”，利用“曲线＋曲线”方式，生成“直纹面”，直纹面结果如图 2-32 所示。

（二）完成吊钩的托板曲面造型

（1）根据图 2-24 所示，绘制 150mm×200mm 的矩形，中心为（0，0，－5）；再利用“平移”命令，将该矩形向“DZ = －10”的方向拷贝，生成“直纹面”所需的线框，方法同上述（9），生成矩形直纹面结果如图 2-33 所示。

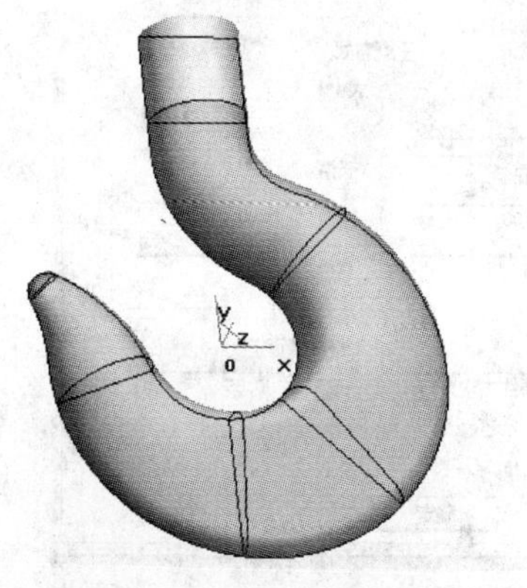

图 2-31　导动面结果 2

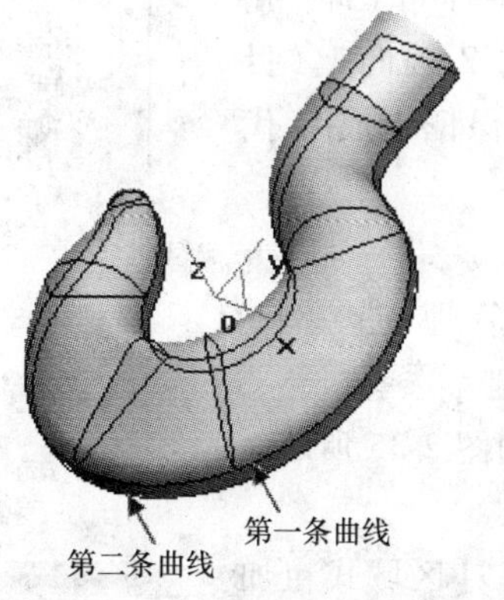

图 2-32　直纹面结果

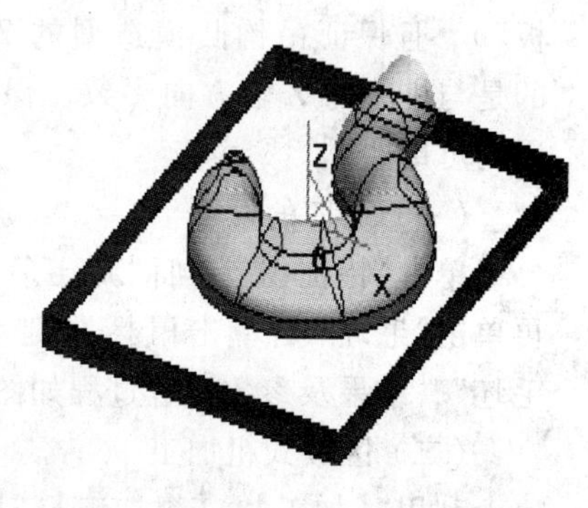

图 2-33　矩形直纹面结果

（2）利用“裁剪平面”的方法，得到凸模矩形区域的“平面”，吊钩凸模矩形区域“平面结果”如图 2-34 所示。

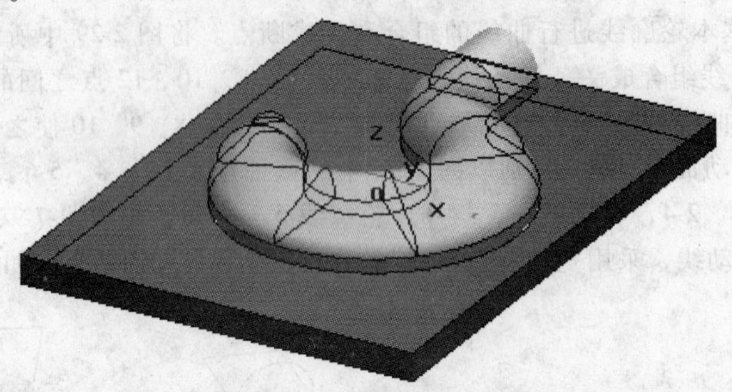

图 2-34　吊钩凸模矩形区域“平面结果”

【任务三】　加工参数设置

根据吊钩凸模造型的特点，可选用三轴联动的数控铣床加工，选用机用平口钳装夹，不存在限制曲面，同时，为了防止托板上表面过切，可以将此面作为干涉面。吊钩的主体曲面与托板上表面交界处为非圆弧过渡，因此，需要进行清根加工，其自动编程方案如下。

（1）利用 Φ10mm 的平底铣刀，采用“【区域式粗加工】”的方法，去掉多余的毛坯（设定加工余量为 0.5mm）。

（2）利用“【平面区域粗加工】”的方法，以“吊钩”底面轮廓线为加工区域，采用“环切”方式，生成平面区域加工轨迹（设定行距为 1.5mm）。

（3）利用 R2mm 的球头铣刀，采用“【投影线加工】”的方法，将上步生成的轨迹投影到吊钩的主体曲面上，生成精加工轨迹。

（4）利用 Φ10mm 的球头铣刀，采用“【扫描线精加工】”的方法，沿吊钩的主体曲面，生成扫描线精加工轨迹，保证吊钩的主体曲面的粗糙度。

（5）利用 Φ8mm 的平底铣刀，采用“【区域式粗加工】”的方法，沿吊钩的主体曲面与托板上表面交界处的轮廓线，生成加工轨迹（设定加工余量为 0），起到清根的作用。

（6）仿真加工，生成 G 代码。在加工吊钩凸模造型时，只需一次装夹即可（即“托板”），且保证吊钩凸模造型的 Z 轴向上（目的是与机床的 Z 轴方向一致，保证生成 G 代码的可用性）。

（一）毛坯的设置

单击“特征树”下面“加工管理”选项卡，再单击“毛坯”后单击鼠标右键，选择“定义毛坯”，结果及参数设置过程如图 2-35 所示。

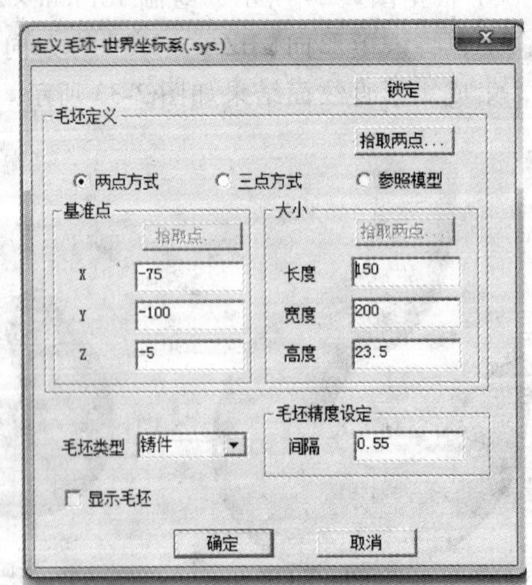

图 2-35　吊钩毛坯参数设置

（二）区域式粗加工

利用“【加工】→【粗加工】→【区域式粗加工】”，或单击图标方式，对托板上表面进行加工。填写各参数后，拾取“轮廓”为托板的上表面线框，单击鼠标右键后，拾取“岛屿”为吊钩的主体曲面与托板上表面交界处的轮廓线（利用“直线”与“相关线”完成，使之成为首尾相接的曲线），单击鼠标右键结束该命令。系统计算出“区域式粗加工”方式生成的刀具轨迹，刀具轨迹及其参数设置如图 2-36 所示，其余未列举的参数与图 2-17 所示相同。

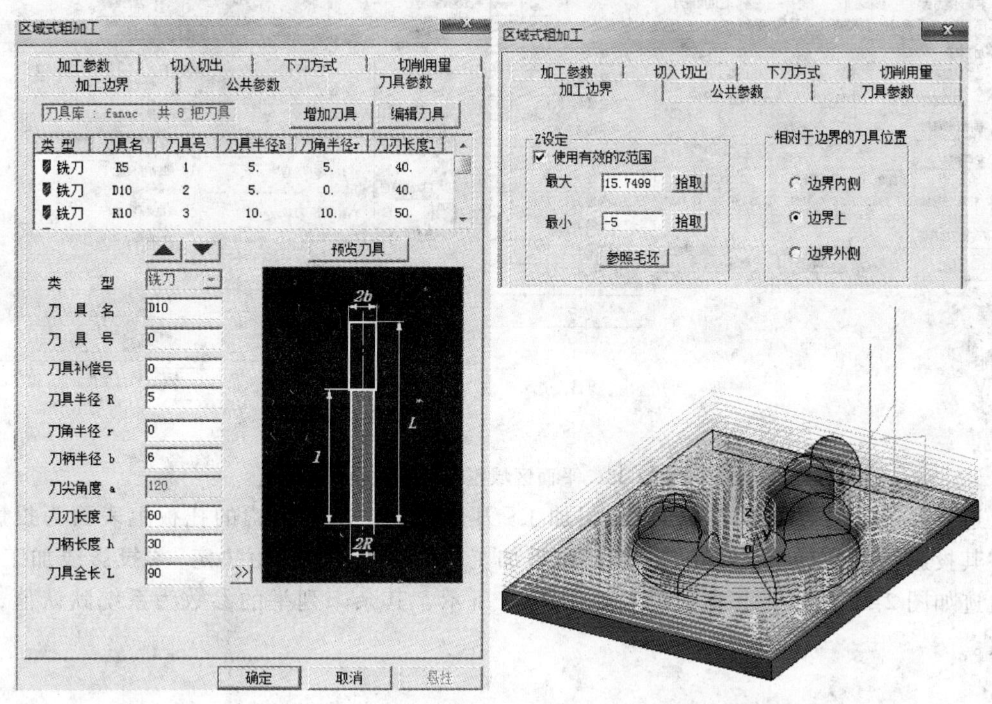

图 2-36 “区域式粗加工”刀具轨迹及其参数设置

（三）平面区域粗加工

利用“【加工】→【粗加工】→【平面区域粗加工】”，或单击图标方式，沿吊钩的主体部分曲面，生成图 2-37 所示的加工刀具轨迹，为下一步“投影线加工”作准备，其参数设置如图 2-38 所示，其余未列举的参数为系统默认值，未修改。

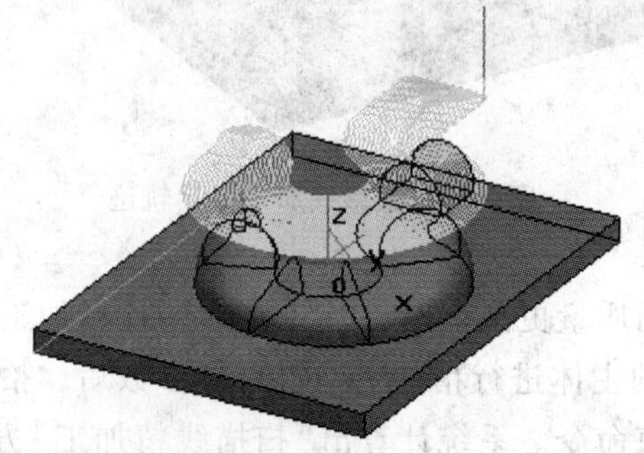

图 2-37 平面区域粗加工刀具轨迹

（四）投影线加工

利用“【加工】→【精加工】→【投影线加工】”，或单击图标方式，根据系统提示，拾

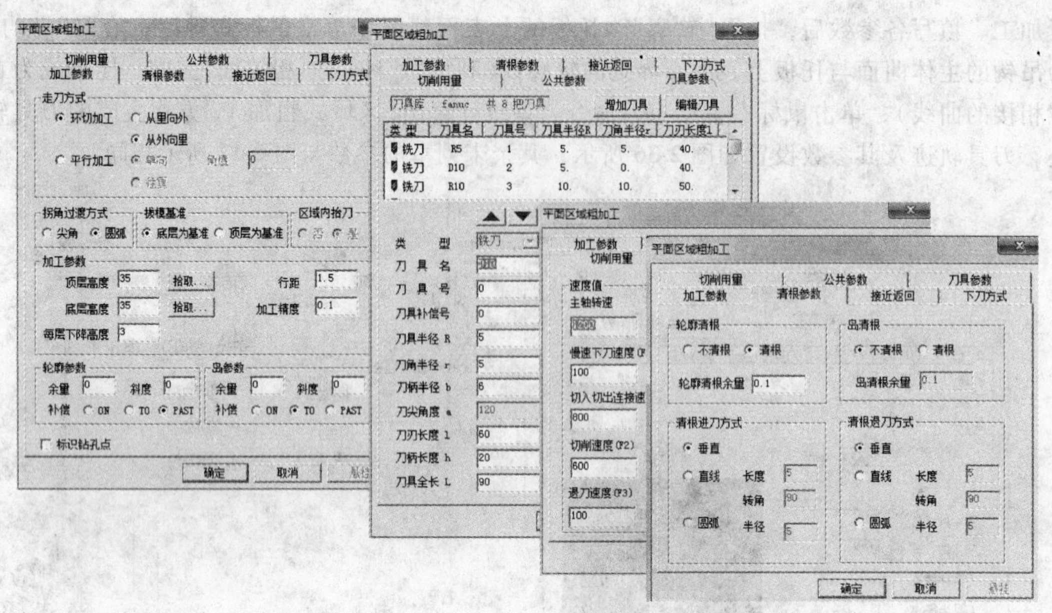

图 2-38　平面区域粗加工参数设置

取上述步骤(三)中生成的“平面区域粗加工”刀具轨迹，拾取吊钩的托板上表面为投影区间，其投影轨迹的行距大小由“平面区域粗加工”刀具轨迹的行距决定。“投影线加工”刀具轨迹如图 2-39 所示，其参数设置如图 2-40 所示，其余未列举的参数为系统默认值，未修改。

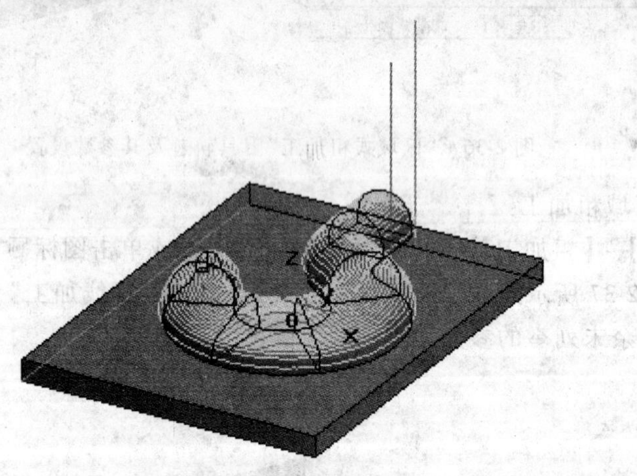

图 2-39　投影线加工刀具轨迹

（五）扫描线精加工

为了使吊钩的主体曲面质量更高，再利用“【加工】→【精加工】→【扫描线精加工】”，或单击图标方式，对吊钩的主体进行精加工。填写各参数后，拾取“加工对象”为吊钩的主体曲面，单击鼠标右键结束命令。系统计算出“扫描线精加工”方式生成的刀具轨迹，结果如图 2-41 所示，其参数设置中，在“刀具参数”选项卡中选择 Φ10mm 的球头铣刀，其余未列举的参数与图 2-21 所示相同。

（六）区域式粗加工（与“清根”的作用相同）

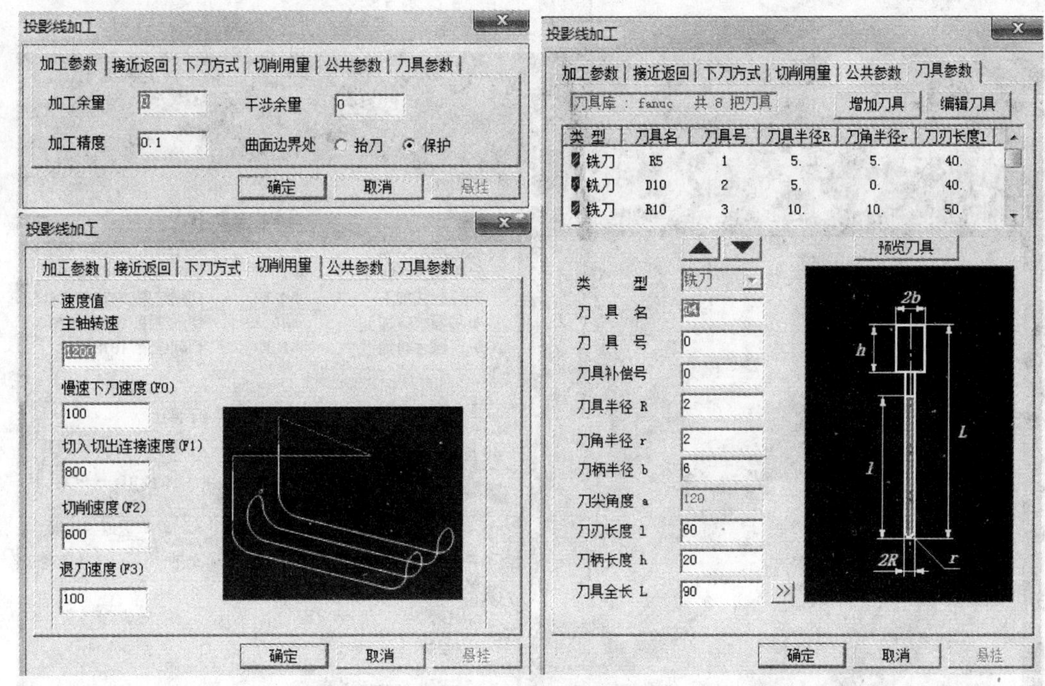

图 2-40　投影线加工参数设置

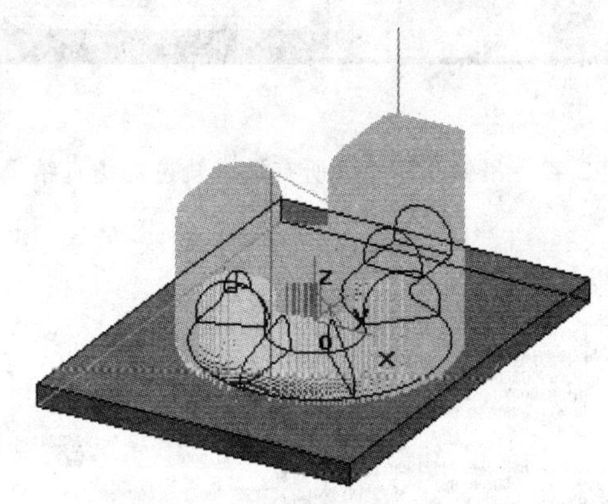

图 2-41　扫描线精加工刀具轨迹

利用 Φ8mm 的平底铣刀，采用【区域式粗加工】的方法，沿吊钩的主体曲面与托板上表面交界处的轮廓线，生成加工轨迹（设定加工余量为 0），起到清根的作用。也可以选择“【加工】→【补加工】→【笔式清根加工】”方法，但可能会出现凹陷的刀痕，导致最后还要采用“【区域式粗加工】”的方法对托板上表面进行加工，此种方法会浪费工时。

【任务四】　自动编程与仿真

选择所有的加工轨迹，单击“【加工】→【实体仿真】”或单击“特征树”中“刀具轨迹”（所选刀具轨迹必须是显示状态）后，单击鼠标右键，选择“实体仿真”，结果如图 2-42 所示。各加工轨迹的部分 G 代码如图 2-43 所示。

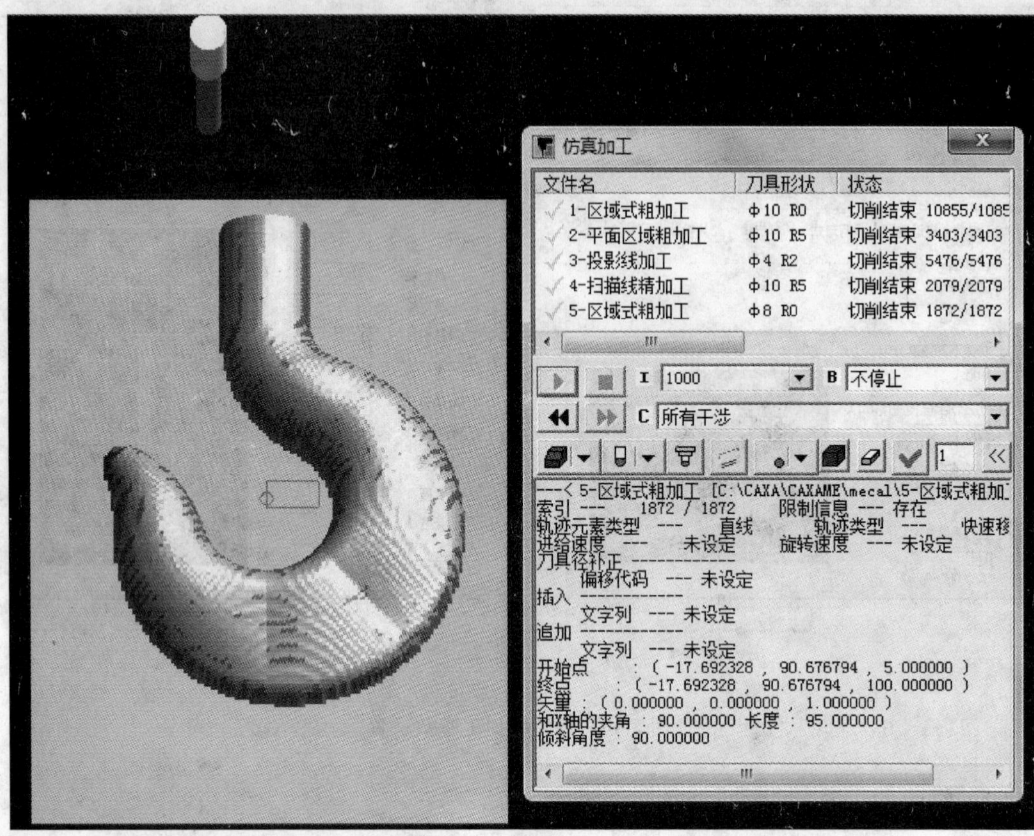

图 2-42 吊钩凸模造型所有加工轨迹的仿真结果

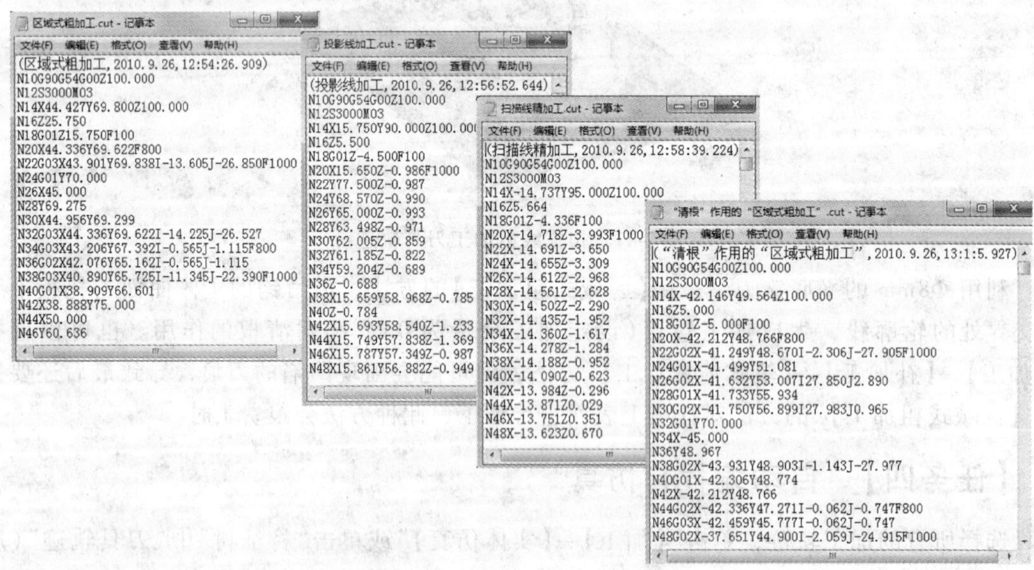

图 2-43 吊钩凸模造型各加工轨迹的部分 G 代码

课外实践

1. 沟槽曲面造型如图 2-44 所示，要求创建“沟槽”曲面造型，选择合适的粗、精加工方法，生成正确的刀具轨迹，完成其自动编程及仿真加工。

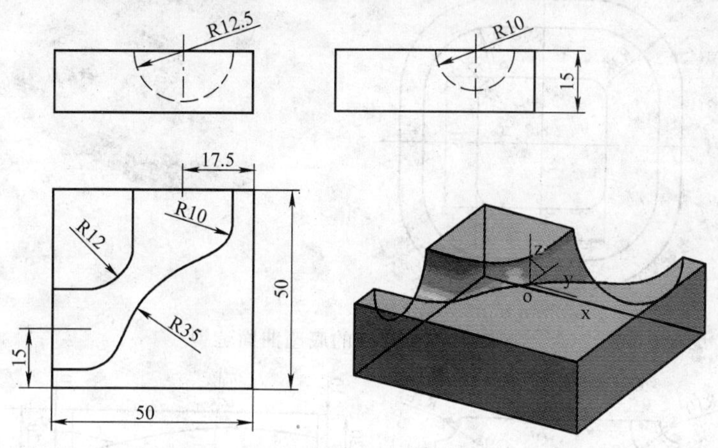

图 2-44　沟槽曲面造型

2. 饮料瓶底曲面造型如图 2-45 所示，要求创建“饮料瓶底”曲面造型，选择合适的粗、精加工方法，生成正确的刀具轨迹，完成其内部型腔的自动编程及仿真加工。

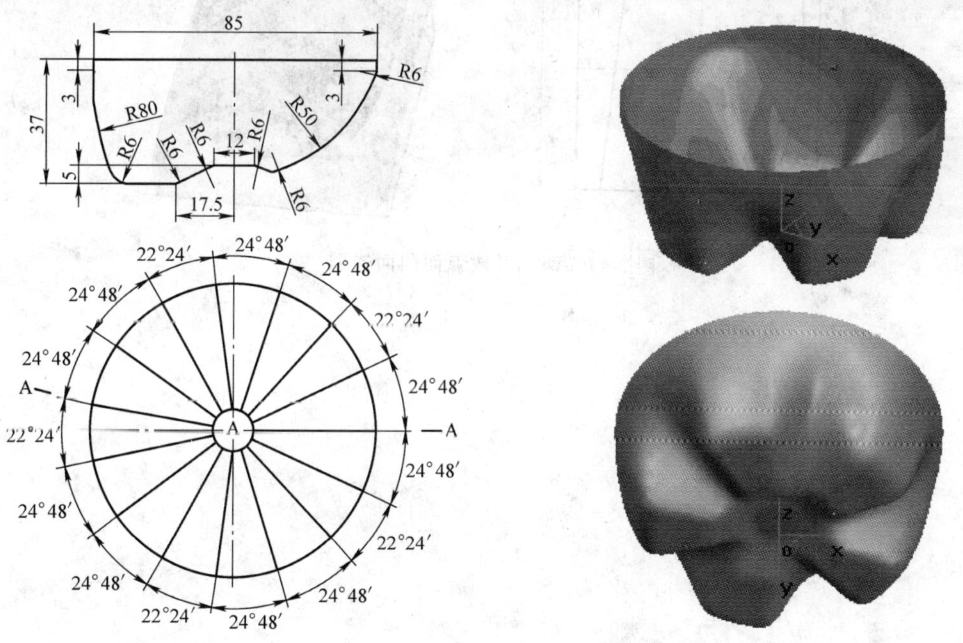

图 2-45　饮料瓶底曲面造型

3. 带凹槽的底座曲面造型如图 2-46 所示，要求创建“带凹槽的底座”曲面造型，选择合适的粗、精加工方法，生成正确的刀具轨迹，完成其凹槽部分曲面的自动编程及仿真加工。

4. 两侧开放弧面曲面造型如图 2-47 所示，要求创建“两侧开放弧面”曲面造型，选择合适的粗、精加工方法，生成正确的刀具轨迹，完成其自动编程及仿真加工。

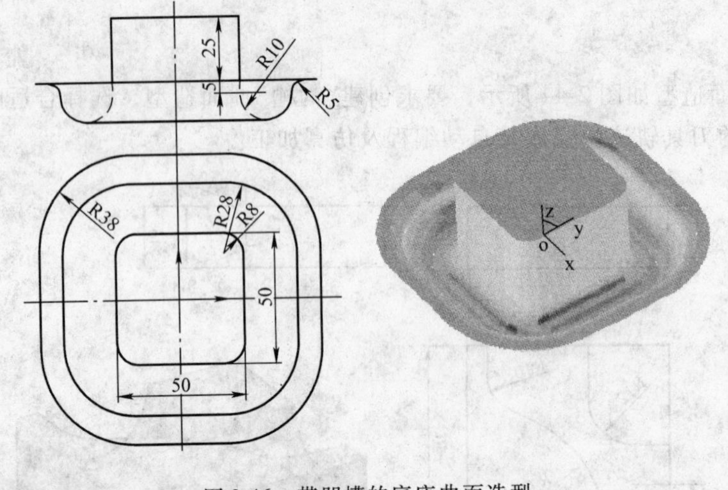

图 2-46　带凹槽的底座曲面造型

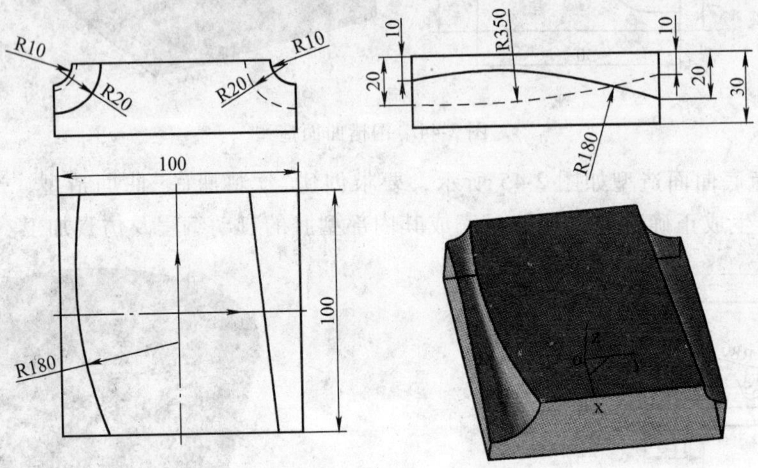

图 2-47　两侧开放弧面曲面造型

学习情境三　简单实体零件的自动编程

学习目标

1. 学习简单实体零件的绘制和编辑。
2. 简单实体零件加工方法的综合应用。
3. 具备对简单实体零件自动编程和加工的能力。

项目一　平面凸轮的自动编程

【任务一】 图样分析

根据图 3-1 所示进行平面凸轮的实体设计。该实体由凸轮体、Φ59. 985mm 圆柱体和宽度为 10. 018mm 的凹槽组成。选用合理的数控加工工艺参数，完成凸轮零件自动编程和代码生成。(注：材料为 45 钢，尺寸选用中值尺寸。前面工序采用手工编程已加工好底面、中间大孔、凹槽和 Φ59. 985mm 圆柱体。此工序只加工凸轮的外形。)

【任务二】 零件造型

由图 3-1 可知，凸轮的外轮廓边界线可以通过“角度线”和“样条曲线”功能绘制；此凸轮整体是一个柱状体，可以通过“拉伸增料”功能造型；中间是一个孔和凹槽，凹槽通过“拉伸除料”功能完成造型。

(一) 平面凸轮的造型

(1) 进入草图，选择特征树中的“平面 XY”，单击鼠标右键→【创建草图】，或单击图标，进入草图绘制状态。

(2) 绘制“Φ59. 985mm 的圆”。单击图标，选择“圆心_半径”方式，以坐标原点为圆心，按 Enter 键输入半径“29. 993”，完成 Φ59. 985mm 的圆绘制。

(3) 绘制“角度线”。单击图标，选择“角度线”如图 3-2a 所示。根据给定的数据填写与 Y 轴夹角 0°如图 3-2b 所示。对话框中弹出“第一点”，拾取“坐标原点”，对话框中弹出“第二点或长度”，按 Enter 键输入数据“30”，再按 Enter 键，完成第一条直线绘制。

同理重复“角度线”功能，修改与 Y 轴夹角，按图 3-1 所给转角及导程，依次完成角度线的绘制，结果如图 3-2c 所示。

(4) 绘制“样条曲线”。单击图标，对话框中弹出“拾取点”，依次拾取角度线终点各点，完成样条曲线的绘制，结果如图 3-3a 所示。

单击图标，删除多余线段。

(5) R5mm 曲线过渡。单击图标，输入半径“5”，对话框弹出“拾取第一条曲线”，单击 R30mm 圆弧，对话框弹出“拾取第二条曲线”，选择直线，完成 R5mm 的过渡曲线绘制，结果如图 3-3b 所示。

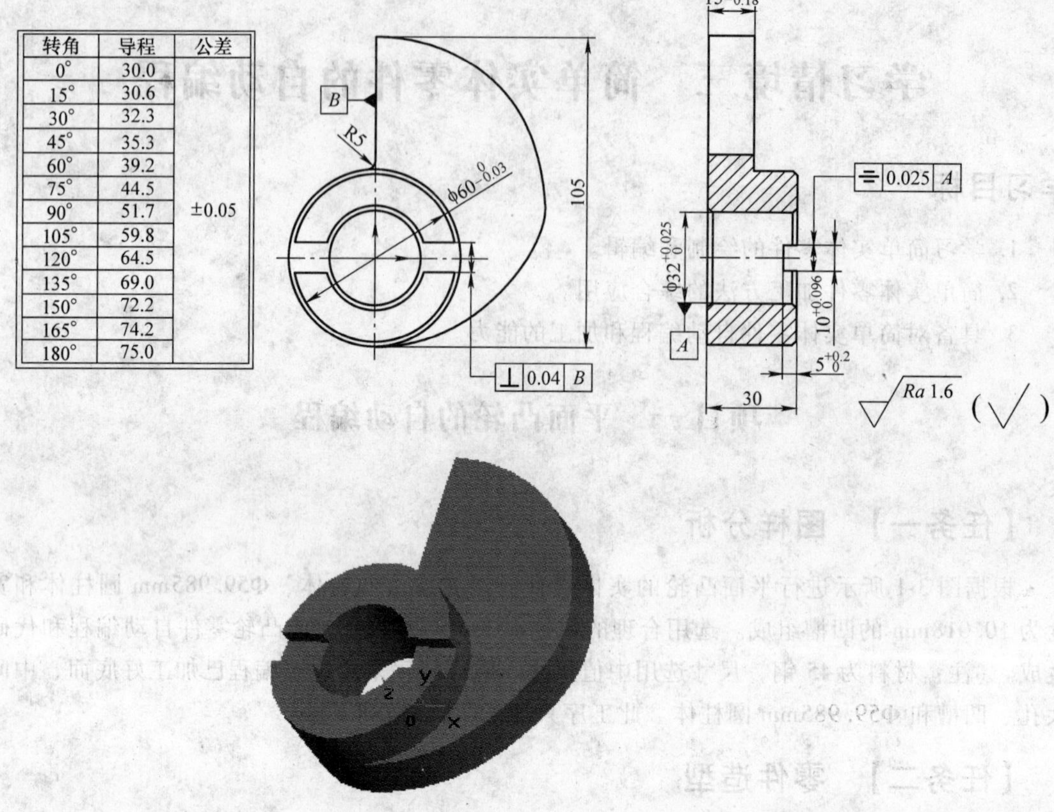

转角	导程	公差
0°	30.0	±0.05
15°	30.6	
30°	32.3	
45°	35.3	
60°	39.2	
75°	44.5	
90°	51.7	
105°	59.8	
120°	64.5	
135°	69.0	
150°	72.2	
165°	74.2	
180°	75.0	

图 3-1　平面凸轮图

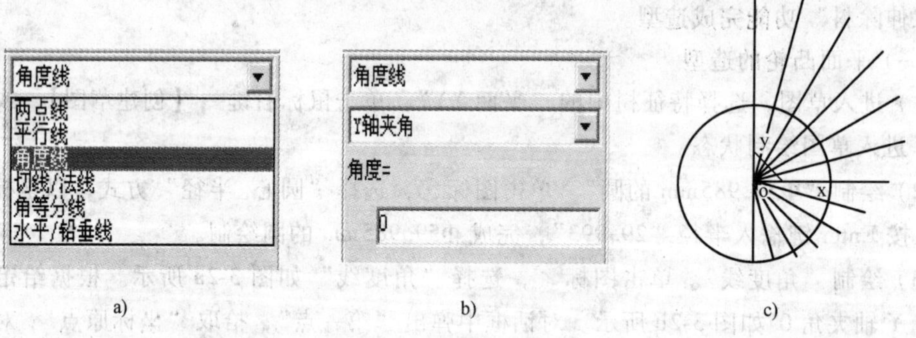

a)　b)　c)

图 3-2　角度线的绘制

（6）单击“检查草图环是否闭合”图标，检查草图是否闭合，如不闭合继续修改。

（7）单击图标，退出绘制草图状态。

（8）利用“【造型】→【特征生成】→【拉伸增料】”，或单击图标方式，在弹出的“拉伸增料”对话框中设置参数如图 3-4a 所示。单击“确定”，生成实体如图 3-4b 所示。

（9）利用“【造型】→【特征生成】→【过渡】”，或单击图标方式，在弹出的“过渡”对话框中设置半径为“3”如图 3-5a 所示。对话框中弹出“拾取要过渡的边或面”，选择造型需要倒角的两条轮廓线，单击“确定”，完成 R3mm 圆角过渡如图 3-5b 所示。

（二）Φ59.985mm 圆柱体的造型

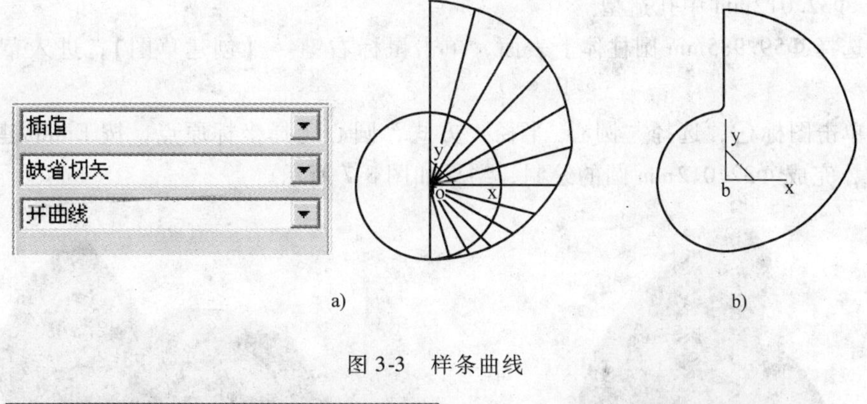

图 3-3　样条曲线

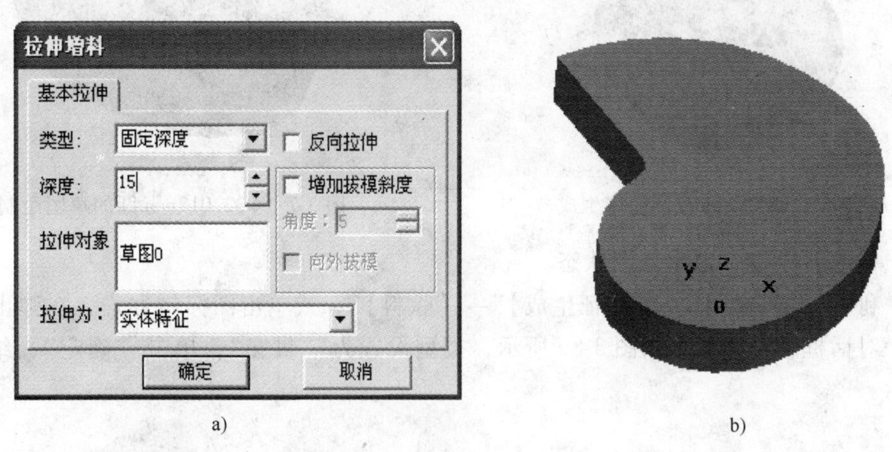

图 3-4　拉伸增料凸轮实体

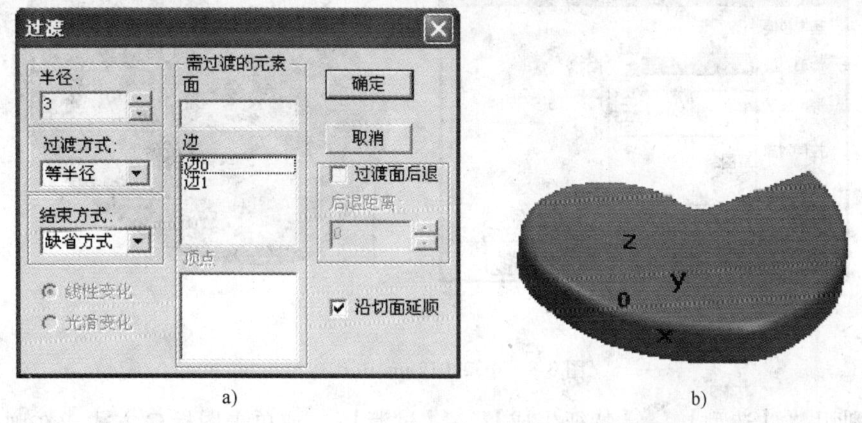

图 3-5　实体 R3mm 圆角过渡

(1) 选择图 3-5 所示实体的上表面，单击鼠标右键→【创建草图】，进入草图绘制状态。

(2) 单击图标⊕，选择“圆心_半径”方式，圆心选择坐标原点，按 Enter 键输入半径“29. 993”，完成 Φ59. 985mm 圆的绘制。

(3) 单击图标，退出草图。

(4) 利用“【造型】→【特征生成】→【增料】，或单击图标”方式，在弹出的“拉伸增料”对话框中，厚度设置为“15. 09”，单击“确定”，结果如图 3-6 所示。

（三）Φ32.012mm 中孔造型

（1）选择 Φ59.985mm 圆柱体上表面，单击鼠标右键→【创建草图】，进入草图绘制状态。

（2）单击图标⊙，选择“圆心_半径”方式，圆心选择坐标原点，按 Enter 键输入半径“16.006”，完成 Φ32.012mm 圆的绘制，结果如图 3-7 所示。

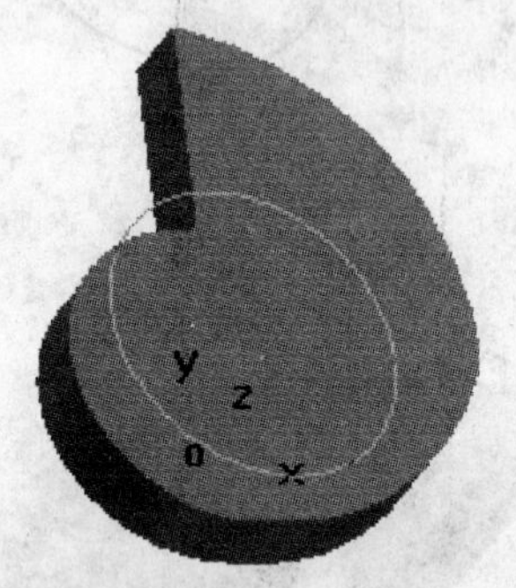

图 3-6　Φ59.985mm 圆柱体生成

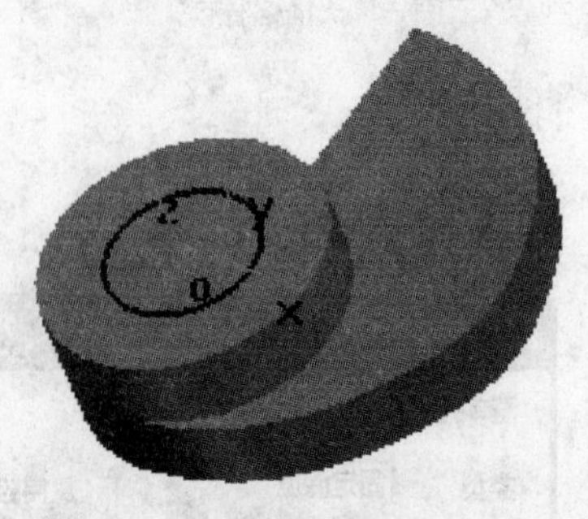

图 3-7　Φ32.012mm 圆的草图绘制

（3）单击图标，退出草图状态。

（4）利用“【造型】→【特征生成】→【除料】”，或单击图标方式，在弹出的“拉伸除料”对话框中设置参数如图 3-8a 所示，类型设置为“贯穿”，单击“确定”，结果如图 3-8b 所示。

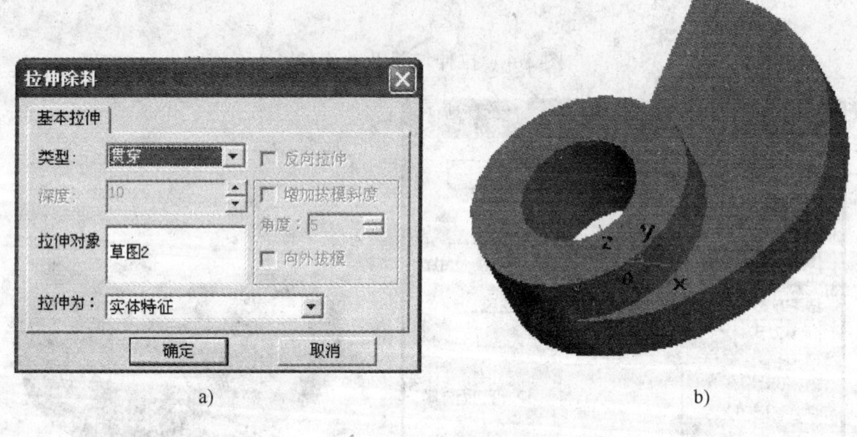

a)　　b)

图 3-8　Φ32.012mm 中孔造型

（5）利用“【造型】→【特征生成】→【过渡】”，或单击图标方式，在弹出的“过渡”对话框中设置半径为“3”，对话框中弹出“拾取要过渡的边或面”，选择造型圆柱的上表面孔内外边界线，然后单击“确定”，完成 R3mm 圆角过渡。

（四）$10_{0}^{+0.096}$mm 凹槽造型

（1）进入草图，选择 Φ59.985mm 圆柱体上表面，单击鼠标右键→【创建草图】，进入草图绘制状态。

（2）绘制辅助线。单击图标 ⁄，选择“水平/铅垂线”→“水平”，如图 3-9a 所示。根据提示选择坐标原点，绘制辅助线如图 3-9b 所示。

（3）绘制等距线。利用“【造型】→【曲线生成】→【等距线】”，或单击图标方式，在“等距线”对话框中，距离输入“5. 048”，按 Enter 键，选择等距方向为双向，生成等距线。

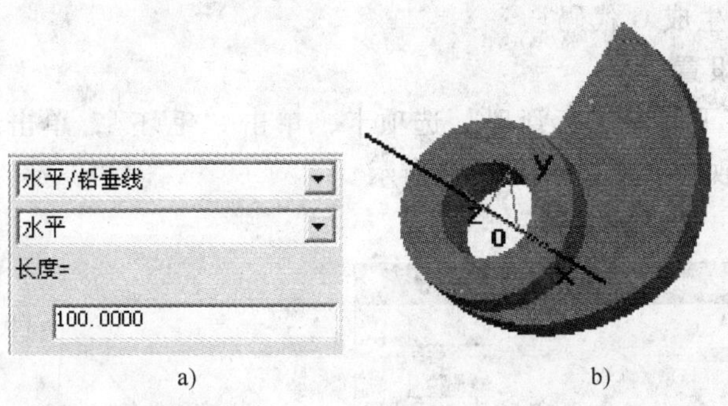

图 3-9　绘制辅助线

（4）生成实体边界曲线。利用“【造型】→【曲线生成】→【相关线】”，或单击图标方式，选择“实体边界”如图 3-10a 所示，选择 Φ59. 985mm 圆柱体的外边界，生成边界曲线如图 3-10b 所示。

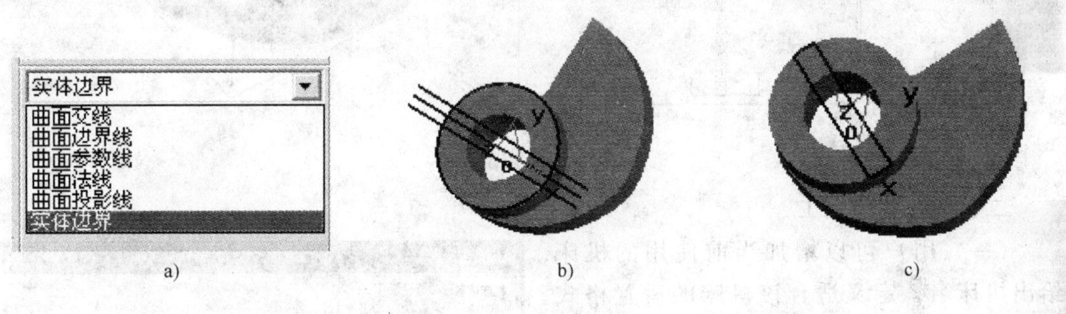

图 3-10　凹槽曲线绘制

（5）生成凹槽轮廓线。利用“删除”和“曲线裁剪”功能，删除多余线条，完成凹槽轮廓线绘制如图 3-10c 所示。

（6）单击图标，退出草图状态。

（7）利用“【造型】→【特征生成】→【除料】”，或单击图标方式，在弹出的“拉伸除料”对话框中，厚度设置为“5. 048”，单击“确定”，生成 10. 096mm 凹槽如图 3-11 所示。

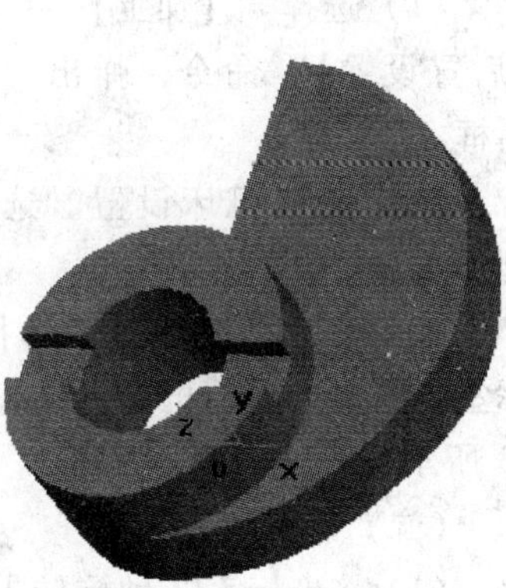

图 3-11　10. 096mm 凹槽实体

【任务三】　加工参数设置

因为只对凸轮的外轮廓进行加工，所以粗加工和精加工均采用轮廓线精加工方式。

根据凸轮实体的特点，可选用三轴联动的数控铣床加工，用自定心卡盘装夹，其加工方案如下：

（1）利用 Φ16mm 的平底铣刀，采用“【轮廓线精加工】”的方法，加工凸轮外轮廓表面，去掉大量多余的毛坯，留 0.5mm 余量。

（2）利用 Φ8mm 的平底铣刀，采用“【轮廓线精加工】”的方法，完成对凸轮的精加工。

（3）仿真加工，生成 G 代码。

一、“毛坯”的设置

单击“特征树”下面“加工管理”选项卡，单击“毛坯”，单击鼠标右键，选择“定义毛坯”，结果及参数选择过程如图 3-12 所示。

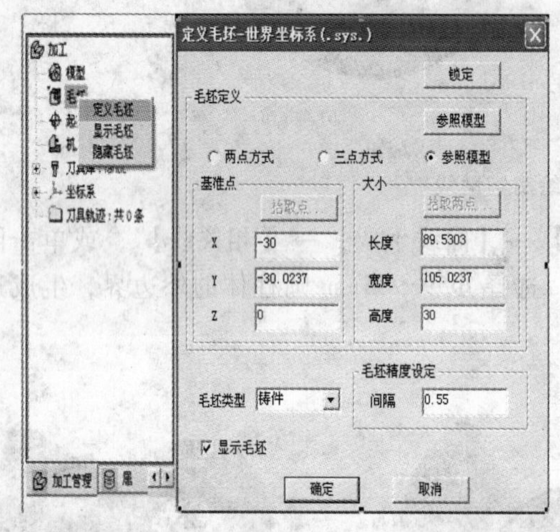

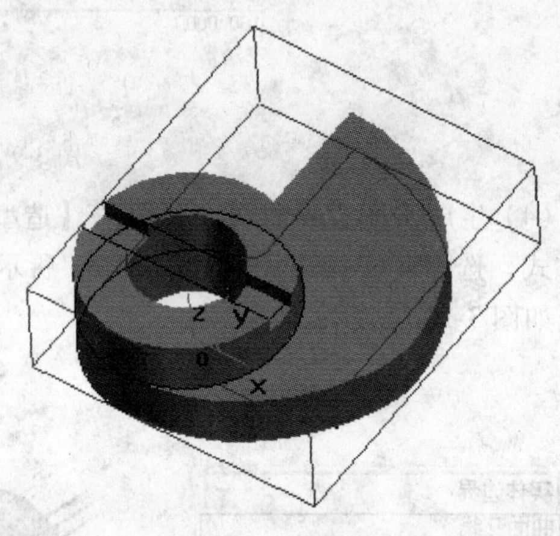

图 3-12　定义毛坯

二、凸轮实体加工

（一）用户可以增加当前使用的机床，给出机床名，定义适合该机床的后置格式。默认系统的格式为 FANUC 系统的格式。

（1）选择“【加工】→【后置处理】→【后置设置】”命令，弹出“机床后置”对话框。

（2）增加机床设置。选择当前机床类型。

（3）后置处理设置。选择“后置设置”标签，根据当前的机床，设置各参数如图 3-13 所示。

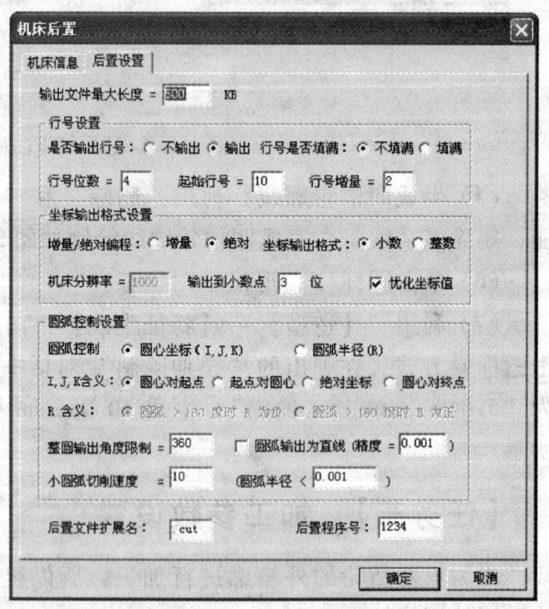

图 3-13　机床后置设置

（二）轮廓线粗加工

（1）将坐标系 Z 轴旋转 180°，用自定心卡盘夹紧 Φ59.985mm 圆柱凸台部分，加工原点仍然选择工件坐标系原点。

（2）利用“【相关线】→【实体边界】”方式，生成凸轮上表面的外边界曲线。

（3）选择“【加工】→【精加工】→【轮廓线精加工】”命令或单击图标，弹出“轮廓线精加工”对话框，设置各项参数如图 3-14 所示。

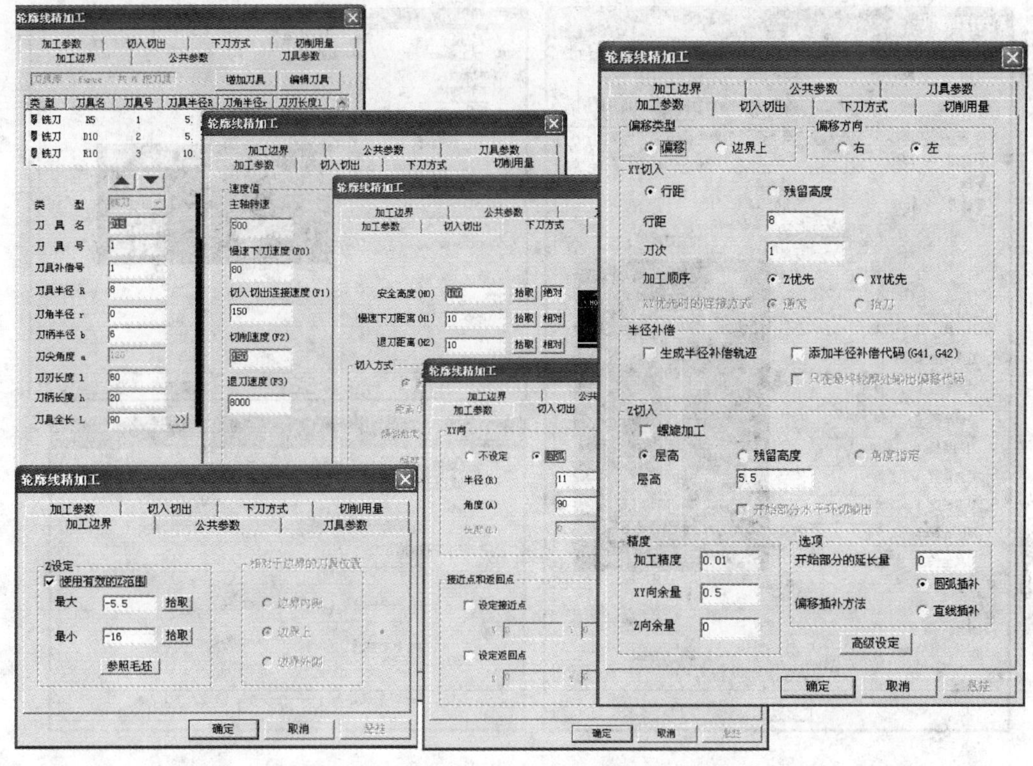

图 3-14　凸轮实体粗加工参数对话框

（4）对话框中会弹出“拾取轮廓”，拾取凸轮实体毛坯线框，单击鼠标右键后，继续拾取“岛屿”为凸轮实体的外边界线，状态栏提示“确定链索方向”，选择任意一个箭头方向，单击鼠标右键结束该命令，系统计算出“粗加工”方式生成的刀具轨迹，结果如图 3-15 所示。

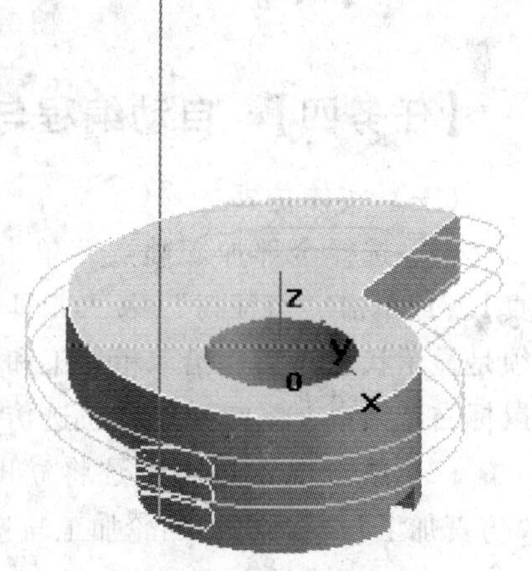

图 3-15　凸轮实体区域粗加工轨迹

（三）轮廓线精加工

（1）首先把粗加工的刀具轨迹隐藏掉。单击图标1-区域式粗加工，单击鼠标右键，选择“隐藏”。

（2）选择“【加工】→【精加工】→【轮廓线精加工】”命令或单击图标，弹出“轮廓线精加工”对话框。在“加工参数”选项中设置各项参数，其中将刀次修改为“1”，加工 XY 向余量设置为“0”，其他改变的参数如图 3-16 所示，剩余的参数设置同粗加工。

（3）对话框中会弹出“拾取轮廓”，拾取凸轮实体“轮廓”线框，单击鼠标右键结束该命令，拾取“岛屿”时单击鼠标右键退出，系统计算出“精加工”方式生成的刀具轨迹，结果如图 3-17 所示。

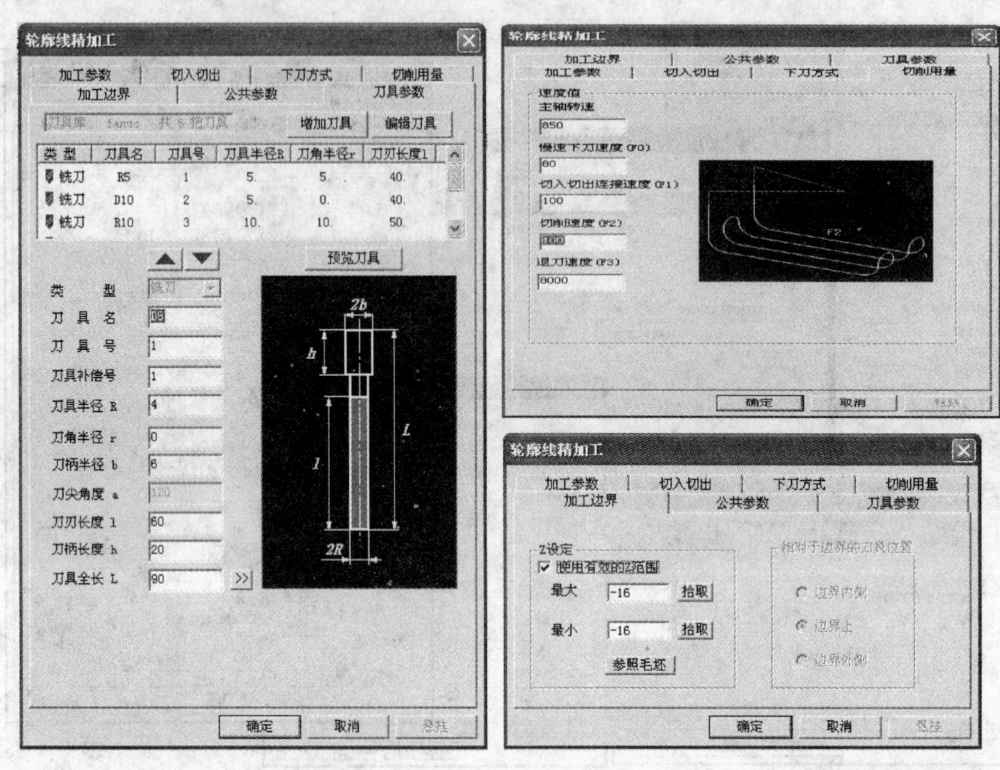

图 3-16　凸轮实体精加工参数设置

【任务四】　自动编程与仿真

（一）实体仿真

（1）选择全部加工轨迹，单击“【加工】→【实体仿真】”或单击“特征树”中“刀具轨迹”（所选刀具轨迹必须是显示状态）后，拾取粗加工和精加工的刀具轨迹，单击鼠标右键结束，系统弹出“轨迹仿真”界面。

（2）单击图标，系统将立即进行仿真加工，并弹出“仿真加工”对话框，凸轮加工轨迹仿真如图 3-18 所示。

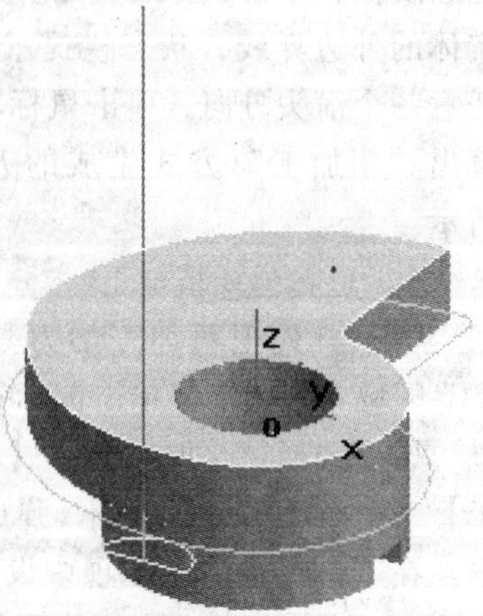

图 3-17　凸轮实体精加工刀具轨迹

（二）生成 G 代码

（1）选择“【加工】→【后置处理】→【生成 G 代码】”命令，弹出“选择后置文件”对话框，填写加工代码文件名“凸轮精加工（有余量）”，单击“保存”。

（2）状态栏提示“拾取刀具轨迹”，选择以上生成的精加工（有余量）轨迹，单击鼠标右键，弹出“记事本”文件，内容为生成 G 代码程序。

（3）用同样的方法生成精加工的 G 代码程序如图 3-19 所示。

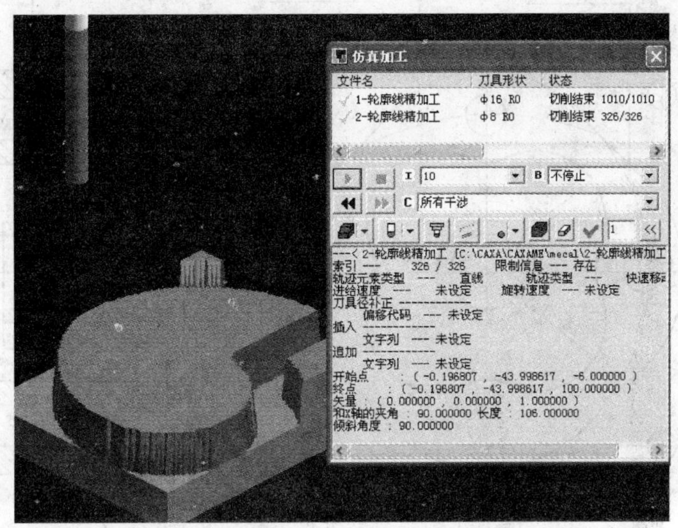

图 3-18 凸轮加工轨迹仿真

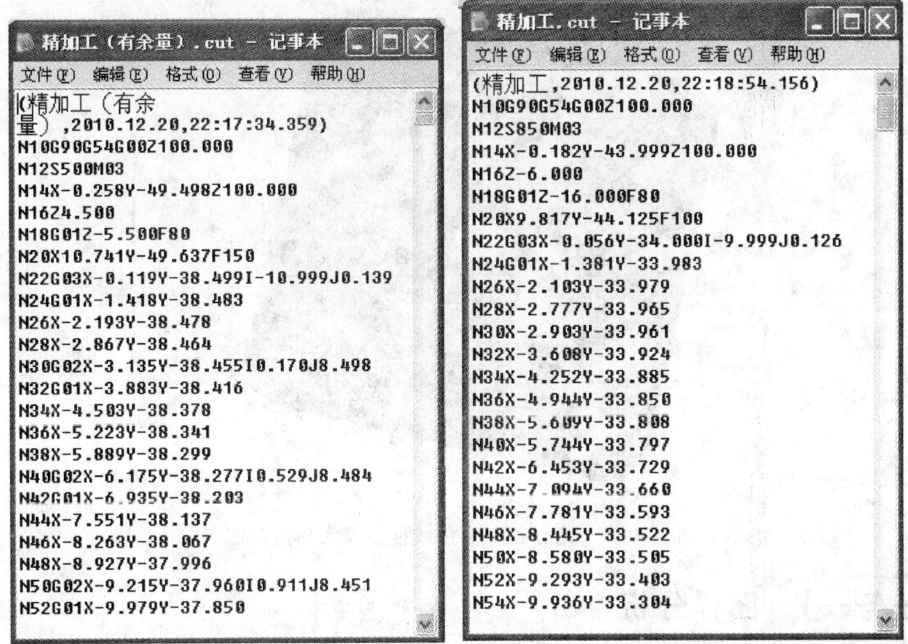


```
(精加工（有余量）,2010.12.20,22:17:34.359)
N10G90G54G00Z100.000
N12S500M03
N14X-0.258Y-49.498Z100.000
N16Z4.500
N18G01Z-5.500F80
N20X10.741Y-49.637F150
N22G03X-0.119Y-38.499I-10.999J0.139
N24G01X-1.418Y-38.483
N26X-2.193Y-38.478
N28X-2.867Y-38.464
N30G02X-3.135Y-38.455I0.170J8.498
N32G01X-3.883Y-38.416
N34X-4.503Y-38.378
N36X-5.223Y-38.341
N38X-5.889Y-38.299
N40G02X-6.175Y-38.277I0.529J8.484
N42G01X-6.935Y-38.203
N44X-7.551Y-38.137
N46X-8.263Y-38.067
N48X-8.927Y-37.996
N50G02X-9.215Y-37.960I0.911J8.451
N52G01X-9.979Y-37.850
```



```
(精加工,2010.12.20,22:18:54.156)
N10G90G54G00Z100.000
N12S850M03
N14X-0.182Y-43.999Z100.000
N16Z-6.000
N18G01Z-16.000F80
N20X9.817Y-44.125F100
N22G03X-0.056Y-34.000I-9.999J0.126
N24G01X-1.381Y-33.983
N26X-2.103Y-33.979
N28X-2.777Y-33.965
N30X-2.903Y-33.961
N32X-3.608Y-33.924
N34X-4.252Y-33.885
N36X-4.944Y-33.850
N38X-5.609Y-33.808
N40X-5.744Y-33.797
N42X-6.453Y-33.729
N44X-7.094Y-33.660
N46X-7.781Y-33.593
N48X-8.445Y-33.522
N50X-8.580Y-33.505
N52X-9.293Y-33.403
N54X-9.936Y-33.304
```

图 3-19 精加工 G 代码程序

项目二 “花心状”零件的自动编程

“花心状”零件线框图及实体造型图如图 3-20 所示，要求完成“花心状”零件实体造型的创建，选择合适的粗、精加工方法，生成正确的刀具轨迹，完成其自动编程及仿真加工。

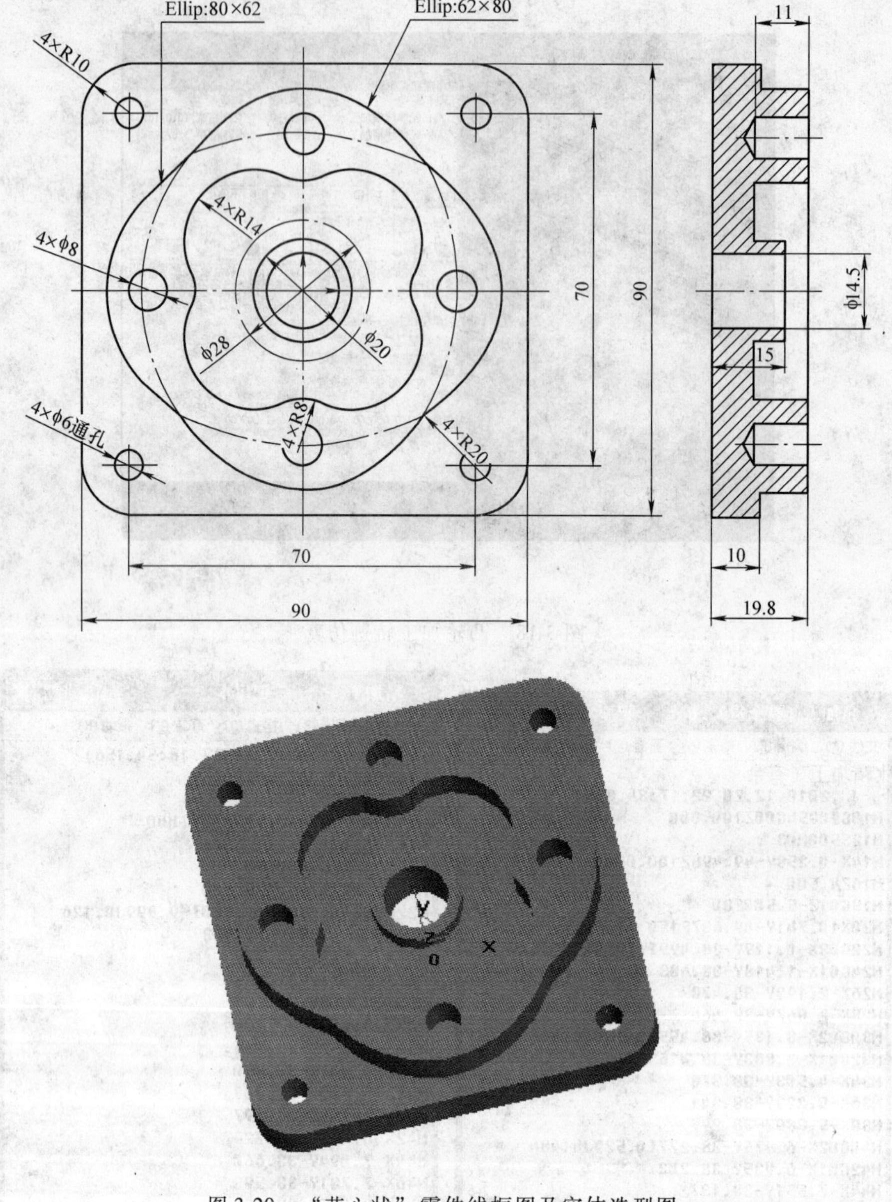

图 3-20 "花心状"零件线框图及实体造型图

【任务一】 图样分析

由图 3-20 所示可知，该造型由"花心状"零件的底座、凸台和孔三部分构成。底座的轮廓边界线是一个正方形，可以通过矩形绘制完成；凸台形状是梅花形，通过"圆"功能绘制完成；中心孔及其他八个孔采用打孔功能完成。零件整体是一个正方体，可以通过"拉伸增料"、"拉伸除料"功能造型。

【任务二】 零件造型

（一）底座造型

（1）单击"标准工具栏"上的图标□，新建一个图形文件。

（2）单击图标，进入绘制草图状态。

（3）绘制“90mm×90mm 矩形”。单击图标“，选择“中心_长_宽”方式，输入长度 =“90”，宽度 =“90,”选择矩形中心为坐标原点，完成底座矩形的绘制。

（4）倒 R10mm 圆角。单击图标，半径输入为“10”，按 Enter 键，选择相邻两条边，完成相邻两边倒 R10mm 圆角。同理完成其他三个直角的圆角过渡，结果如图 3-21 所示。

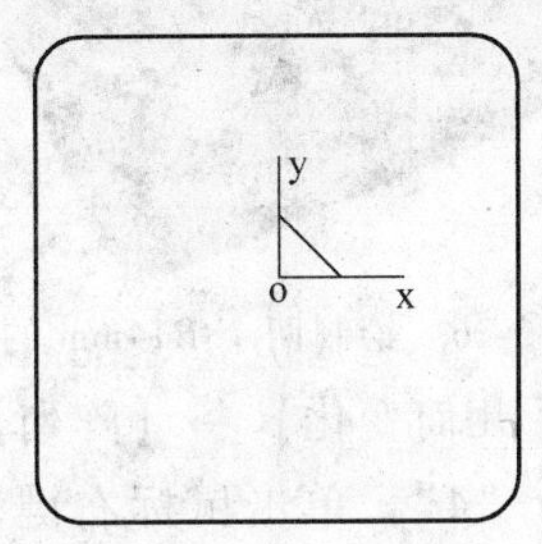

图 3-21 R10mm 圆角过渡

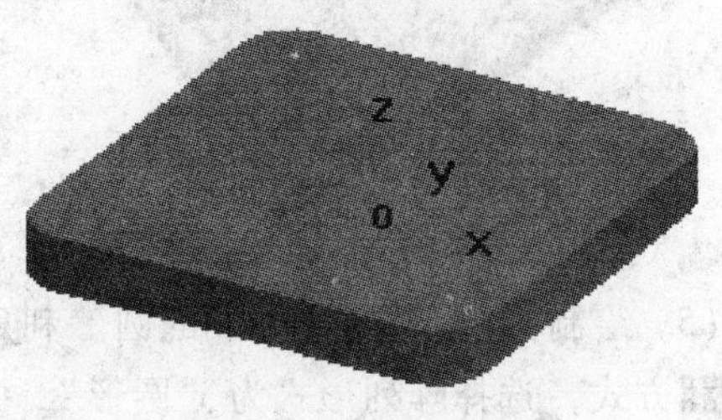

图 3-22 部分“花心状”零件底座实体

（5）单击图标，退出绘制草图状态。

（6）单击图标，在弹出的“拉伸增料”对话框中设置深度为“10”，单击“确定”，完成底座实体生成如图 3-22 所示。

也可以先拉伸实体后再对四条竖边倒 R10mm 的圆角。

（二）凸台造型

（1）选择底座上表面，单击图标，进入绘制草图状态。

（2）绘制椭圆。单击图标，在对话框中填写数据如图 3-23a 所示，完成椭圆 1 的绘制如图 3-23b 所示。

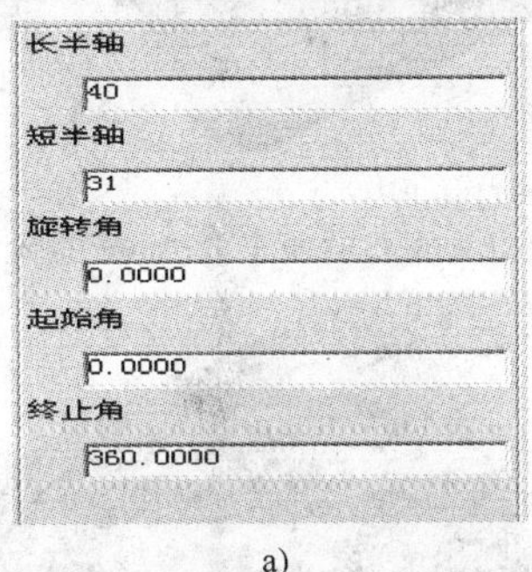

a)

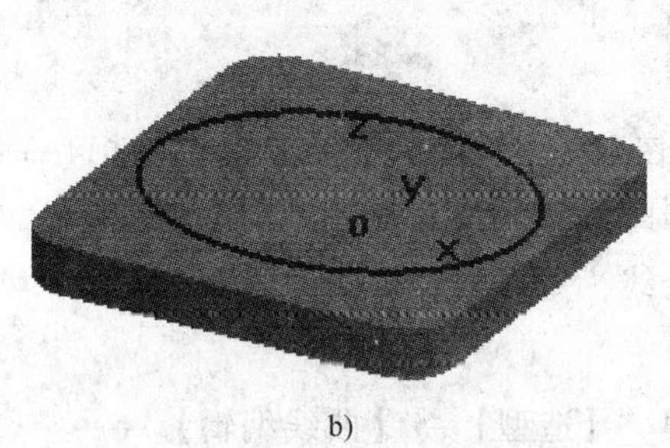

b)

图 3-23 绘制椭圆 1

同理设置对话框中长半轴“31”，短半轴“40”，完成椭圆 2 的绘制如图 3-24 所示。

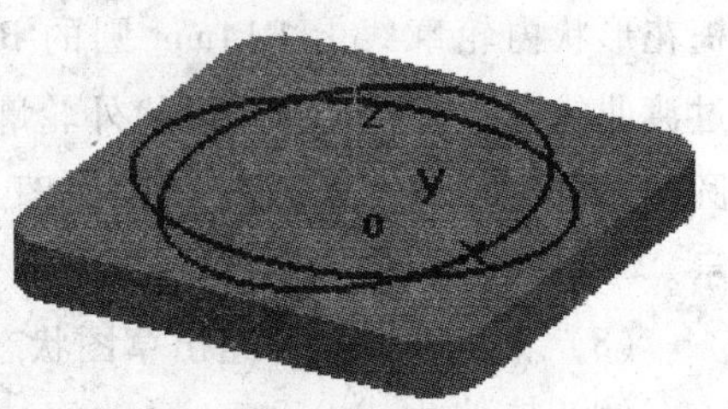

图 3-24 绘制椭圆 2

（3）绘制辅助线。单击图标，选择“角度线”方式，输入与 X 轴夹角为 45°，完成第一象限角平分线的绘制如图 3-25 所示。

（4）绘制两个 R14mm 的圆。单击图标，选择“圆心_半径”方式，以坐标原点为圆心作 R14mm 的圆，再以辅助线与该圆的交点为圆心作 R14mm 的圆，结果如图 3-26 所示。

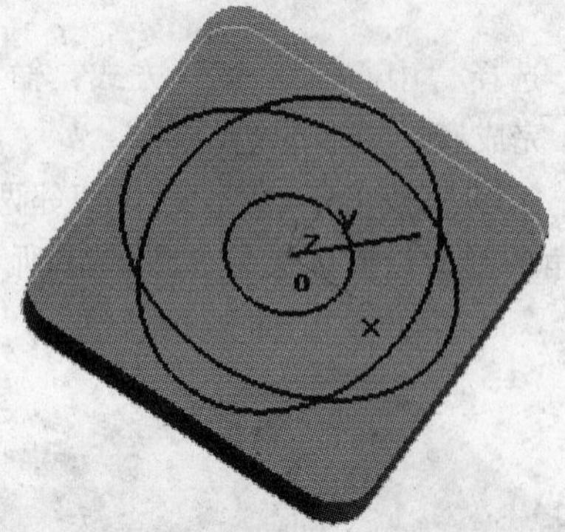

图 3-25　第一象限角平分线

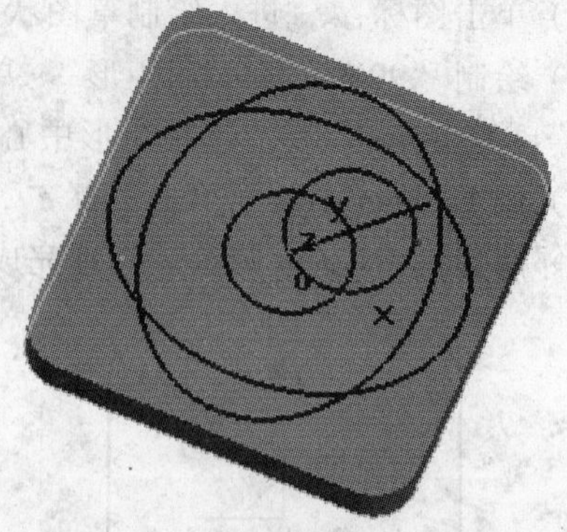

图 3-26　绘制两个 R14mm 的圆

（5）绘制其余三个 R14mm 的圆。利用“【造型】→【几何变化】→【阵列】”，或单击图标方式，选择阵列形式为“圆形”，“均布”，份数为“4”，单击鼠标右键，对话框中提示“拾取元素”，单击以角平分线与中心圆 R14mm 的交点为圆心 R14mm 的圆，单击鼠标右键，对话框中提示“输入中心点”，单击坐标原点，单击鼠标右键，致此，完成四个 R14mm 圆的绘制，结果如图 3-27 所示。

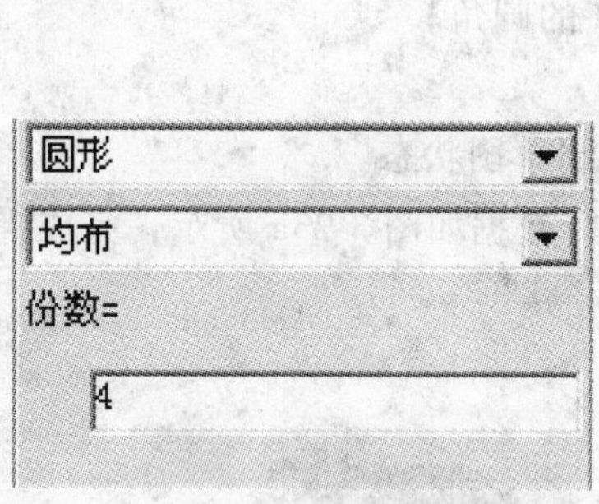

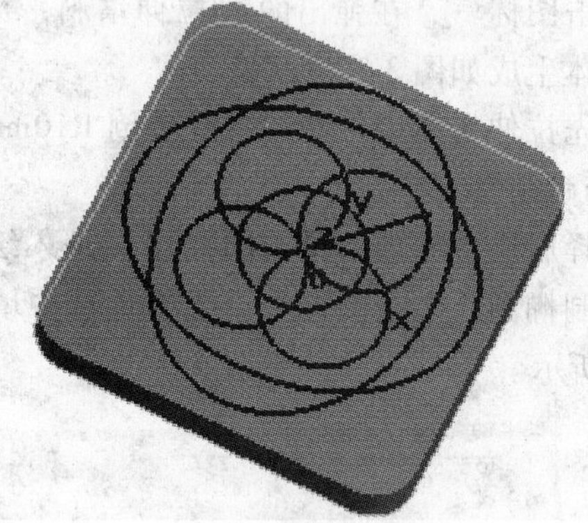

图 3-27　绘制以角平分线与中心圆 R14mm 的交点为圆心的四个 R14mm 的圆

（6）根据图 3-20 所示，利用裁剪和删除功能去除多余线，完成凸台草图的绘制如图 3-28 所示。

（7）利用“【造型】→【曲线编辑】→【曲线过渡】”，或单击图标方式，作中心梅花形状内轮廓线上 R14mm 圆的 R8mm 的过渡曲线，同时完成梅花形状外轮廓线上椭圆间的 R20mm 的过渡曲线，如图 3-29 所示。

（8）单击图标，退出草图状态。

（9）拉伸生成 9.8mm 厚的实体。单击图标，在弹出的“拉伸增料”对话框中设置深度为“9.8”，单击“确定”，完成的

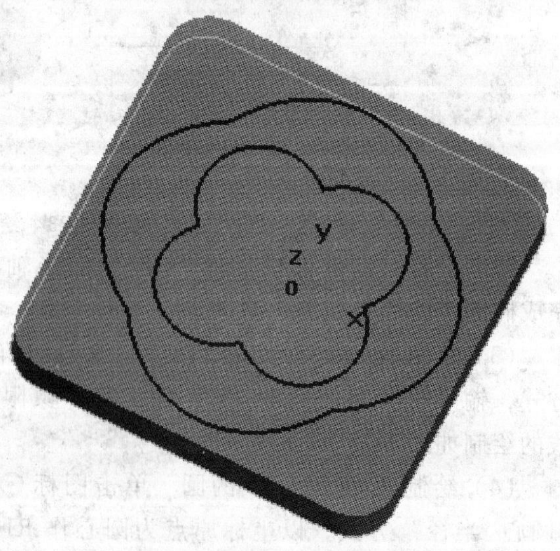

图 3-28　“花心状”零件底座上部的凸台草图

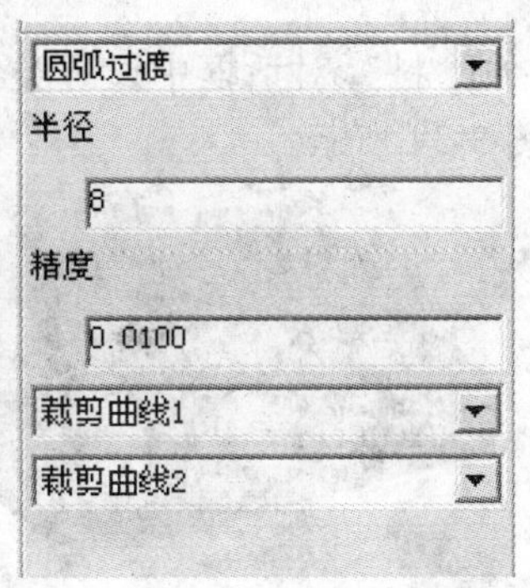

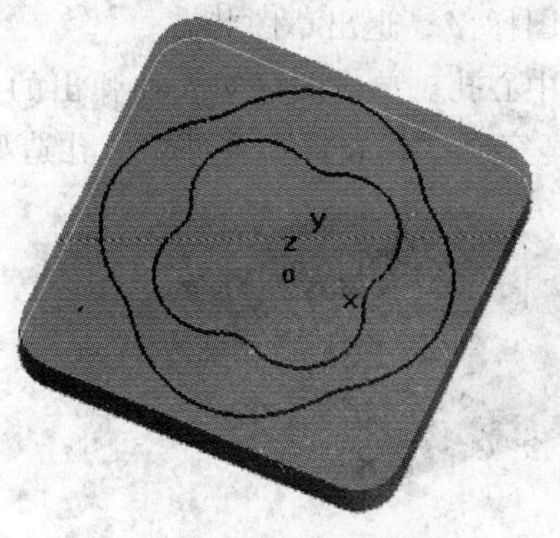

图 3-29 “花心状”零件底座上部的过渡曲线

“花心状”零件底座的上部实体如图 3-30 所示。

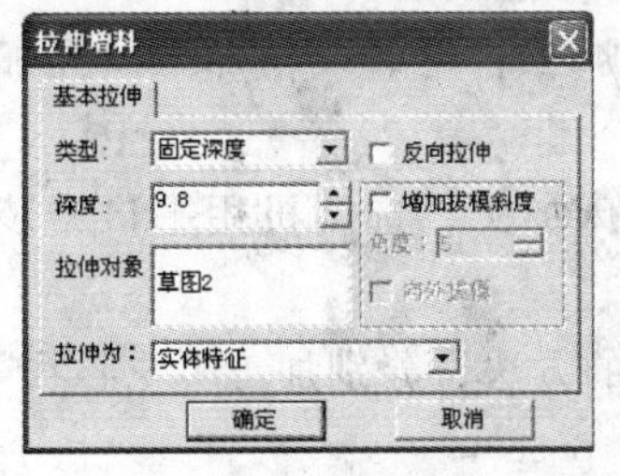

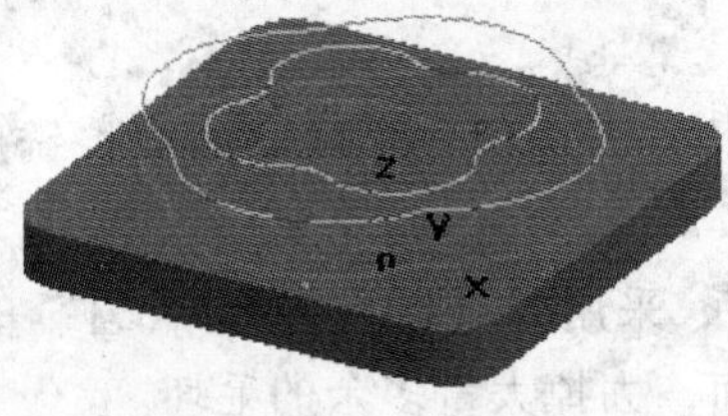

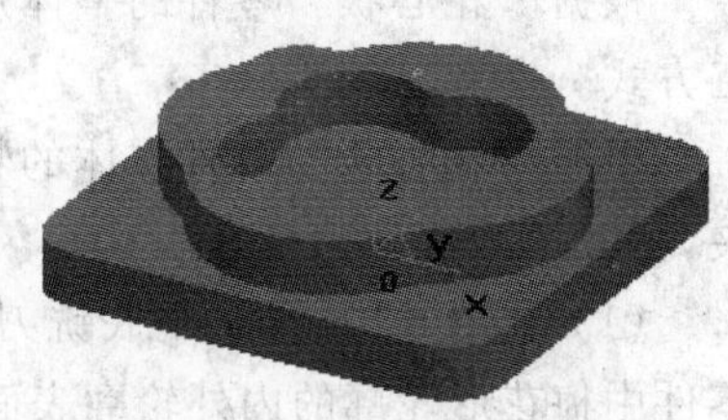

图 3-30 “花心状”零件底座的上部实体

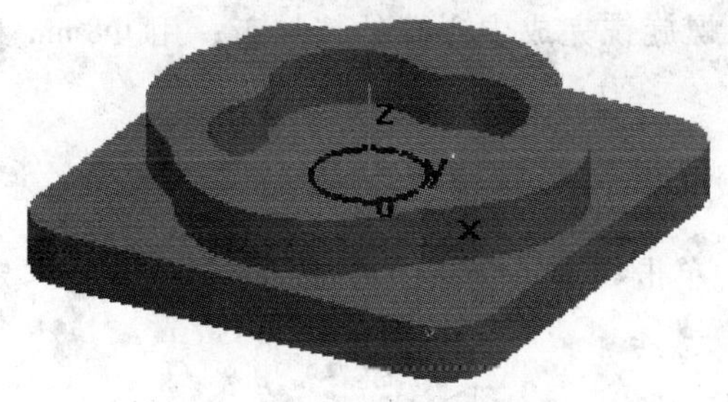

图 3-31 绘制 Φ20mm 的圆

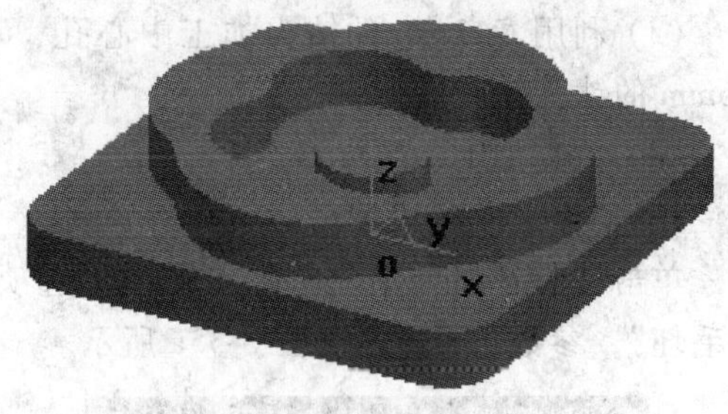

图 3-32 生成 Φ20mm 圆柱实体

（10）选择“花心状”零件的底平面，单击鼠标右键→【创建草图】，进入草图绘制状态。

（11）绘制 Φ20mm 的圆。单击图标⊙，选择“圆心_半径”方式，按 Enter 键输入半径“10”，圆心为坐标系原点，完成 Φ20mm 圆绘制，结果如图 3-31 所示。

（12）单击图标，退出草图状态。

（13）生成 Φ20mm 圆柱实体。单击图标，在弹出的“拉伸增料”对话框中设置深度为“5”，单击“确定”，生成的圆柱体如图 3-32 所示。

（三）完成“花心状”零件中心孔造型

（1）选择 Φ20mm 圆柱体上表面，单击鼠标右键→【创建草图】，进入草图绘制状态。

（2）绘制 Φ14.5mm 的圆。单击图标⊙，选择“圆心_半径”方式，圆心为坐标原点，输入半径“7.25”，完成 Φ14.5mm 圆绘制如图 3-33 所示。

（3）单击图标，退出草图状态。

（4）生成中心孔。单击图标，在弹出的“拉伸除料”对话框中设置类型为“贯穿”，单击“确定”，完成“花心状”零件中心孔造型如图 3-34 所示。

图 3-33　绘制 Φ14.5mm 的圆

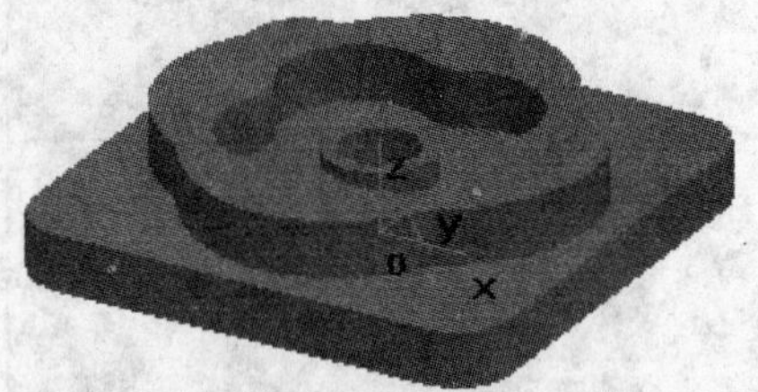

图 3-34　中心孔造型

【任务三】　加工参数设置

根据“花心状”零件的整体形状特点，分别采用区域式粗加工、轮廓线精加工及孔加工方式。

根据“花心状”零件实体的特点，选用三轴联动的数控铣床加工，选用机用平口钳装夹，其加工方案如下：

（1）利用 Φ10mm 的平底铣刀，采用“【区域式粗加工】”的方法，分别加工“花心状”零件中梅花形轮廓的内外轮廓表面，去掉大量多余的毛坯。

（2）利用 Φ10mm 的平底铣刀，采用【轮廓线精加工】的方法，分别加工“花心状”零件中梅花形轮廓的内外轮廓表面，完成对“花心状”零件的精加工。

（3）利用 Φ12mm 的钻头加工中心孔，利用螺旋铣完成中心孔的精加工；用 Φ8mm 和 Φ6mm 的钻头钻其他孔。

（4）仿真加工，生成 G 代码。

一、“毛坯”的设置

单击“特征树”下面“加工管理”选项卡，单击“毛坯”后单击鼠标右键，选择“定义毛坯”，参数选择过程如图 3-35a 所示。

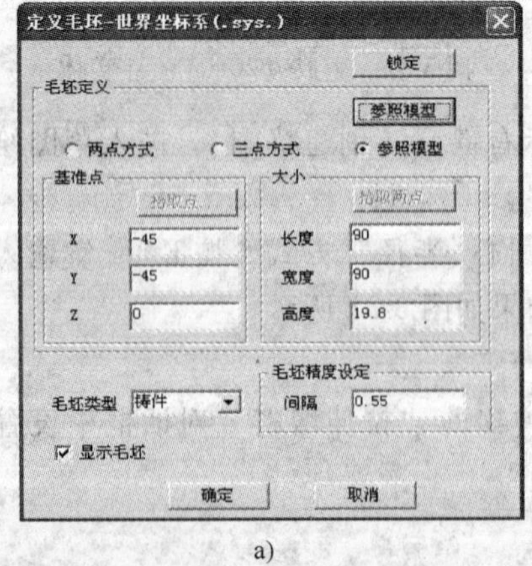

a)

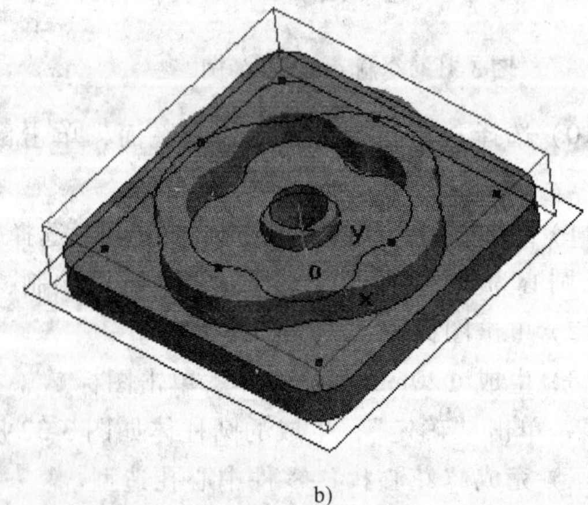

b)

图 3-35　定义毛坯

根据零件结构特点，首先绘制 101mm×101mm 轮廓线，然后定义零件实体边界，利用

“【相关线】→【实体边界】”完成底座轮廓线，花心状内外轮廓线，中心孔内外轮廓线。利用“点”命令绘制要加工的八个孔的中心点，结果如图3-35b所示。

二、区域式粗加工

（一）“花心状”零件上部梅花状外轮廓实体区域式粗加工

（1）利用“【加工】→【粗加工】→【区域式粗加工】”，或单击图标方式，弹出“区域式粗加工”对话框，按照图3-36填写各参数。

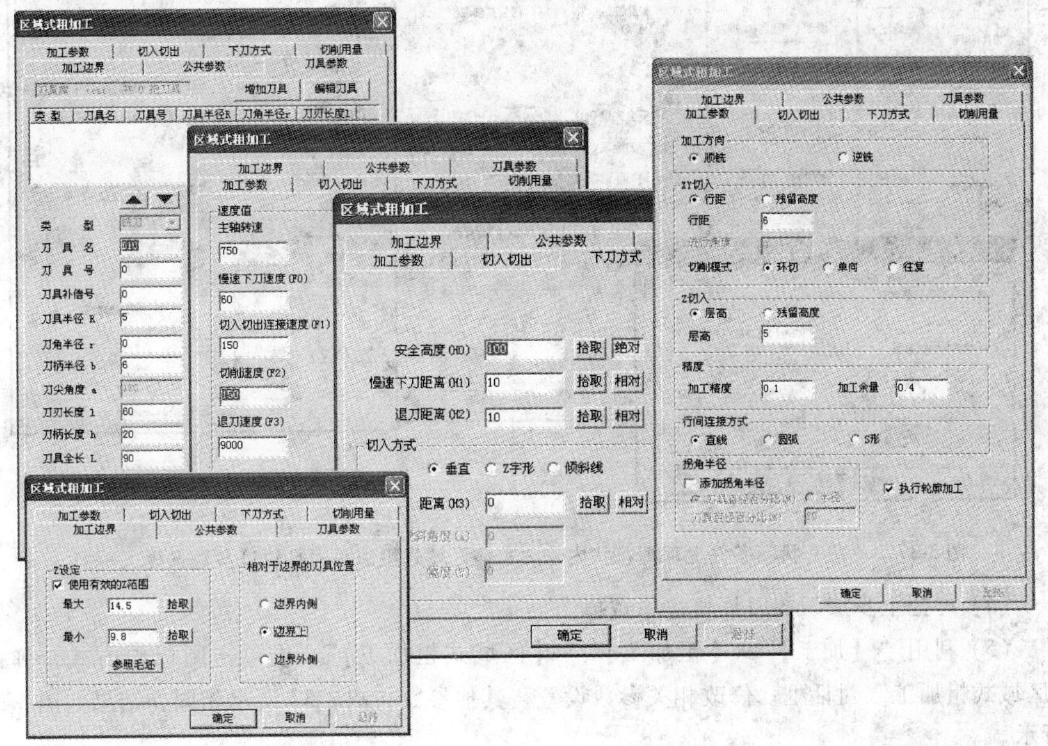

图3-36 “花心状”零件上部梅花状外轮廓实体区域式粗加工刀具轨迹参数选择

（2）状态栏提示“拾取轮廓”，拾取101mm×101mm的轮廓线；状态栏提示“确定链搜索方向”，选择任意一个箭头方向；状态栏提示“继续拾取岛屿”，拾取“花心状”零件实体的外轮廓边界线；状态栏提示“确定链搜索方向”，选择任意一个箭头方向，单击鼠标右键，系统计算出“区域式粗加工”方式生成的刀具轨迹。

（二）“花心状”零件上部梅花状内轮廓实体区域式粗加工

该加工分为两步，首先铣“花心状”零件内轮廓深度至4.8mm，然后再加工“花心状”零件内轮廓和中心圆柱之间的实体至尺寸要求。

（1）首先把上步加工的刀具轨迹隐藏掉。

（2）利用“【加工】→【粗加工】→【区域式粗加工】”，或单击图标方式，弹出“区域式粗加工”对话框，填写各参数，其参数修改设置如图3-37所示。

（3）状态栏提示“拾取轮廓”，拾取“花心状”零件上部梅花状实体的内边界线为轮廓线；状态栏提示“确定链搜索方向”，选择任意一个箭头方向；状态栏提示“继续拾取轮廓，按右键进行下一步”，单击鼠标右键；状态栏提示“拾取岛屿”，单击鼠标右键，系统计算出“区域式粗加工”方式生成的刀具轨迹。

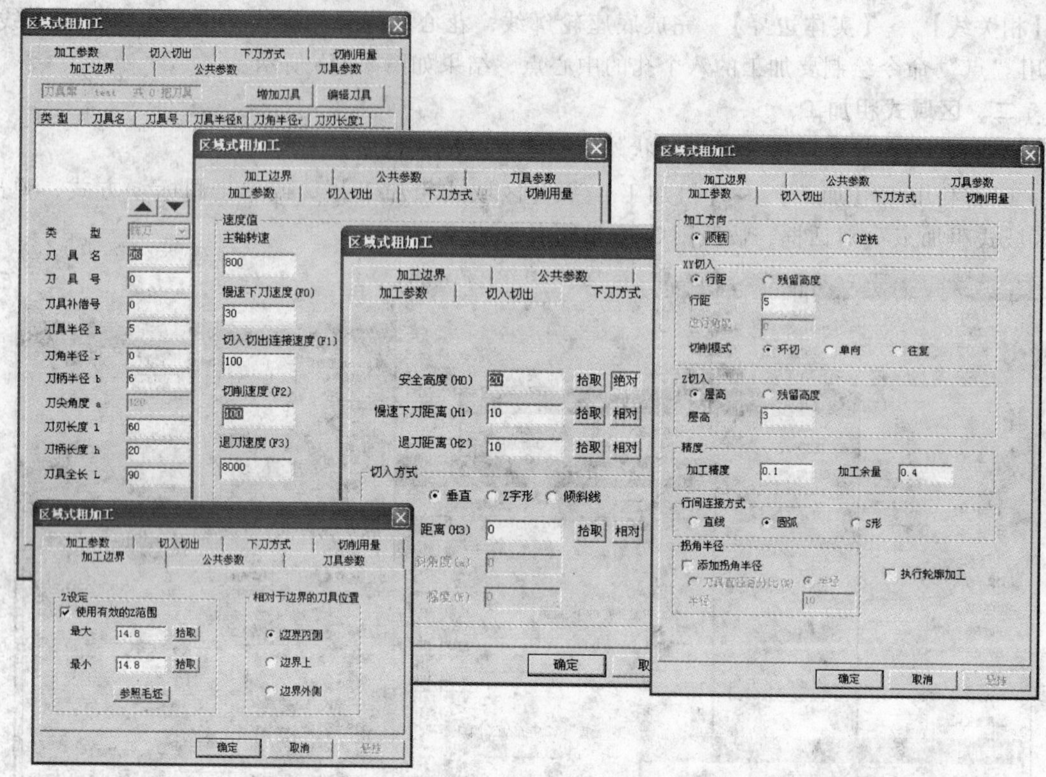

图 3-37 “花心状”零件上部梅花状内轮廓实体区域式粗加工刀具轨迹参数选择（一）

（4）再把上步加工的刀具轨迹隐藏掉。

（5）利用“【加工】→【粗加工】→【区域式粗加工】”，或单击图标方式，弹出“区域式粗加工”对话框。修改相关参数设置，其他参数与图 3-37 所示相同，结果如图 3-38 所示。

（6）状态栏提示“拾取轮廓”，拾取“花心状”零件上部梅花状实体的内边界线为轮廓线；状态栏提示“确定链搜索方向”，选择任意一个箭头方向。再选取“岛屿”中心圆柱外轮廓，单击鼠标右键，系统计算出“区域式粗加工”方式生成的刀具轨迹，结果如图 3-39 所示。

（三）“花心状”零件上部梅花状外轮廓实体轮廓线精加工

（1）首先把粗加工的刀具轨迹隐藏掉。

（2）利用“【加工】→【精加工】→【轮廓线精加工】”，或单击图标方式，弹出“轮廓线精加工”对话框。对“花心状”零件上部梅花状外轮廓实体进行精加工。填写各参数，其参数设置如图 3-40 所示。

（3）状态栏提示“拾取轮廓”，拾取 90mm × 90mm 实体边界线，继续拾取“岛屿”为“花心状”零件上部实体的外边界线；状态栏提示“确定链搜索方向”，选择任意一个箭头方向，单击鼠标右键，系统计算出“轮廓线精加工”方式生成的刀具轨迹。

（四）“花心状”零件上部梅花状内轮廓实体轮廓线精加工

（1）首先把上一步精加工的刀具轨迹隐藏掉。

（2）方法同上述步骤（三），对“花心状”零件上部梅花状实体内轮廓表面进行精加

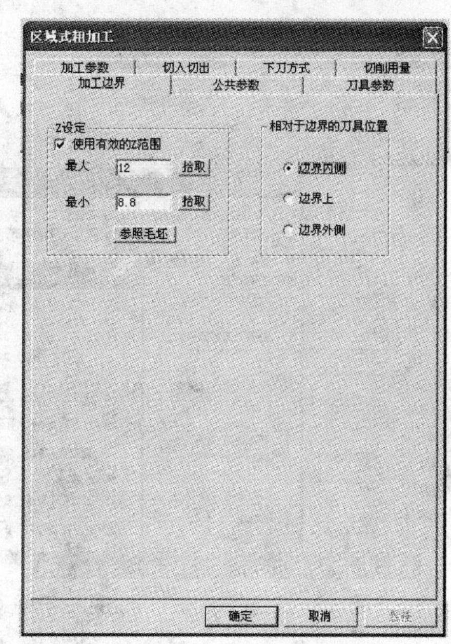

图 3-38 “花心状”零件上部梅花状内轮廓实体区域式粗加工刀具轨迹参数选择（二）

工。填写各参数，加工边界参数改变，其他参数同上，如图 3-41a 所示。

(3) 状态栏提示“拾取轮廓”，拾取“花心状”零件上部梅花状实体的内边界线为轮廓线；状态栏提示“确定链搜索方向”，选择任意一个箭头方向，单击鼠标右键，系统计算出“轮廓线精加工”方式生成的刀具轨迹，结果如图 3-41b 所示。

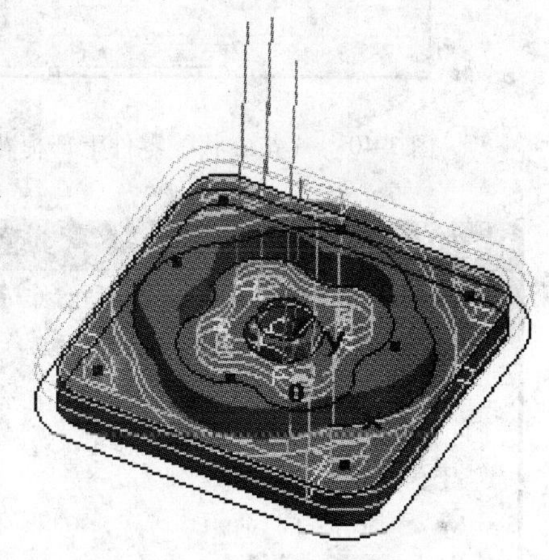

图 3-39 “花心状”零件上部梅花状内轮廓实体区域式粗加工刀具轨迹

三、中心孔加工

（一）孔粗加工

(1) 首先把以上加工的刀具轨迹隐藏掉。

(2) 选择“【加工】→【其他加工】→【钻孔】”命令或单击图标，设置钻孔参数，如图 3-42 所示。

(3) 对话框中会弹出“拾取点”，拾取坐标原点（即为中心点），系统计算出“轮廓线精加工”方式生成的刀具轨迹。

（二）孔螺旋铣轮廓线精加工

(1) 选择“【加工】→【精加工】→【轮廓线精加工】”命令或单击图标，弹出“轮廓线精加工”对话框。在“加工参数”选项中设置各项参数如图 3-43 所示。

(2) 状态栏提示“拾取轮廓”，选择 Φ14.5mm 孔的轮廓线；状态栏提示“确定链搜索方向”，选择任意一个箭头方向，单击鼠标右键，系统计算出“轮廓线精加工”方式生成的刀具轨迹如图 3-44 所示。

四、“花心状”零件上部四个 Φ8mm 孔加工

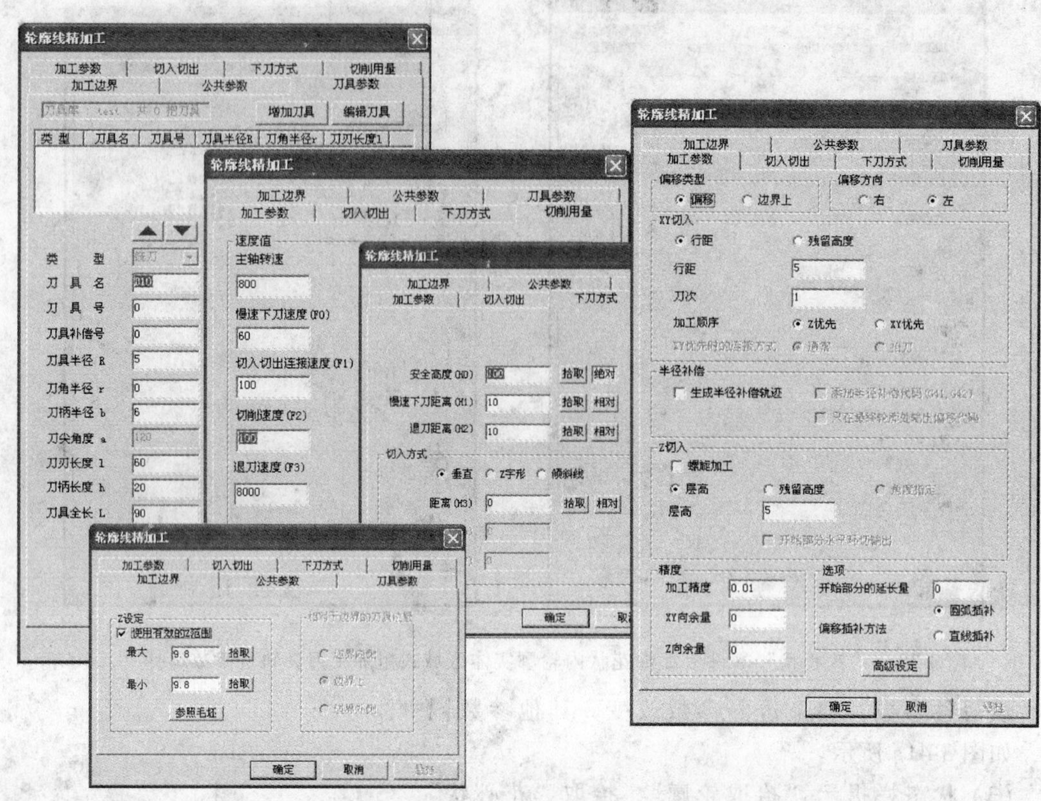

图 3-40　“花心状”零件上部梅花状外轮廓实体轮廓线精加工刀具轨迹参数选择（一）

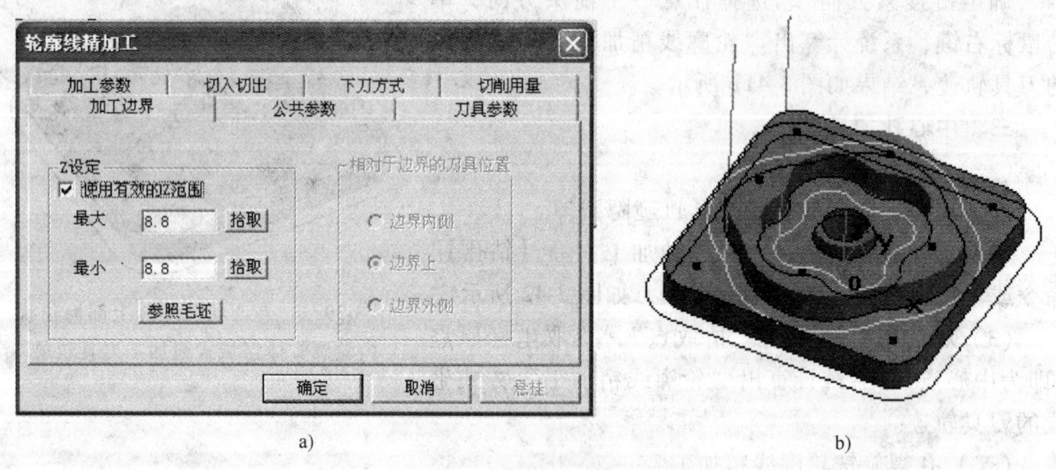

图 3-41　“花心状”零件上部梅花状实体内轮廓轮廓线精加工刀具轨迹参数选择（二）

a）加工边界参数选择　b）梅花状内轮廓实体精加工刀具轨迹

（1）首先把以上加工的刀具轨迹隐藏掉。

（2）选择“【加工】→【其他加工】→【钻孔】”命令或单击图标，设置钻孔参数（一），如图 3-45 所示。

（3）状态栏提示“拾取点”，拾取 Φ8mm 圆心，单击鼠标右键后，系统计算出“轮廓线精加工”方式生成的刀具轨迹。

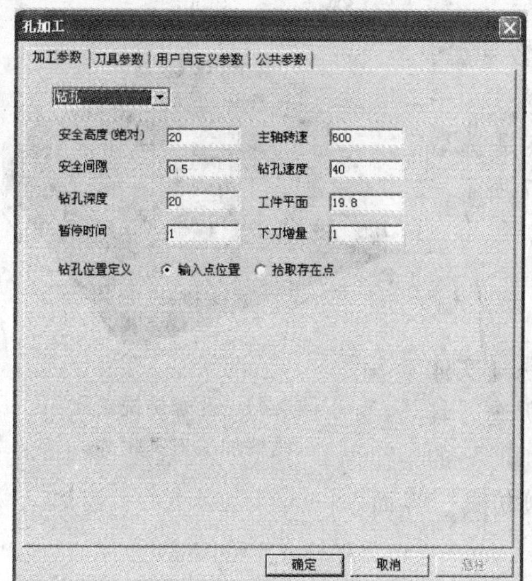

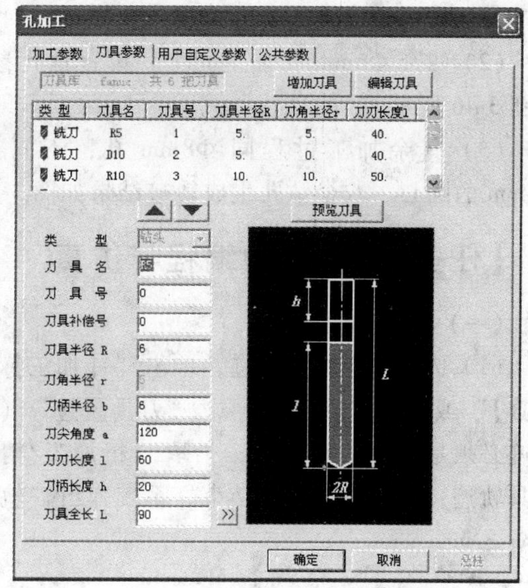

图 3-42　钻孔参数

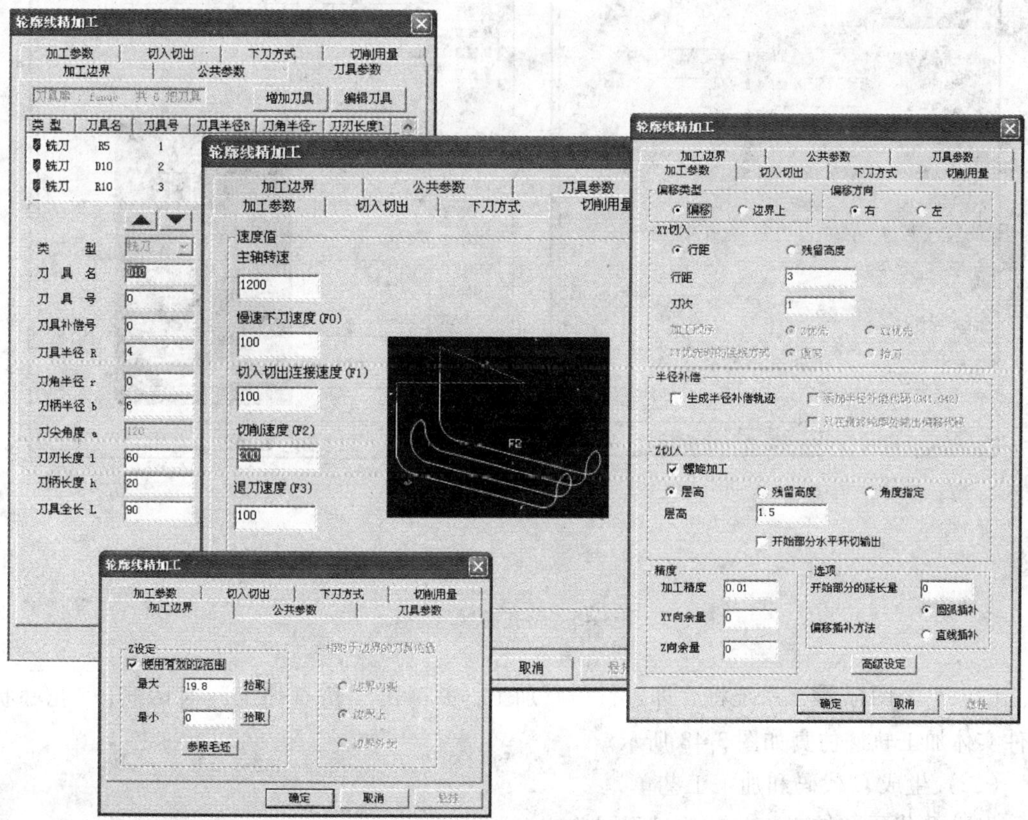

图 3-43　孔加工参数

五、“花心状”零件底部四个 Φ6mm 孔加工

（1）首先把以上加工的刀具轨迹隐藏掉。

（2）四个 Φ6mm 孔加工同上，设置钻孔参数（二）如图 3-46 所示。

（3）其余加工过程同 Φ8mm 孔，不同点是选取 Φ6mm 的圆心。八个钻孔生成轨迹结果如图 3-47 所示。

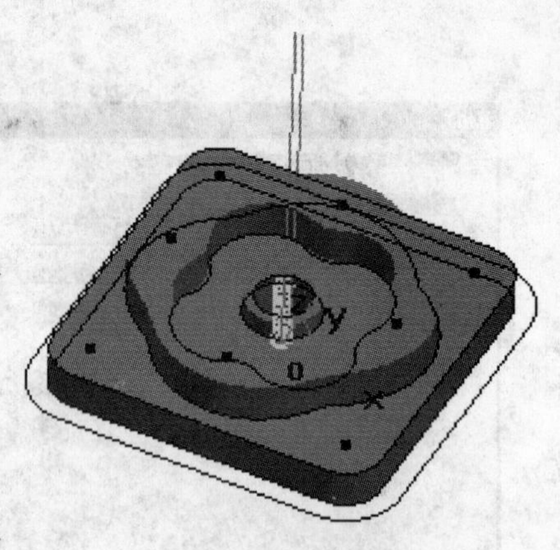

图 3-44　孔螺旋铣轮廓线精加工刀具轨迹

【任务四】　自动编程与仿真

（一）轨迹仿真

（1）选择全部加工轨迹，单击“【加工】→【实体仿真】”或单击“特征树”中“刀具轨迹”（所选刀具轨迹必须是显示状态）后，拾取“粗加工/精加工”的刀具轨迹，单击鼠标右键结束，系统弹出“轨迹仿真”界面。

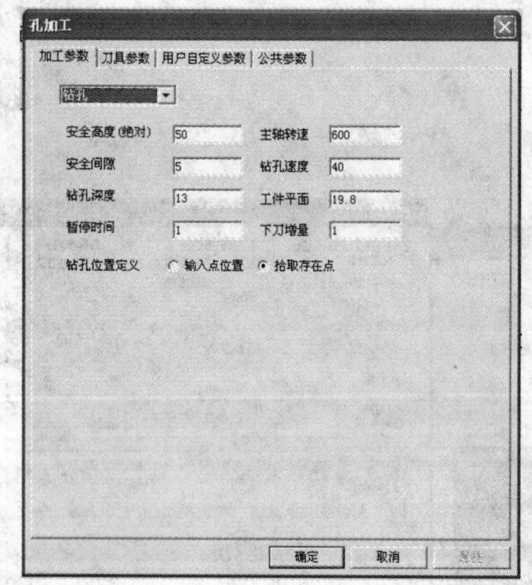

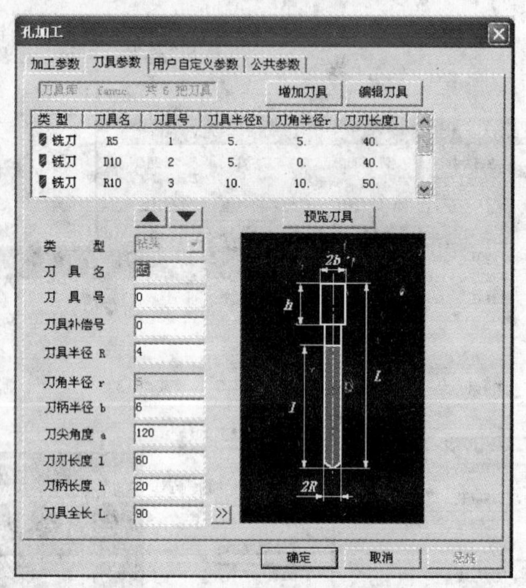

图 3-45　钻孔参数（一）

（2）单击图标，系统将立即进行仿真加工，并弹出“仿真加工”对话框，“花心状”零件实体加工轨迹仿真如图 3-48 所示。

（二）生成 G 代码和加工工艺单

生成 G 代码和加工工艺单的过程同前。

至此，“花心状”零件的造型、生成轨迹、加工轨迹仿真检查、生成 G 代码程序、生成加工工艺单的工作已经全部做完，可以把加工工艺单和 G 代码程序送到车间进行加工了。

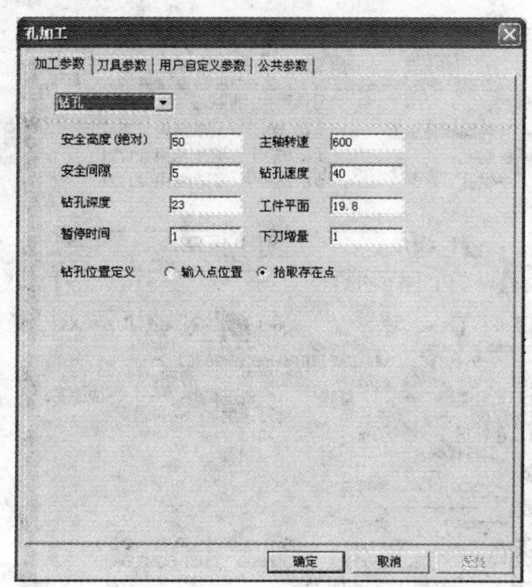

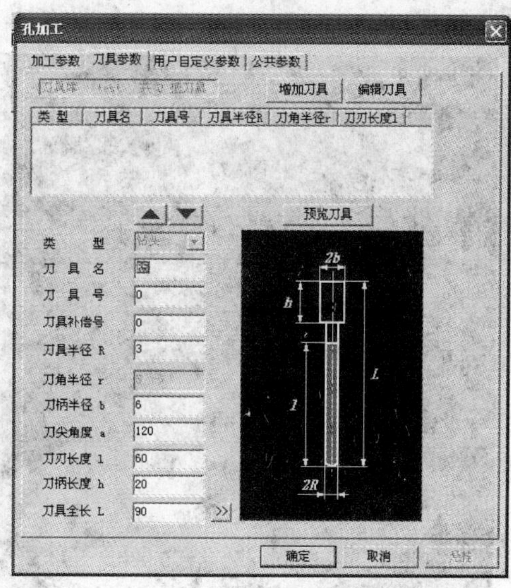

图 3-46　钻孔参数（二）

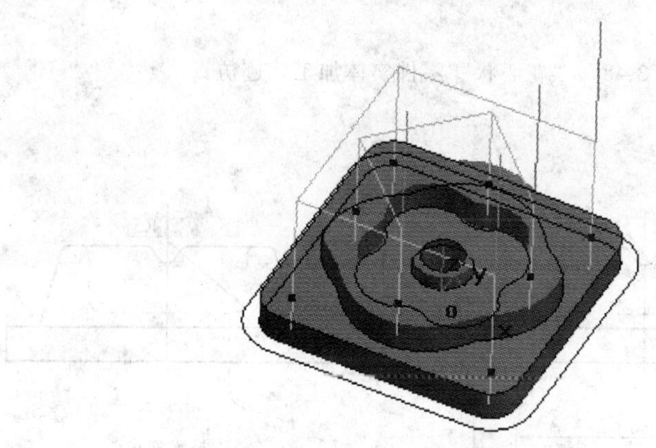

图 3-47　八个钻孔生成轨迹

课外实践

1. 完成图 3-49 所示“烟灰缸”实体造型的创建，并选择合理的粗、精加工方式对其进行自动编程。

2. 完成图 3-50 所示“小锤”实体造型的创建，并选择合理的粗、精加工方式对任意一个表面进行自动编程。

3. 完成图 3-51 所示“法兰盘”实体造型的创建，并选择合理的粗、精加工方式对其进行自动编程。

4. 完成图 3-52 所示“五边凸台”实体造型的创建，并选择合理的粗、精加工方式对其进行自动编程。

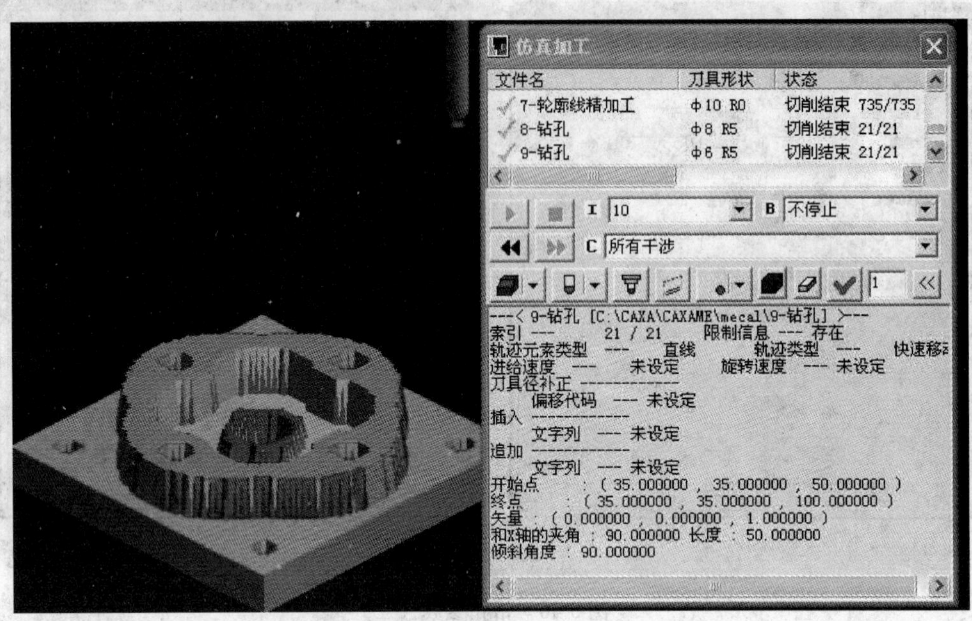

图 3-48 “花心状”零件实体加工轨迹仿真

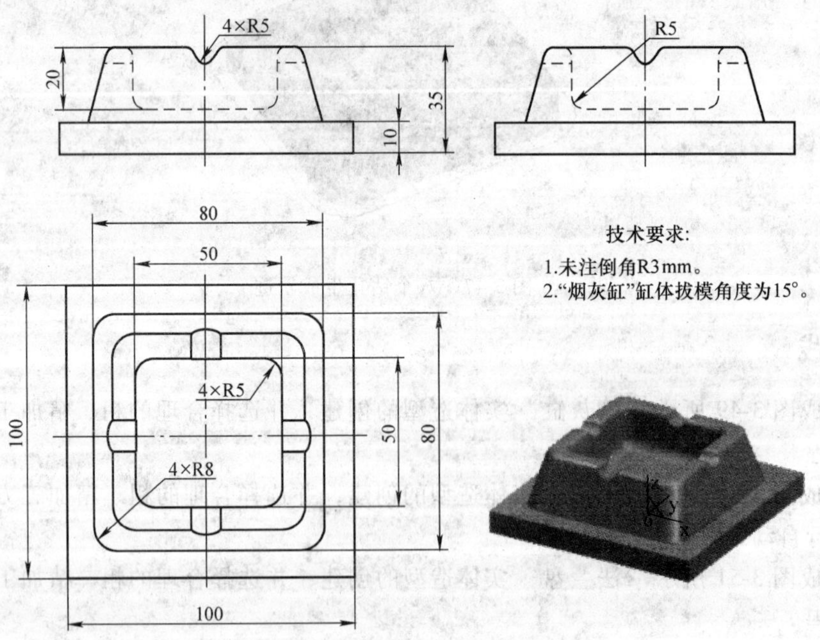

图 3-49 “烟灰缸”实体造型

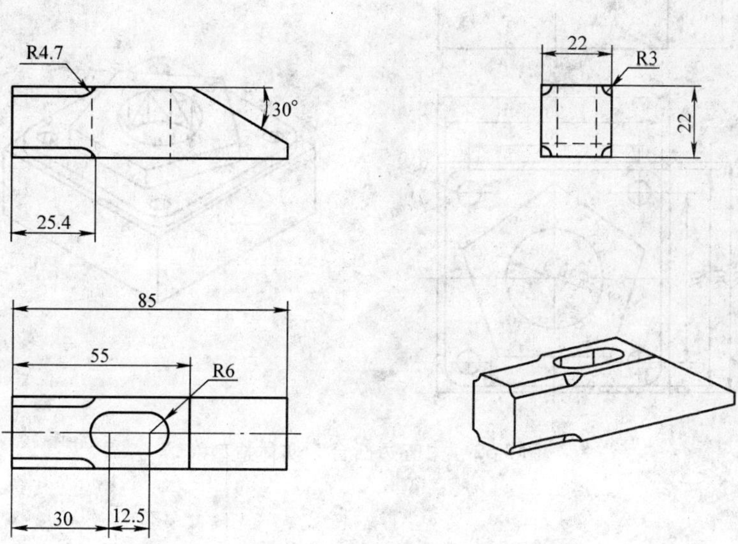

图 3-50 “小锤”实体造型

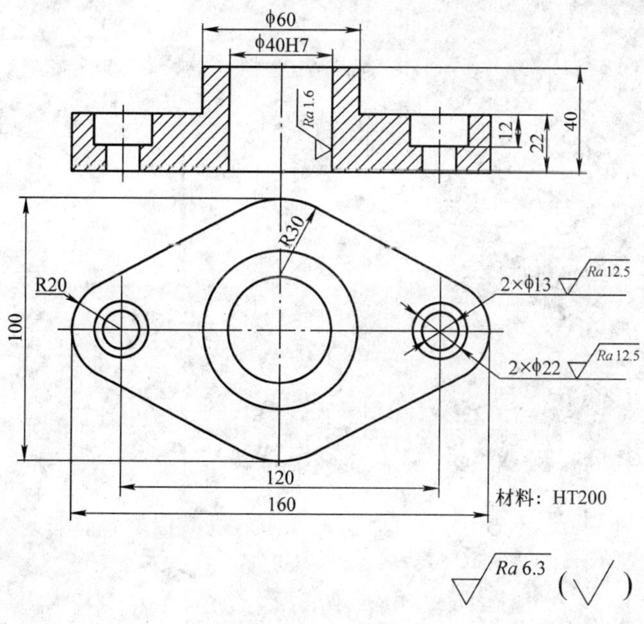

图 3-51 “法兰盘”实体造型

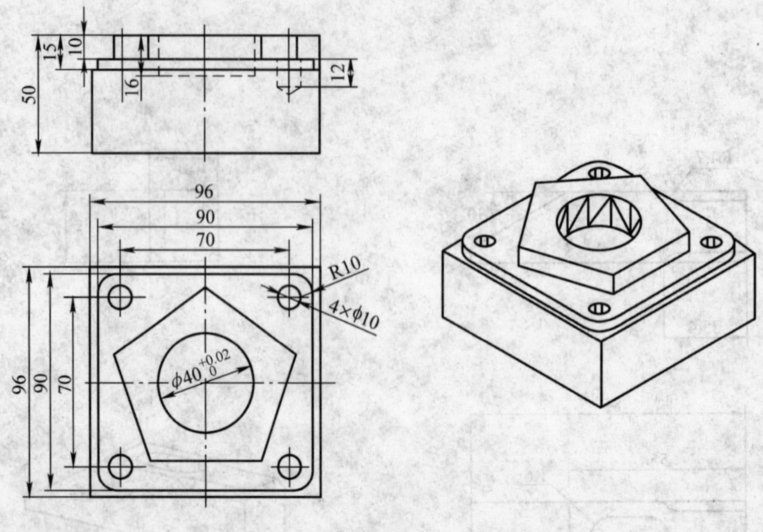

图 3-52 “五边凸台”实体造型

学习情境四　复杂实体零件的自动编程

学习目标

1. 学习复杂实体零件的造型方法和编辑。
2. 实体零件三维加工方法的综合应用。
3. 具备对三维复杂实体零件自动编程和加工的能力。

项目一　连杆造型的自动编程

【任务一】 图样分析

由图 4-1 所示可知，此连杆由底部的托板、基本拉伸体、两个凸台、凸台上的凹坑和基本拉伸体上表面的凹坑等基本要素构成。底部的托板、基本拉伸体和两个凸台（包括 5°的拔模斜度）通过在 XY 平面生成草图，然后拉伸增料获得；两个凸台上的凹坑是使用在 ZX 平面生成旋转除料的草图后经旋转除料获得的；基本拉伸体上表面的凹坑先使用等距实体边界线得到草图轮廓，然后使用带有拔模斜度的拉伸减料来生成。

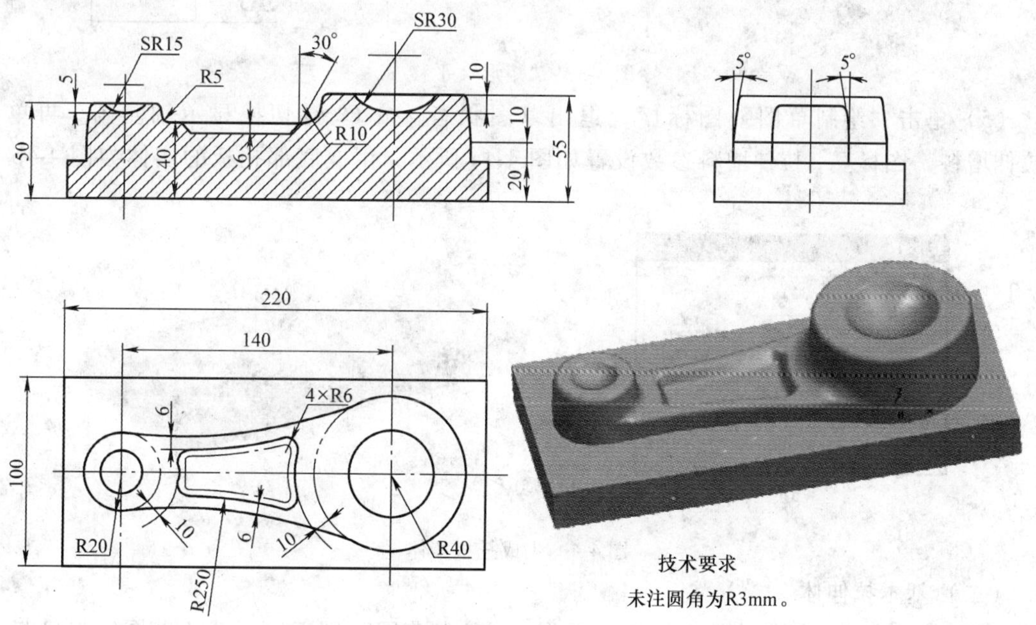

图 4-1　连杆零件图

【任务二】 零件造型

一、拉伸

（一）底部托板

(1) 单击零件特征树的“◇平面 XY”，选择 XY 面为绘图基准面。

(2) 单击“绘制草图”图标，进入草图绘制状态。

(3) 单击“曲线生成栏”上的“矩形”图标□，在立即菜单中选择“中心_长_宽”，键入“长度 = 220”回车；“宽度 = 100”回车，中心点选取坐标原点，绘制图 4-2 所示的 220mm × 100mm 的矩形。

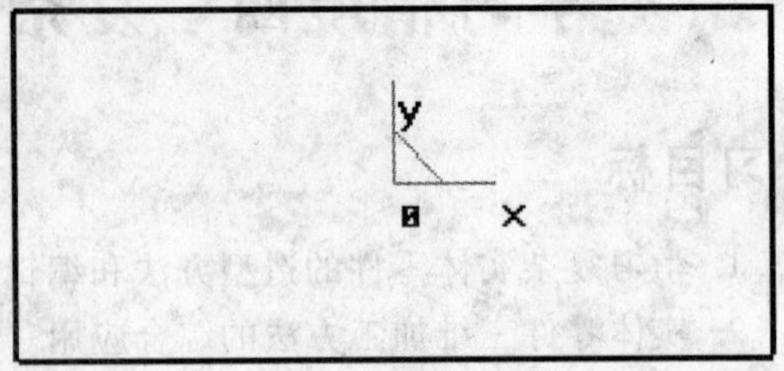

图 4-2 “矩形”形成

(4) 单击“几何变换栏”中的“平移”图标，在立即菜单的移动方式中输入“DX = -60”，然后框选矩形的四条边，单击鼠标右键确认，将矩形整体左移 60mm，保证基准点（0，0，0）位于大圆的底面中心（距右边距离为 50mm），结果如图 4-3 所示。

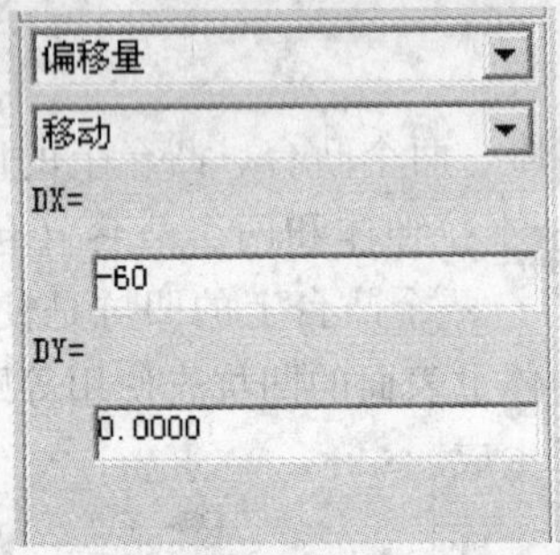

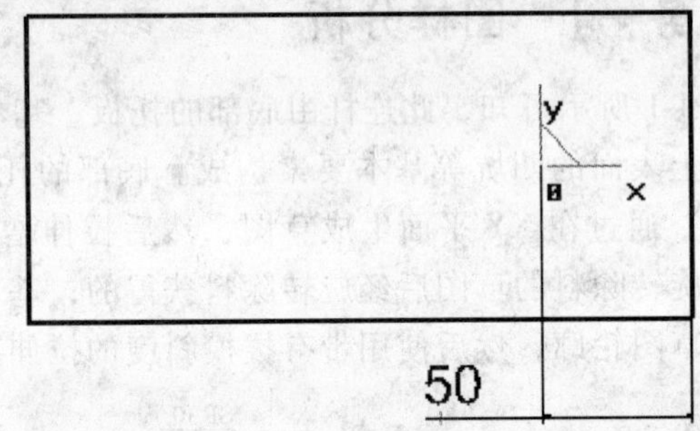

图 4-3 “矩形”平移

(5) 单击“绘制草图”图标，退出草图状态。按 F8 键切换显示轴测图。再单击“拉伸增料”图标，拉伸增料参数设置如图 4-4a 所示，生成底部托板的实体如图 4-4b 所示。

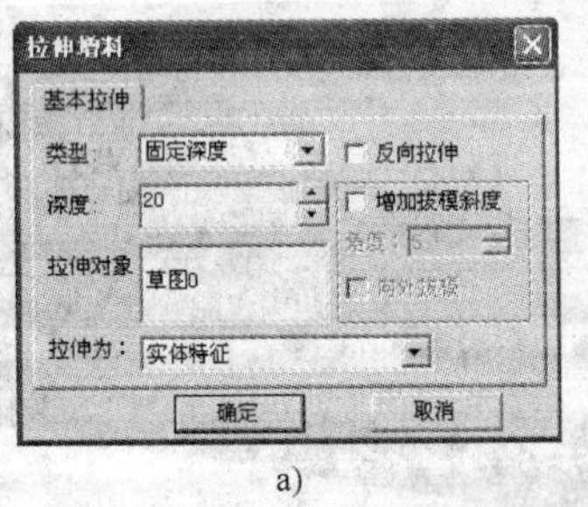

a)

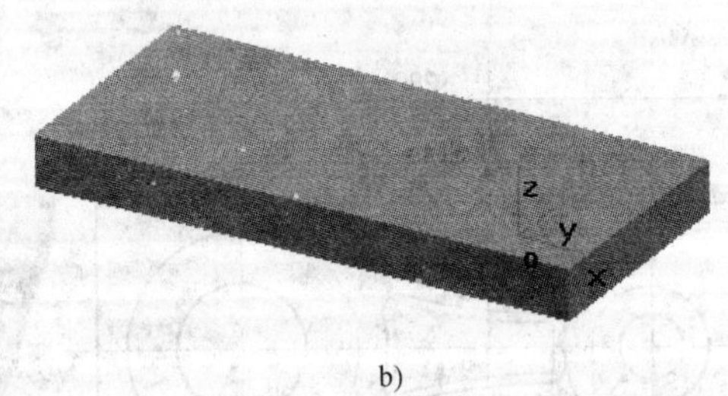

b)

图 4-4 生成托板实体

(二) 基本拉伸体

(1) 单击底部托板实体的上表面，再单击“绘制草图”图标，进入草图绘制状态。

(2) 绘制整圆。单击“曲线生成栏”上的“整圆”图标，选择“圆心_半径”方式，单击坐标原点（O 点）为圆心，圆的半径 R = 40mm，并回车确认。同样方法输入圆心（-140，0，0），半径 R = 20mm，绘制另一圆。退出圆的绘制，结果如图 4-5 所示。

(3) 绘制相切圆弧。单击“曲线生成栏”上的“圆弧”图标，选择“两点_半径”方式，按空格键选择【切点】命令，拾取两圆上方的内侧位置，按 Enter 键，输入半径 R =

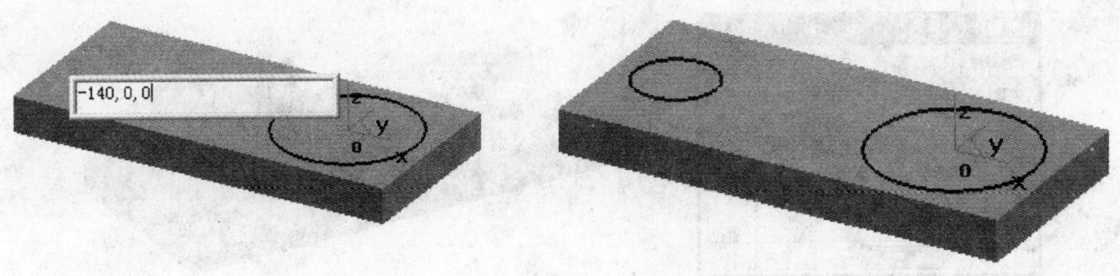

图 4-5　绘制圆台基本体整圆草图

250mm 并确认完成第一条相切线。接着拾取两圆下方的内侧位置，同样输入半径 R = 250mm，结果如图 4-6 所示。

（4）裁剪多余的线段。单击“线面编辑栏”上的“曲线裁剪”图标，在默认立即菜单选项下，拾取需要裁剪的圆弧上的线段，结果如图 4-7 所示。

（5）退出草图状态。退出草图绘制状态，按 F8 键观察草图轴测图。

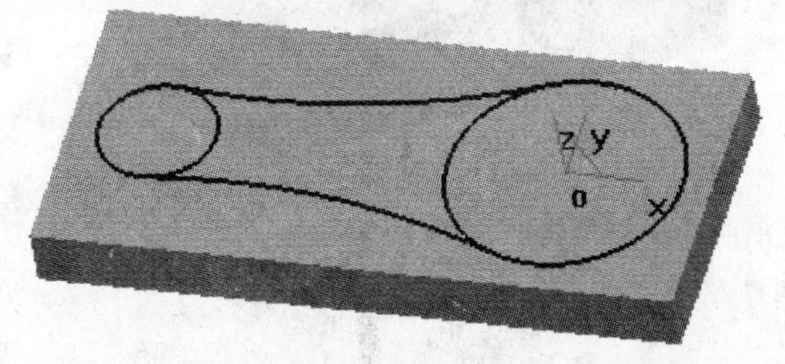

图 4-6　绘制圆台基本体相切圆弧草图

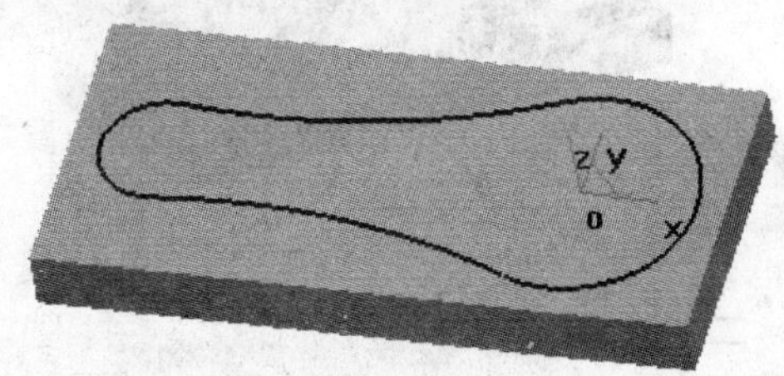

图 4-7　形成圆台基本体草图

（6）生成拉伸体。单击“特征工具栏”上的“拉伸增料”图标，在对话框中输入深度为“10”，并单击“确定”生成拉伸基本体的实体，结果如图 4-8 所示。

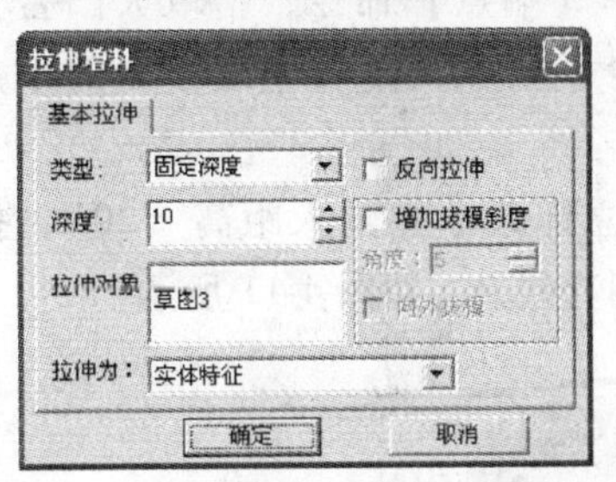

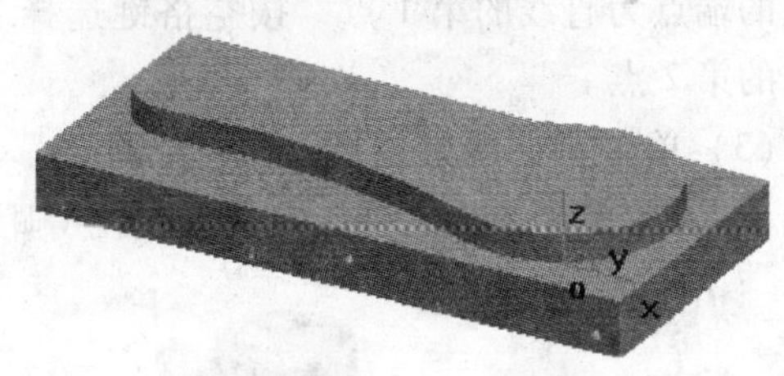

图 4-8　拉伸基本体

（三）大凸台拉伸

（1）单击基本拉伸体的上表面，选择该上表面为绘图基准面，进入草图绘制状态。单击“整圆”图标，选择“圆心_半径”方式，按空格键选择【圆心】命令，单击上表面大圆的边，拾取到大圆的圆心，再次按空格键选择【端点】命令，单击上表面大圆的边，拾取到大圆的端点，单击鼠标右键完成整圆绘制。

（2）单击“绘制草图”图标，退出草图状态。单击“拉伸增料”图标，拉伸增料参数设置及拉伸后生成的大凸台实体如图 4-9 所示。

（四）小凸台拉伸

（1）单击基本拉伸体的上表面，选择该上表面为绘图基准面，进入草图绘制状态。单

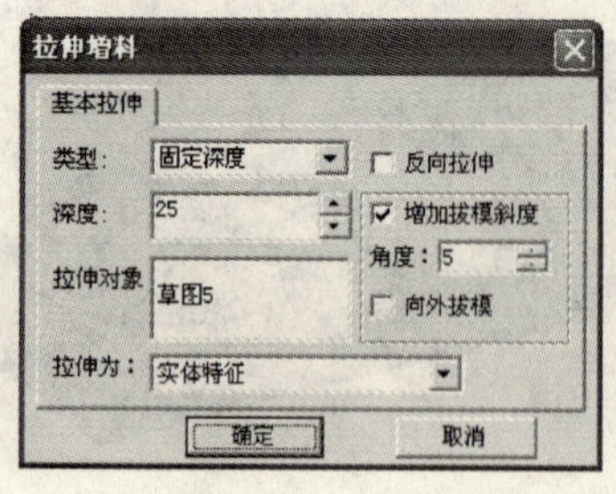

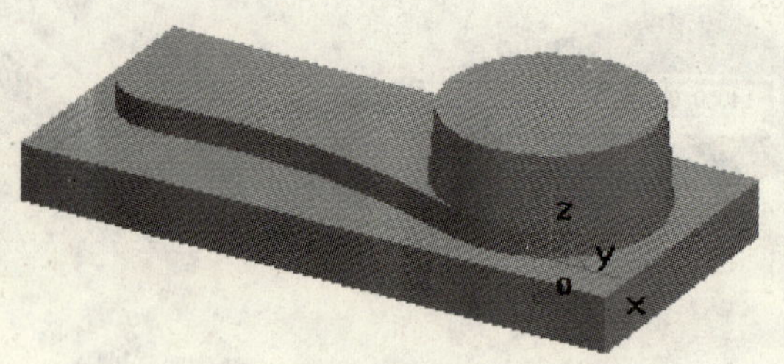

图 4-9　生成大凸台实体

击“整圆”图标⊙，拾取上表面小圆的圆心和端点，完成草图的绘制。

（2）与拉伸大凸台步骤相同，输入深度 = 20mm，拔模斜度 = 5°，生成小凸台，结果如图 4-10 所示。

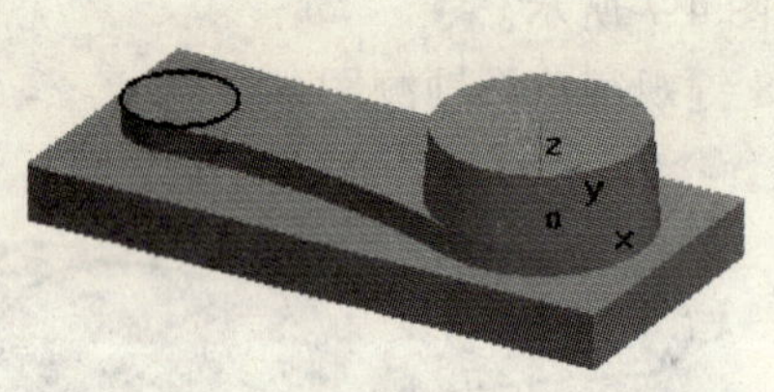

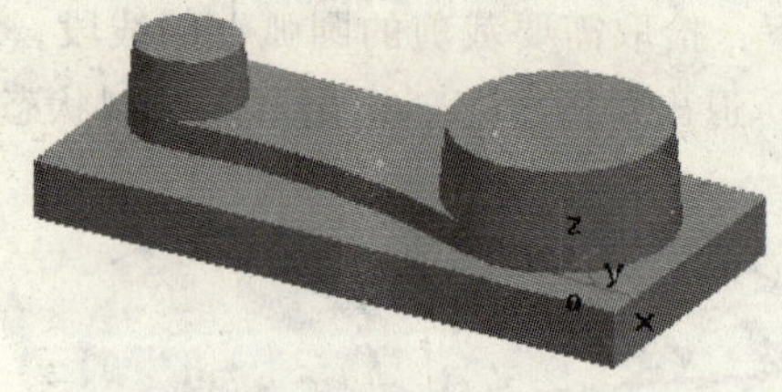

图 4-10　生成小凸台实体

二、除料

（一）大凸台凹坑

（1）单击零件特征树的“◈平面 XZ”，选择平面 XZ 为绘图基准面，进入草图绘制状态。

（2）作直线 1。单击“直线”图标╱，按空格键选择【端点】命令，拾取大凸台上表面圆的端点为直线的第 1 点，按空格键选择【中点】命令，拾取大凸台上表面圆的中点为直线的第 2 点。

（3）单击“曲线生成栏”的“等距线”图标ㄱ，在立即菜单中输入距离“20”，拾取直线 1，选择等距方向为向上，将其向上等距 20mm，得到直线 2，如图 4-11 所示。

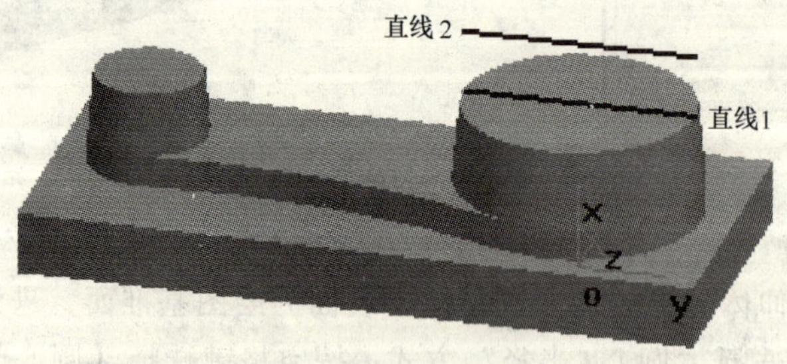

图 4-11　大凸台凹坑草图整圆的绘制

（4）绘制用于旋转减料的圆。单击“整圆”图标⊙，按空格键选择【中点】命令，单击直线 2，拾取其中点为圆心，按 Enter 键输入半径“30”，结束圆的绘制，结果如图 4-12 所示。

（5）删除和裁剪多余的线段。将直线 1 删除。单击“曲线裁剪”图标，裁剪掉直线 2 的两端和圆的上半部分，结果如图 4-13 所示。

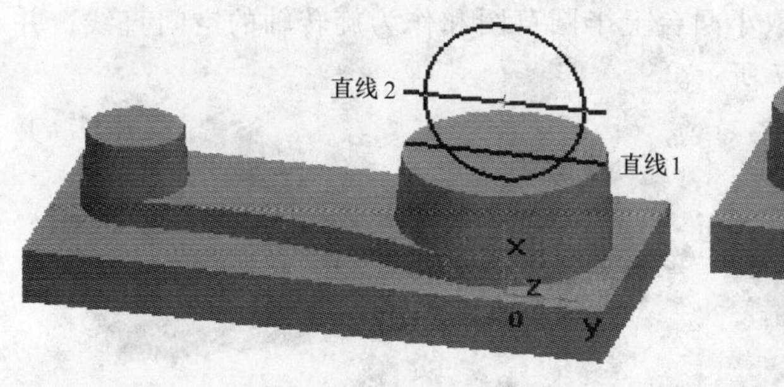

图 4-12　大凸台凹坑草图平行线的绘制

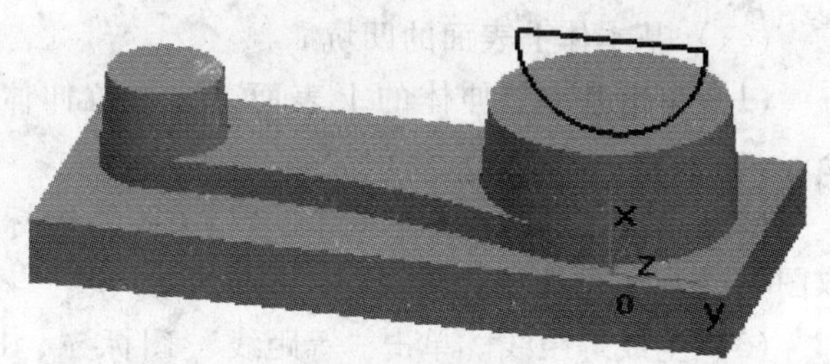

图 4-13　大凸台凹坑草图线素的删除与裁剪

（6）绘制用于旋转轴的空间直线。退出草图状态。按 F9 键选择 ZX 平面，单击“直线”图标，按空格键选择【端点】命令，拾取半圆直径的两端，绘制与半圆直径完全重合的空间直线（最好延长一点，另一点选择【缺省点】），结果如图 4-14 所示。

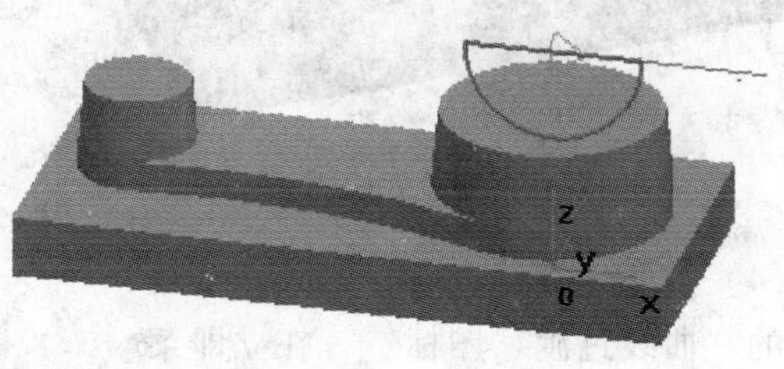

图 4-14　大凸台凹坑旋转轴线的绘制

（7）单击特征工具栏的“旋转除料”图标，拾取半圆草图和作为旋转轴的空间直线，并确定，然后删除空间直线，结果如图 4-15 所示。

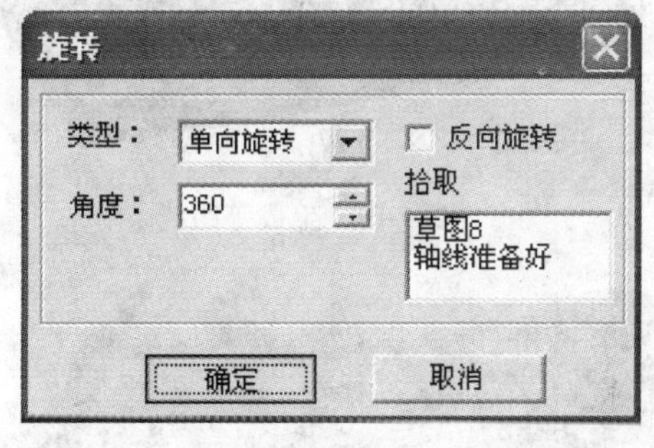

图 4-15　大凸台凹坑旋转除料的实体图

（二）小凸台凹坑

（1）与绘制大凸台上旋转除料草图和旋转轴空间直线完全相同的方法，绘制小凸台上旋转除料的半圆和空间直线。具体参数：直线等距的距离为 10mm，圆的半径 R = 15mm。结果如图 4-16 所示。

（2）单击“旋转除料”图标，拾取小凸台上半圆草图和作为旋转轴的空间直线，并确定，然后删除空间直线，结果如图 4-17 所示。

图 4-16　生成小凸台凹坑旋转除料的基本线素

图 4-17　小凸台凹坑旋转除料的实体图

（三）基本体上表面的凹坑

（1）单击基本拉伸体的上表面，选择拉伸体上表面为绘图基准面，进入草图绘制状态。

（2）单击“曲线生成栏”的“相关线”图标，选择立即菜单中的“实体边界”，拾取图 4-18 所示的四条边界线。

（3）生成等距线。单击“等距线”图标，以等距距离“10”和“6”分别作刚生成的边界线的等距线如图 4-19 所示。

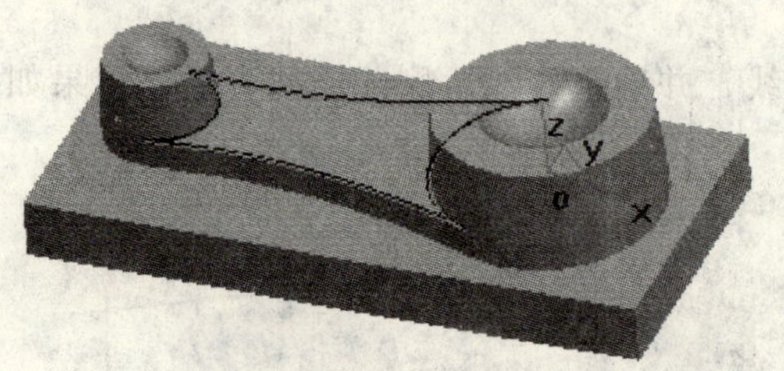

图 4-18　拾取实体边界

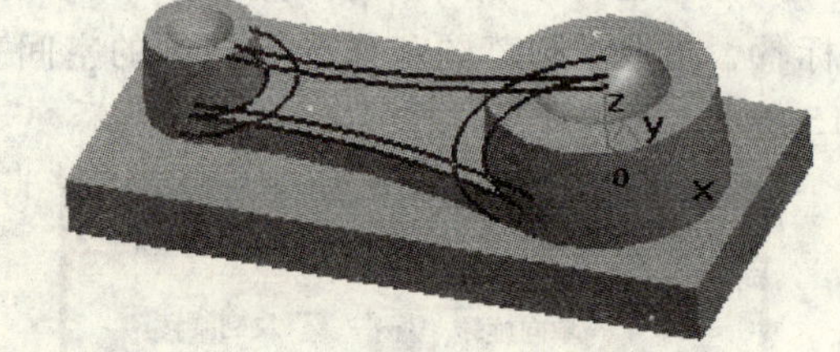

图 4-19　生成等距线

（4）曲线过渡。单击“线面编辑栏”的“曲线过渡”图标，在立即菜单处输入半径“6”，对等距生成的曲线作过渡。

（5）删除多余的线段。拾取四条边界线，然后单击鼠标右键将各边界线删除，结果如图 4-20 所示。

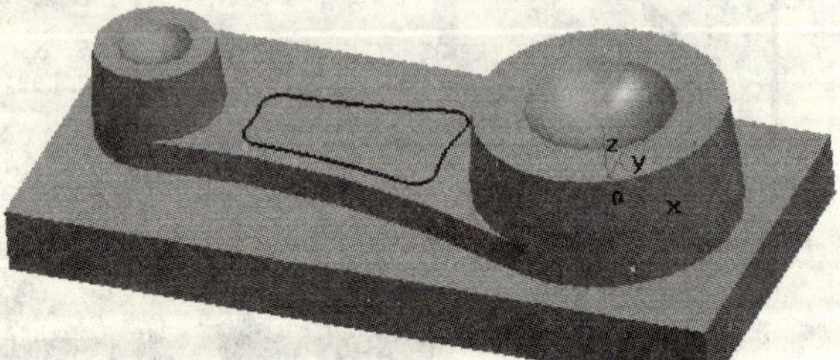

图 4-20　曲线过渡并删除多余曲线

（6）拉伸除料生成凹坑。退出草图状态。单击“特征工具栏”的“拉伸除料”图标，在对话框中设置深度“6”，角度“30”，结果如图 4-21 所示。

三、棱边圆弧过渡

（一）R10mm 圆弧过渡

单击“特征工具栏”的“过渡”图标，在对话框中输入半径“10”，拾取大凸台和基本拉伸体的交线，并确定，结果如图 4-22 所示。

（二）R5mm 圆弧过渡

单击“特征工具栏”的“过渡”图标，在对话框中输入半径“5”，拾取小凸台和基

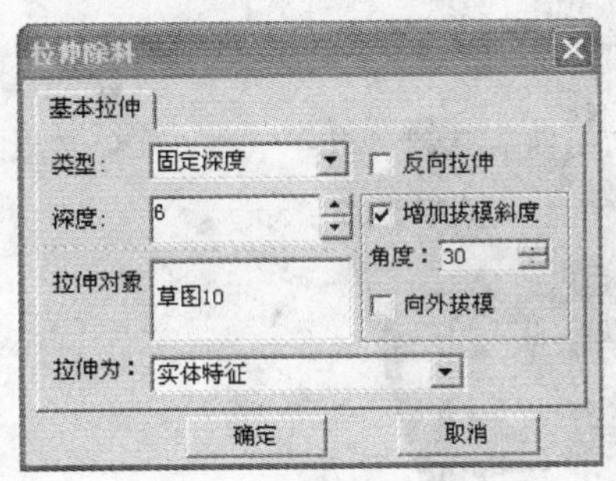

图 4-21　基本体上表面凹坑的拉伸除料

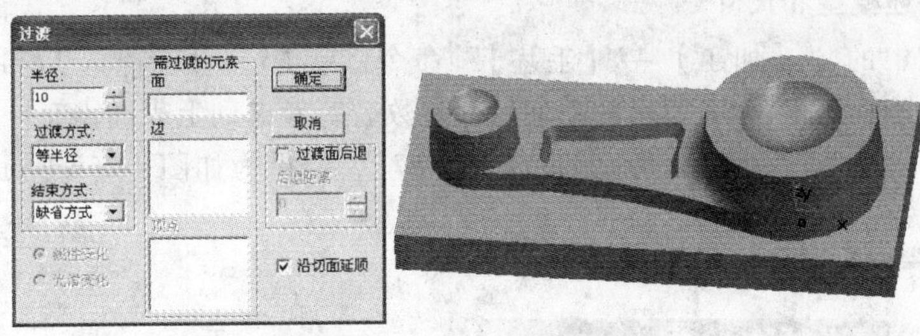

图 4-22　R10mm 圆弧过渡

本拉伸体的交线，并确定，结果如图 4-23 所示。

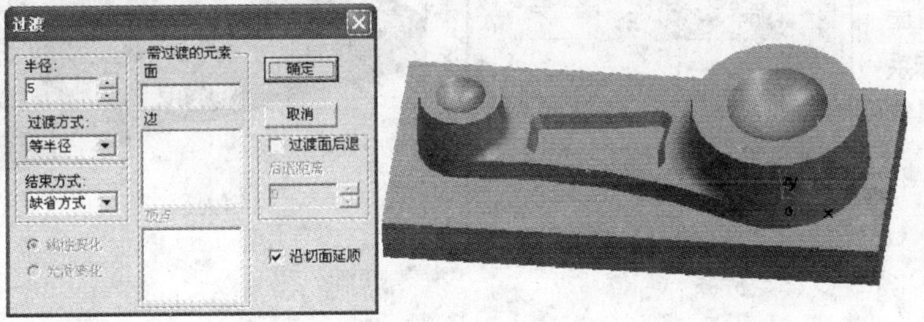

图 4-23　R5mm 圆弧过渡

（二）R3mm 圆弧过渡

单击“特征工具栏”的“过渡”图标，在对话框中输入半径“3”，拾取上表面的所有棱边如图 4-24 所示并确定，结果如图 4-25 所示。

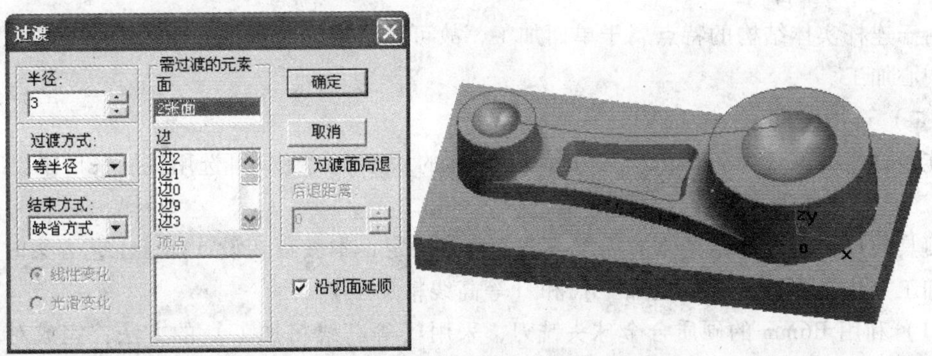

图 4-24　R3mm 圆弧过渡

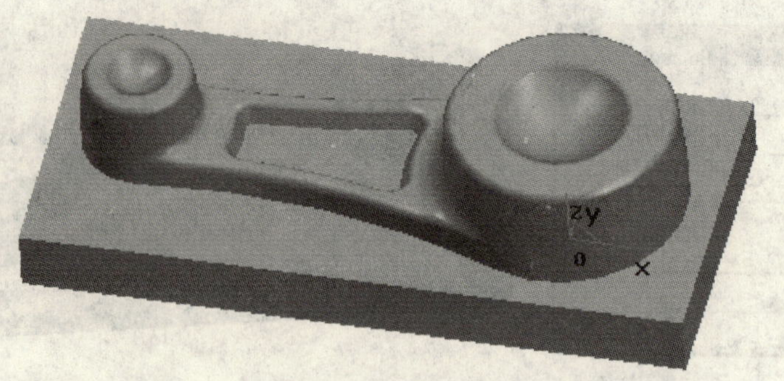

图 4-25 连杆实体

四、建立毛坯模型和尺寸

双击特征树中的“【加工】→【毛坯】”命令，单击“参照模型”后再单击其上面的“参照模型”即出现如图 4-26a 所示的毛坯尺寸参数表，考虑到上表面需有一定的加工余量，修改其 Z 值的有关参数，将拾取的原高度改为“57”，结果为如图 4-26b 所示的框线（为透明状）。

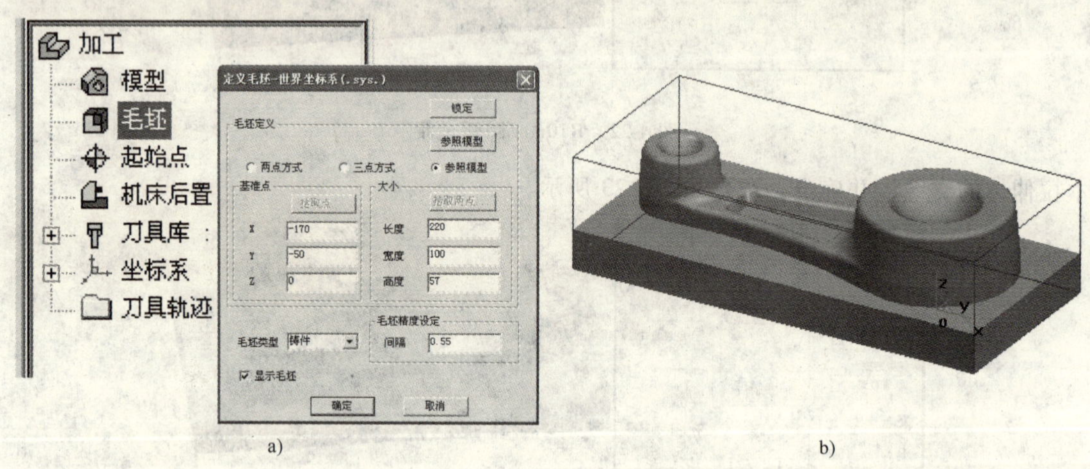

a)　　　　　　b)

图 4-26 建立毛坯模型

【任务三】 加工参数设置

一、工艺方案

（一）选用设备

由于连杆实体结构的特点属于单面加工，故可选用两轴半或三轴联动的立式数控铣床或加工中心加工。

（二）选用夹具

连杆材料的毛坯为 220mm × 100mm × 60mm 的六方体，夹具可选用机用平口钳。

（三）刀具的选择

刀具的选择主要依据具体的加工工艺方案来确定，本教程在设计加工工艺方案时提出了两种加工方法，即【等高线粗加工】和【等高线精加工】。

（1）利用 R6mm 的硬质合金球头铣刀，采用【等高线粗加工】的方法，完成对“连杆型面”部分的粗加工。

（2）利用 R4mm 的硬质合金球头铣刀，采用【等高线精加工】的方法，完成对“连杆型面”部分的精加工。

二、“连杆”加工

连杆件的整体形状较为陡峭，整体加工以选择等高线粗加工和等高线精加工为主。对于凹坑的部分根据加工需要还可以应用曲面区域加工方式进行局部加工。

（一）生成等高线粗加工刀具轨迹

（1）设置粗加工参数。选择“【加工】→【粗加工】→【等高线粗加工】”命令，在弹出的“等高线粗加工”参数表后设置粗加工的参数如图 4-27 所示。

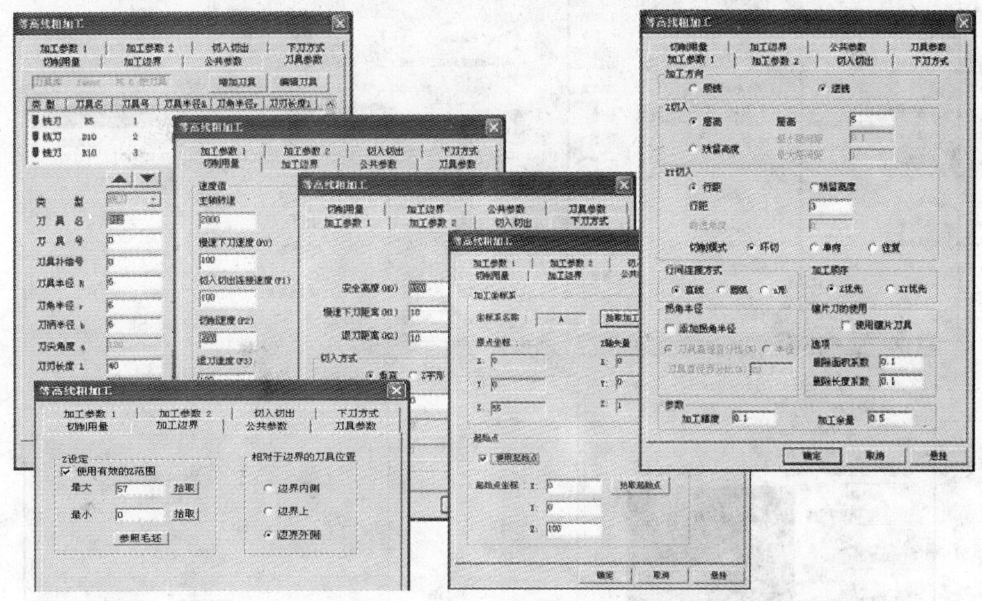

图 4-27　设置等高线粗加工参数

其中，在“加工参数 2”对话框，“区域切削类型”选择“⊙ 抬刀切削混合”；在“切入切出”对话框，“方式”选择“⊙ 不设定”。

（2）填入、修改等高线粗加工的全部加工参数后，单击“确定”，完成参数设定任务。按左下角提示操作，连杆实体如图 4-28 所示，完成加工轨迹（绿色线）如图 4-29 所示。

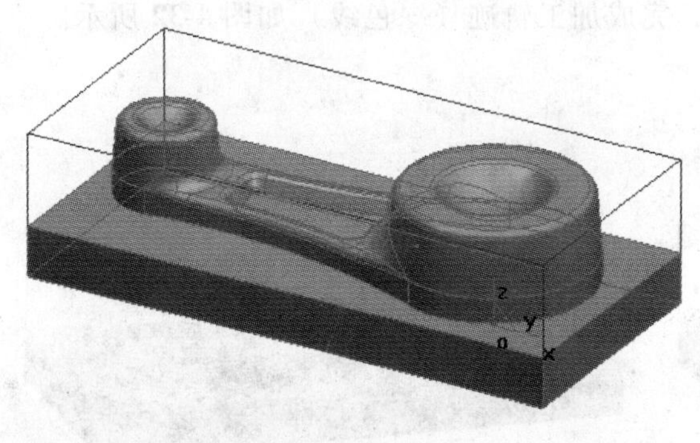

图 4-28　连杆实体

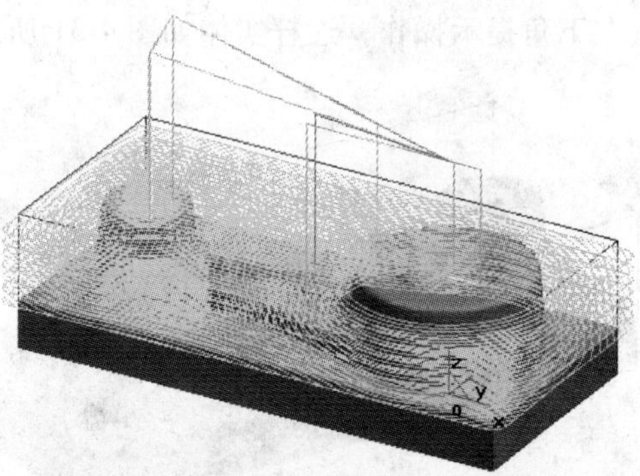

图 4-29　生成等高线粗加工轨迹

（3）隐藏轨迹。单击“【编辑】→【隐藏】”命令，鼠标左键拾取绿色轨迹线，单击鼠标右键确定，即可把等高线粗加工的轨迹隐藏，待以后调用。

（二）生成等高线精加工刀具轨迹

（1）设置精加工参数。选择“【加工】→【精加工】→【等高线精加工】”命令，在弹出的“等高线精加工”参数表后设置相关的精加工参数，如图 4-30 所示。

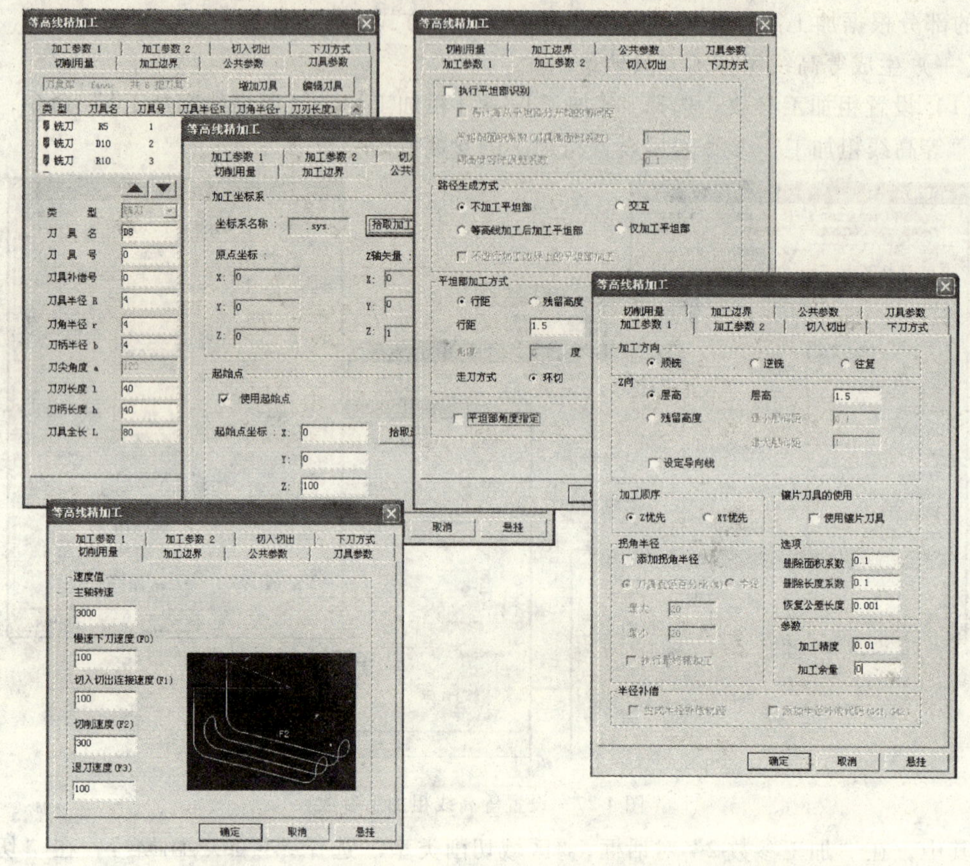

图 4-30　设置等高线精加工参数

其中，“下刀方式”、“加工边界”、“切入切出”对话框，选择参数与粗加工相同。

（2）填入、修改等高线精加工的全部加工参数后，单击“确定”，完成参数设置任务。按左下角提示操作，连杆实体如图 4-31 所示，完成加工轨迹（绿色线）如图 4-32 所示。

图 4-31　连杆实体　　　图 4-32　生成等高线精加工轨迹

【任务四】 自动编程与仿真

（一）实体仿真

选择“【加工】→【实体仿真】”方式，并按左下角提示完成相应操作。图 4-33 所示为等高线粗、精加工仿真效果图，绿色为粗加工仿真效果，蓝色为精加工仿真效果。

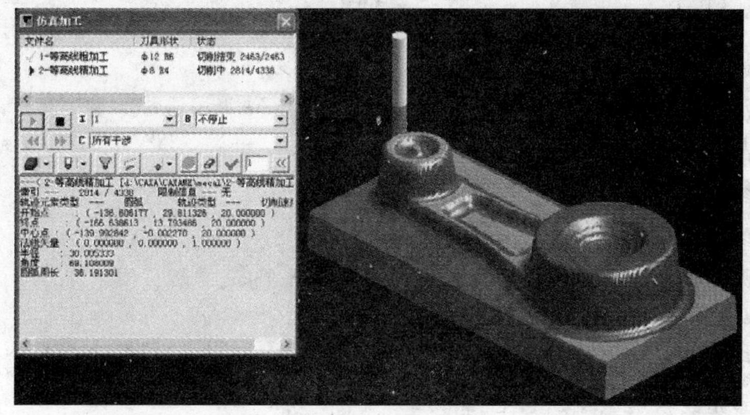

图 4-33 等高线粗、精加工仿真效果图

（二）生成加工程序

（1）设置参数。单击“【加工】→【后置处理】→【机床后置】”命令，①选择“机床信息”对话框。确定数控系统及程序代码的相关参数：选择“当前机床”为“fanuc”，其他编程的代码指令与规定相符，不再修改和重新设定；②选择“后置处理”对话框。后置文件扩展名为. cut，程序名可任意设定，如 0001；其他已有的内容满足此工件的程序结构要求，可不做修改或重新填写。单击“确定”完成“机床后置”的基本内容。

（2）生成 G 代码。单击“【加工】→【后置处理】→【生成 G 代码】”命令，出现“选择后置文件”对话框，将文件名设定为指定的序号（如 0001），单击“保存”，屏幕状态栏提示“拾取刀具轨迹”，按要求单击刀具轨迹（变成红色），单击鼠标右键确认，立即弹出加工 G 代码程序文件，如图 4-34 所示，保存即可。

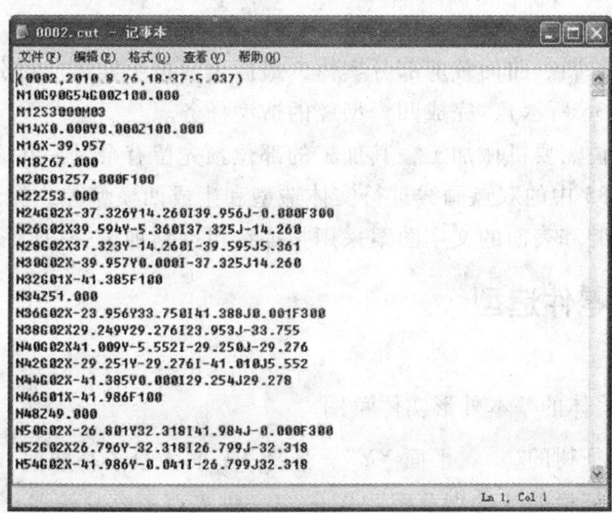


```
(0002,2010.8.26,18:37:5.937)
N10G90G54G00Z100.000
N12S3000M03
N14X0.000Y0.000Z100.000
N16X-39.957
N18Z67.000
N20G01Z57.000F100
N22Z53.000
N24G02X-37.326Y14.260I39.956J-0.000F300
N26G02X39.594Y-5.360I37.325J-14.260
N28G02X37.323Y-14.260I-39.595J5.361
N30G02X-39.957Y0.000I-37.325J14.260
N32G01X-41.385F100
N34Z51.000
N36G02X-23.956Y33.750I41.388J0.001F300
N38G02X29.249Y29.276I23.953J-33.755
N40G02X41.009Y-5.552I-29.250J-29.276
N42G02X-29.251Y-29.276I-41.010J5.552
N44G02X-41.385Y0.000I29.254J29.278
N46G01X-41.986F100
N48Z49.000
N50G02X-26.801Y32.318I41.984J-0.000F300
N52G02X26.796Y-32.318I26.799J-32.318
N54G02X-41.986Y-0.041I-26.799J32.318
```

图 4-34 G 代码程序文件

(3) 此方法适用于生成粗、精加工的 G 代码程序文件。

(三) 生成加工工艺单

(1) 单击“【加工】→【工艺清单】”命令，弹出“工艺清单”对话框，分别填入“零件名称”、“零件图图号”、“零件编号”、及设计、工艺、校核人员的姓名等内容，然后单击“拾取轨迹”，按状态栏的提示拾取刀具加工轨迹（粗、精加工均有），单击鼠标右键；再单击“生成清单”，将生成“工艺明细表、机床、起始点、模型、毛坯”、“功能参数”、“刀具”、“刀具轨迹”和 G 代码等工艺清单。

(2) 工艺清单的内容主要有：

① 明细表、机床、起始点、模型、毛坯。

② 功能参数。

③ 刀具参数。

④ 刀具轨迹。

⑤ G 代码。

至此，连杆的造型、生成加工轨迹、加工轨迹仿真、生成 G 代码、生成加工工艺清单的工作已经全部完成。

项目二　活扳手体凹模的自动编程

【任务一】 图样分析

活扳手是机械制造业和人们日常工作、生活中不可缺少的基本工具。活扳手在使用中要受到较大的扭矩，应具有较强的刚性。在活扳手的制造工艺中除了要选择具有较强刚性的金属材料外，在毛坯制造方法上选择锻压成形工艺。锻造必须要有一定角度的拔模斜度，同时加工部位要有足够的加工余量（此毛坯确定加工余量为 4mm）。毛坯成形后局部再经过机械加工、组装后成为人们常用的机械工具。

由图 4-35 所示可知活扳手体的基本构造是两面形状基本相同（除文字外）的实体，形状具有一定的复杂性，编程时选择活扳手体 Φ17mm 孔的中心为基准点。其造型方法主要有实体拉伸增料、拉伸除料、曲面裁剪部分实体，最后由活扳手实体反衬分模形成上下两个锻造凹模型腔（如图 4-36 所示），完成凹模型腔的造型任务。

活扳手的工作部位需要机械加工，其加工的部位预先留有余量，在设计凹模时应注意考虑此问题，要按图 4-35 中的双点画线进行实体造型和生成凹模型腔，保证有足够的加工量。

活扳手体凹模型腔和表面的文字图案采用扫描线粗、精加工完成。

【任务二】 零件造型

一、拉伸实体

(一) 绘制活扳手体的基本外形实体草图

(1) 单击零件特征树的“平面 XY”，选择 XY 面为绘图基准面。

(2) 单击状态特征栏的“绘制草图”图标，进入草图绘制状态。

(3) 绘制整圆。单击“曲线生成栏”上的“整圆”图标选择“圆心_半径”方式，

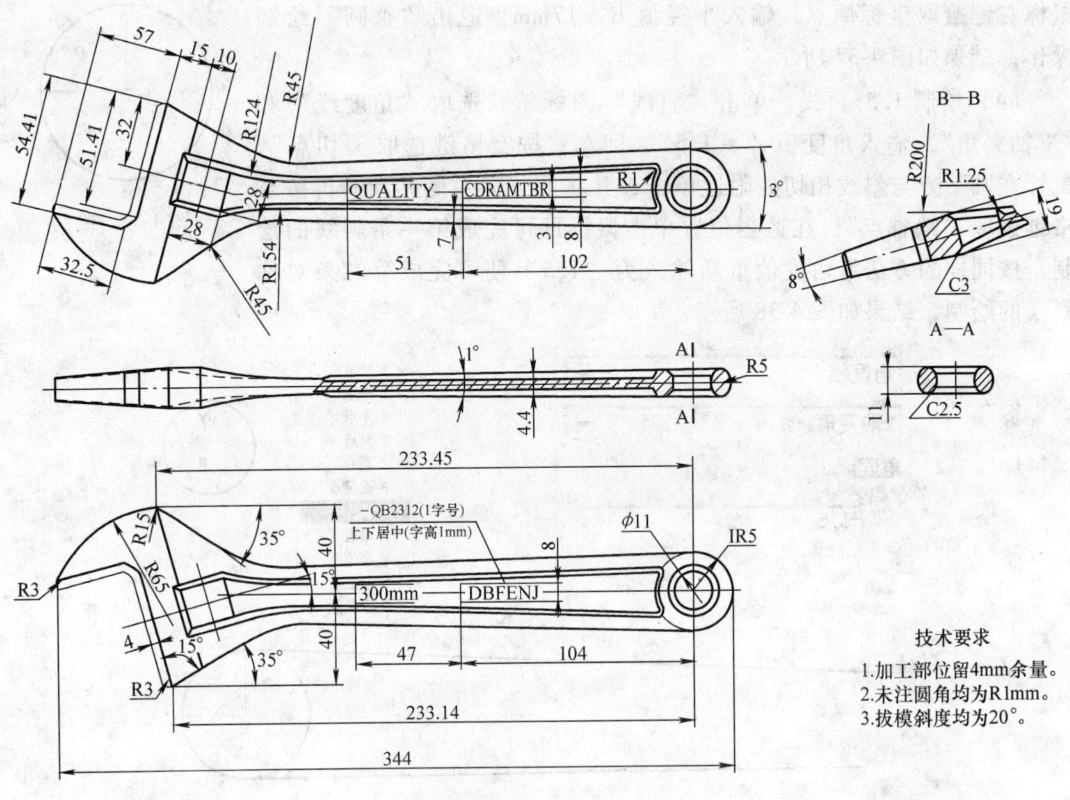

图 4-35　活扳手体零件图

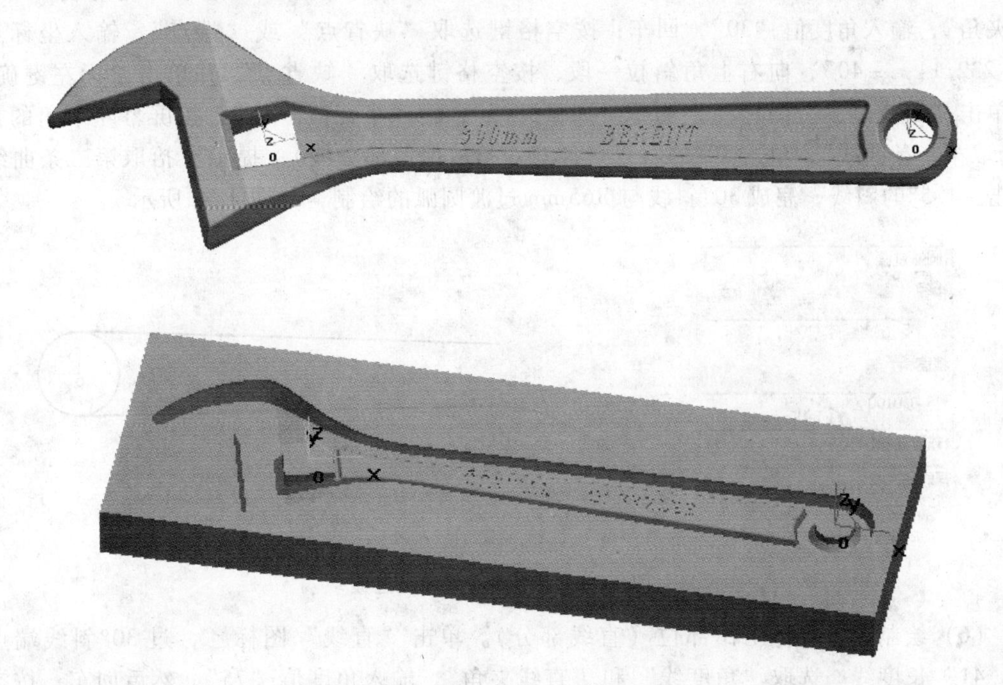

图 4-36　活扳手体实体和锻造凹模

鼠标右键拾取坐标原点，输入半径值 R = 17mm，退出“整圆”绘制操作，结果如图 4-37 所示。

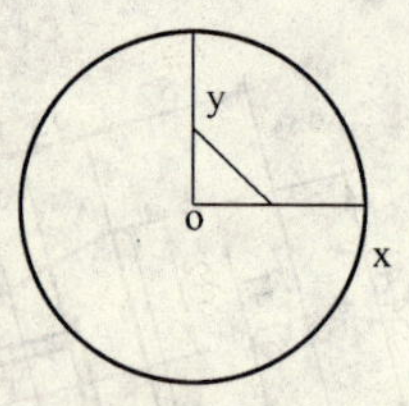

图 4-37 绘制“整圆”

(4) 绘制 1.5°斜线。单击“直线”图标，选取“角度线”和“X 轴夹角”，输入角度值“-1.5”，回车；按空格键选取“切点”，鼠标在圆下方与斜线相切处附近单击，并将此线向左侧移动，再按空格键选取“缺省点”，在适当位置单击鼠标即可完成第一条斜线的绘制。按同样的方法将角度值重新输入为“1.5”便可完成第二条对称斜线的绘制，结果如图 4-38 所示。

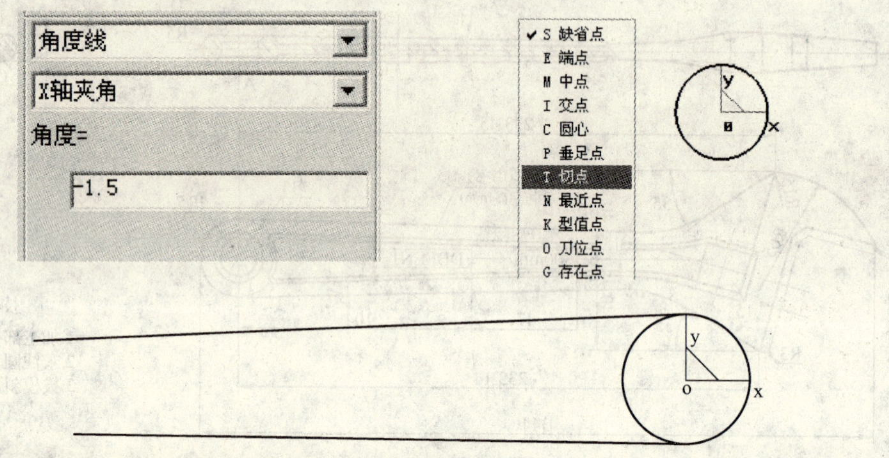

图 4-38 斜线的绘制

(5) 绘制 30°斜线与 R65mm 过渡圆弧。单击“直线”图标，选取“角度线”和“X 轴夹角”，输入角度值“30”，回车；按空格键选取“缺省点”或“端点”，输入坐标点值“-232.14，-40”，向右上角斜拉一段，按空格键选取“缺省点”并单击鼠标左键确定；再单击“曲线过渡”图标，选择“圆弧过渡”，输入半径值“65”，按屏幕左下角的提示“拾取第一条曲线”，单击 30°的斜线（注意：拾取保留部分线）；提示“拾取第二条曲线”，单击 -1.5°的斜线，完成 30°斜线与 R65mm 过渡圆弧的绘制，如图 4-39 所示。

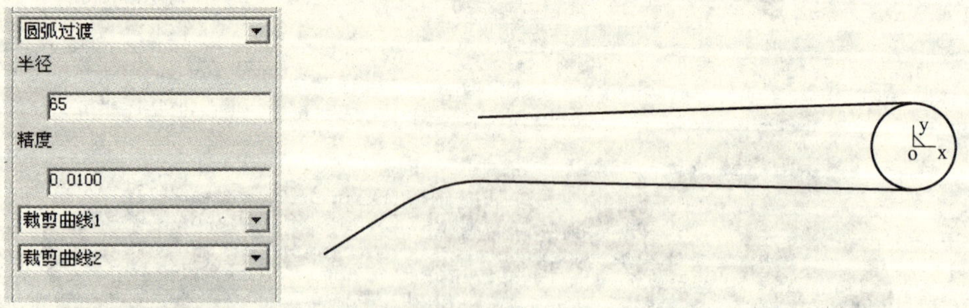

图 4-39 下部斜线与圆弧过渡

(6) 绘制活扳手体工作部位（直线部分）。单击“直线”图标，过 30°斜线端点作“51.41”长度线。选取“角度线”和“直线夹角”，输入角度值“75”，然后回车；按空格键选取“端点”，向左上角拉出一段距离（一定要长于 51.41mm），单击鼠标左键确定；再过此线端点作该线的法线，单击“直线”图标，选取“切线/法线”和选择“法线”，长度确定“74”（37 长度的 2 倍），拾取 75°斜线和端点，生成一法线如图 4-40a 所示，双击鼠标右键退出，单击“曲线裁剪”图标，将法线右端部分剪掉，结果如图 4-40b 所示。

图 4-40 法线的生成与裁剪

单击“等距线”图标，选取“单根曲线”和选择“等距”，距离确定“58.41”；单击生成的“法线”，再拾取左上方箭头，同样方法作距离 51.41mm 的等距线和另一方 4.5mm 的等距线。单击“直线”图标，选择“两点线”、“单个”、“非正交”，连接两个交点；分别单击“曲线裁剪”和“删除”图标、裁剪多余线；形成图 4-41b 所示形状；最后再选取“等距线”图标，分别作已生成直线的等距线，距离均为 4mm 并将底部尖角 R3mm 过渡，结果如图 4-41c 所示。

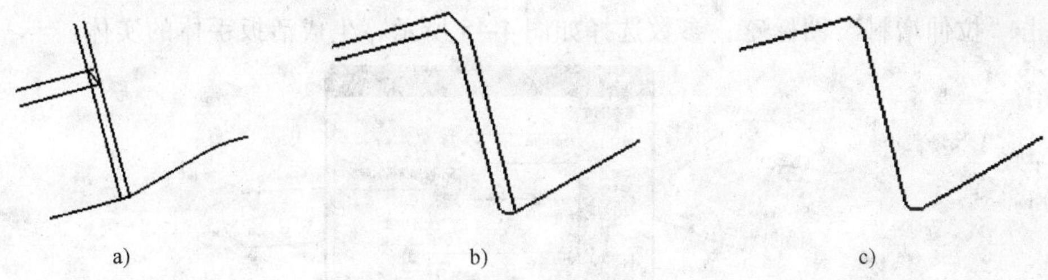

图 4-41 等距线的生成与裁剪

（7）绘制活扳手体后背部位轮廓曲线。单击“直线”图标，选择“角度线”和“X 轴夹角”，输入角度值“-35”，回车；按空格键选取“缺省点”或“端点”，输入坐标点值“-238.05，40”，向右下方斜拉一段，按空格键选取“缺省点”并单击鼠标左键确定；再单击“曲线过渡”图标，选择“圆弧过渡”，输入半径值“65”；按屏幕左下角的提示“拾取第一条曲线”，单击 -35°的斜线（拾取线变红）（注意：拾取保留部分线）；提示“拾取第二条曲线”，单击 1.5°的斜线，完成 -35°斜线与 1.5°斜线 R65mm 圆弧过渡，结果如图 4-42 所示。

（8）绘制 R65mm 圆弧与 R15mm 的过渡圆弧。单击“圆弧”图标，选择“两点_半径”，拾取上部 -35°线的端点和坐标点“-289.126，6.577”（圆弧与直线的延长交点），输入圆弧半径值“65”，回车；再单击“曲线过渡”图标，输入圆弧过渡半径值“15”，分别拾取 R65mm 和 -35°斜线，即可完成圆弧过渡，结果如图 4-43 所示。

（9）R3mm 圆弧过渡并删除多余线段。单击“圆弧过渡”图标，输入圆弧过渡半径值“3”，分别拾取 58.41mm 直线，即可完成圆弧过渡；应用“曲线裁剪”图标、“删除”图标裁剪、删除多余线，结果如图 4-44 所示。

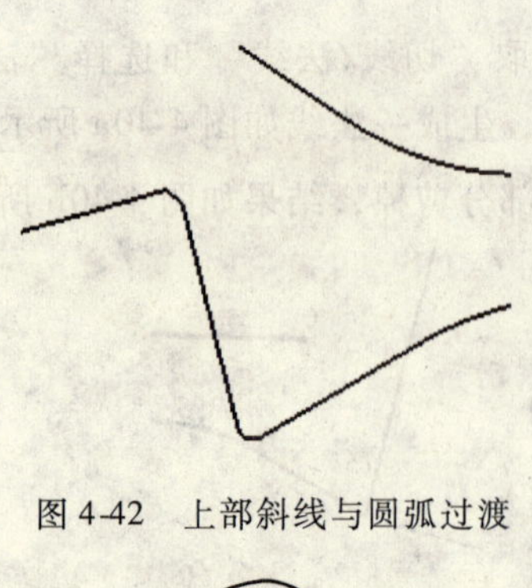

图 4-42　上部斜线与圆弧过渡

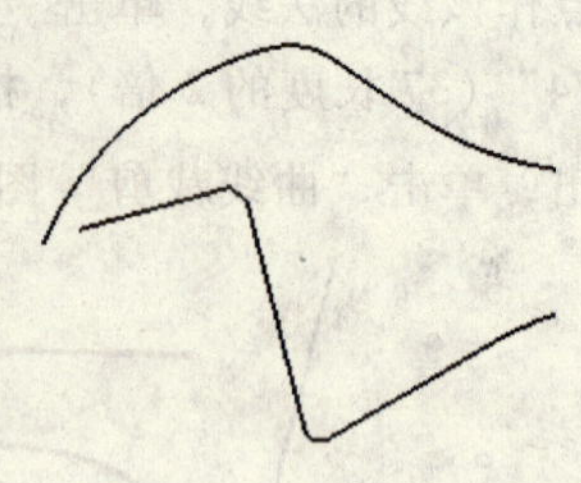

图 4-43　R65mm 圆弧与 R15mm 过渡

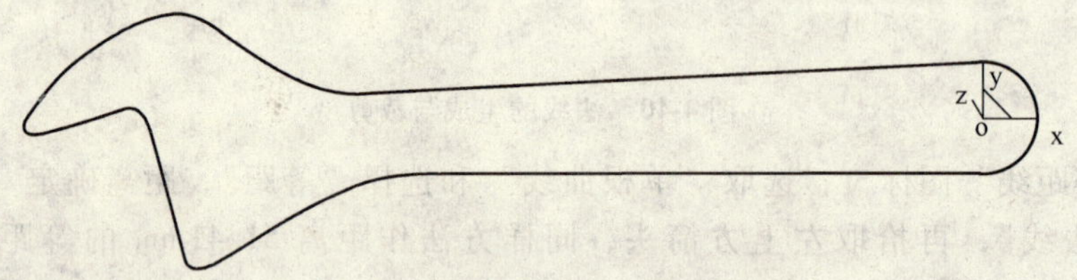

图 4-44　R3mm 圆弧过渡与多余曲线删除

（10）单击“检查草图环是否封闭”图标，确定草图绘制符合软件应用的要求，草图不存在开口环。退出草图，到此完成活扳手体外轮廓的草图绘制。

（二）生成活扳手体的实体

单击“拉伸增料”图标，参数选择如图 4-45 所示，生成活扳手体的实体。

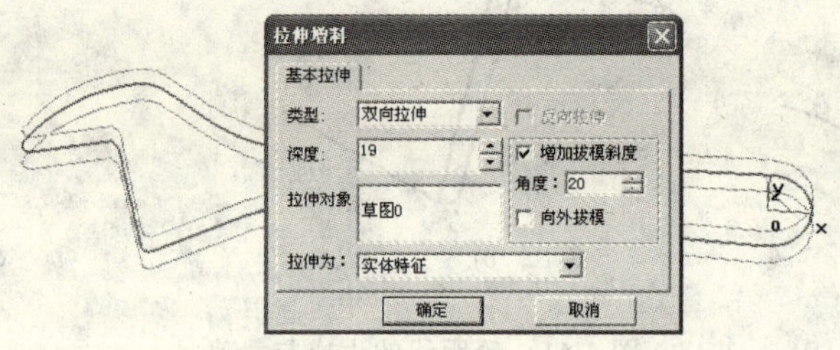

图 4-45　生成活扳手体实体的步骤

圆弧过渡棱边。单击“过渡”图标，参数选择如图 4-46 所示，然后按左下角“拾取要过渡的边或面”的提示，依次拾取“需过渡的元素”的各个边（外轮廓的周边）。单击“确定”，完成活扳手体圆弧过渡。

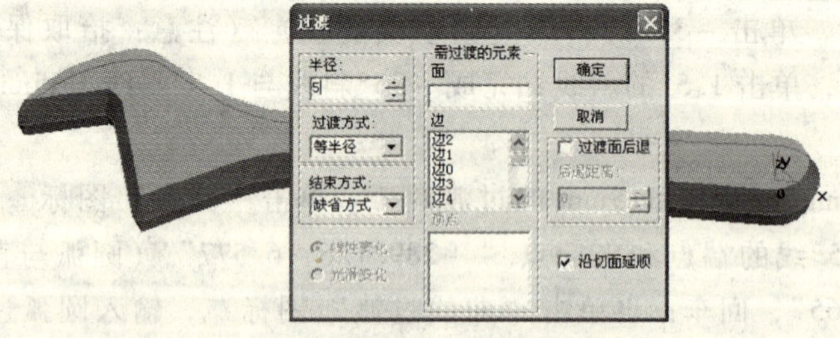

图 4-46　活扳手体圆弧过渡

二、曲面裁剪实体

（一）绘制活扳手体工作部位 8°双斜面并裁剪实体

（1）创建用户坐标系 A。按“F9”键选取“XY 平面”。单击“直线”图标，选取

“角度线”和“X 轴夹角”，输入角度值“105”，然后回车，按空格键选取“缺省点”或“端点”，输入坐标点值“-232.14，-40”，向左上方斜拉一段（超出实体部分即可），按空格键选取“缺省点”并单击鼠标左键确定；然后作“平行线”，距离“25”，方向选择右侧；再作过105°斜线端点法线，并向上平移31mm，与前一条线形成垂直交线（实际为方孔的中心点），删除作图线，结果如图4-47所示。

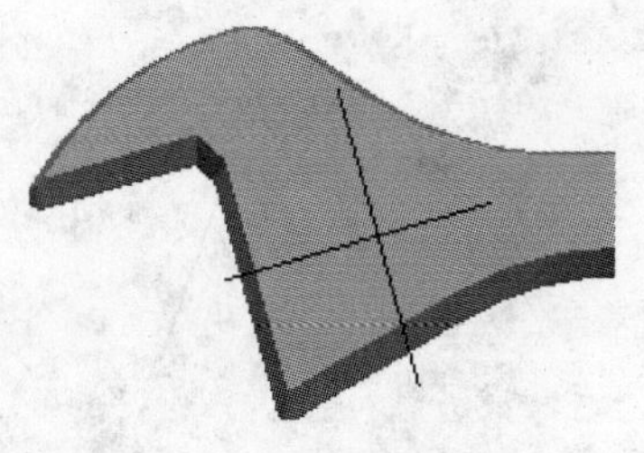

图4-47 绘制用户坐标系A的基准线

单击主菜单的“【工具】→【坐标系】→【创建坐标系】”，在“立即菜单”中选择“两相交直线”，按左下角的提示：“拾取第一条直线（X 轴）”，单击靠近趋向X轴的线，再按提示：“选择X轴方向”，拾取右侧的箭头；继续按左下角的提示设定Y轴及其正方向；“请输入用户坐标系名称”：键入“A”回车，完成用户坐标系的创建（创建后处于激活状态），结果如图4-48所示。

图4-48 创建用户坐标系的操作

（2）生成曲面裁剪的第一条素线。单击“平移”图标，在立即菜单中选取“偏移量”，将两条线向Z正方向、向X负方向分别平移9.5mm和10mm；完成曲面裁剪第一条素线的绘制如图4-49所示。

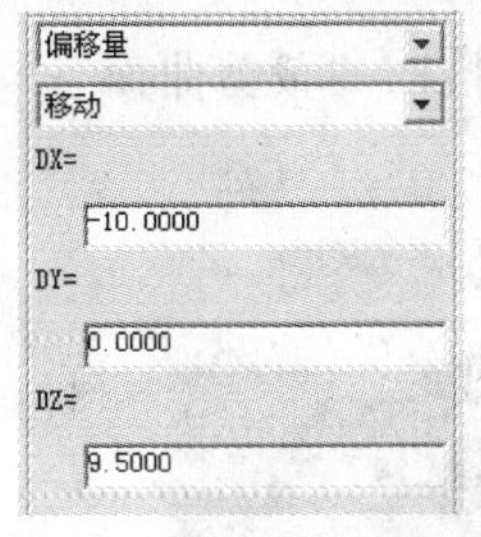

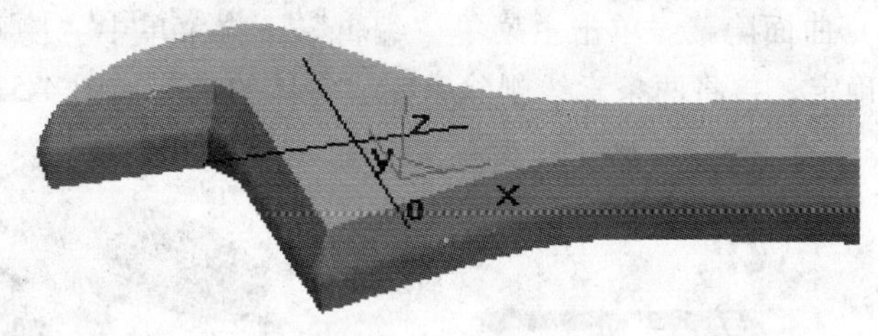

图4-49 曲面裁剪的第一条素线

（3）按F9键选取“ZX平面”。单击“直线”图标，选取“角度线”、“X 轴夹角”，“角度”设定“4”，拾取第一条素线与X轴上平行线的交点，向左拉延至实体的外边，单击鼠标左键确定，单击鼠标右键退出；选取“平行线”、“过点”，作第一条素线平行线至4°线的左端，单击鼠标左键确定，单击鼠标右键退出；删除其余作图线，生成图4-50所示的裁剪曲面的两条素线。

（4）生成裁剪曲面。单击“直纹面”图标，立即菜单中选择“曲线+曲线”，分别拾取两条素线，生成一平面，若曲面没有覆盖全部实体，则再单击“曲面延伸”图标，选取“长度=20”（满足有一定的延伸面即可），分别点击曲面没有覆盖的边缘，将原曲面向外部延伸，生成的裁剪曲面如图4-51所示。

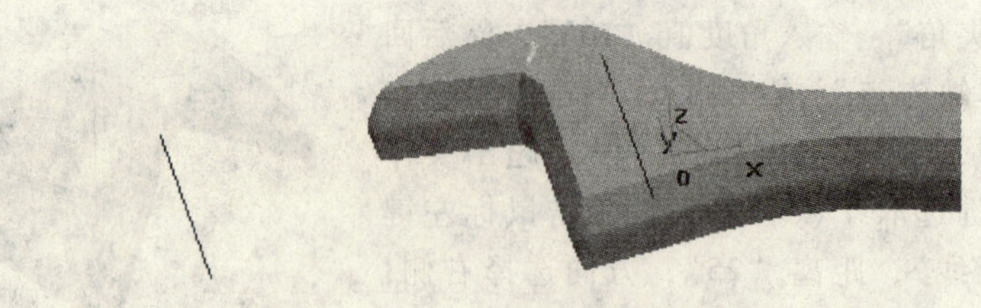

图 4-50　裁剪曲面的两条素线

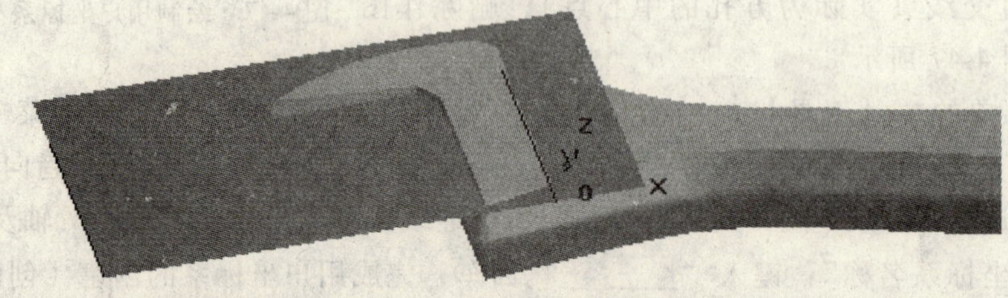

图 4-51　生成的裁剪曲面

（5）裁剪实体。单击“曲面裁剪除料”图标，拾取生成的曲面完成“裁剪曲面”的“1 张曲面”，曲面上的箭头朝上即是“除料方向选择”的内容，单击鼠标左键确定，完成曲面裁剪工作如图 4-52 所示。

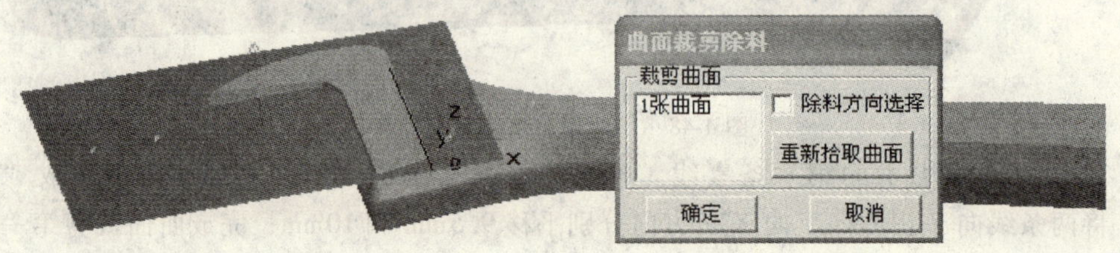

图 4-52　曲面裁剪除料

（6）曲面隐藏。单击主菜单“编辑”下拉菜单中“隐藏”，拾取“裁剪曲面”，单击鼠标右键确定，再将两条素线删除，完成实体的裁剪如图 4-53 所示。

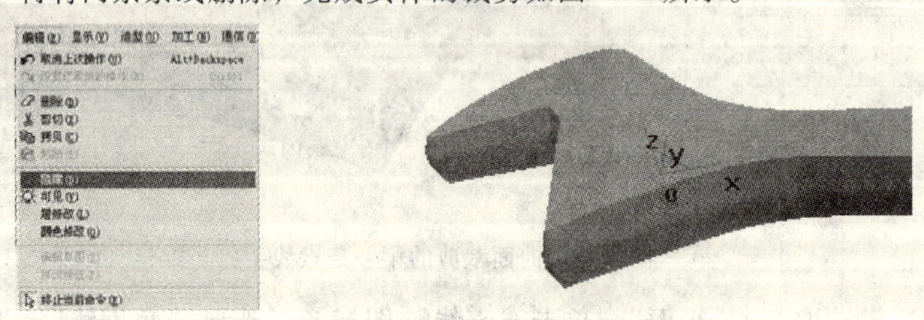

图 4-53　曲面裁剪后的实体

（7）按上述（1）~（6）的相同步骤生成曲面、裁剪活扳手体另一侧的实体如图 4-54 所示。

（二）绘制活扳手体手柄部位的曲面并裁剪实体

（1）激活世界坐标系。单击主菜单的“【工具】→【坐标系】→【激活坐标系】”，在出现的对话框中单击“. sys”，再依次单击“激活”、“激活结束”，完成坐标系激活工作。

（2）绘制手柄部位 0. 5°斜面的第一条素线。按 F9 键选取“YZ 平面”。单击“直线”图标，立即菜单中选择“两点线”、“单个”、“正交”、“长度方式 =20”，“第一点”拾取

图 4-54　活扳手体工作部位 8°斜面生成的实体

坐标原点，作与 Y 轴的重合线，再单击“曲线拉伸”图标，拾取曲线靠近原点的一端，反向拉伸约 20mm；单击“平移”图标，在立即菜单中选取“偏移量”，设定“DZ = 5. 5”，将直线向上平移 5. 5mm，绘制成裁剪斜面的第一条素线如图 4-55 所示。

图 4-55　裁剪曲面的第一条素线

（3）绘制手柄部位 0. 5°斜面的第二条素线。按 F9 键选取“ZX 平面”。单击“直线”图标，选取“角度线”和“X 轴夹角”，输入角度值“0. 5”，然后回车；按空格键选取“中点”或“端点”，向左侧拉出一段（约 200mm 长），按空格键选取“缺省点”并单击鼠标左键确定；再选取“平行线”，立即菜单中选择“过点”，拾取第一条素线，再拾取 0. 5°线的左端，单击鼠标左键完成第二条线的绘制。删除作图的其他线，生成图 4-56 所示的裁剪 0. 5°曲面的两条素线。

图 4-56　裁剪 0. 5°曲面的两条素线

（4）生成裁剪曲面（一）。单击“直纹面”图标，立即菜单中选择“曲线 + 曲线”，分别拾取两条素线，生成一平面，再单击“曲面延伸”图标，设定“长度 = 20”，单击曲面的右侧，将原曲面向右侧延伸 20mm，生成图 4-57 所示的裁剪曲面（一）。

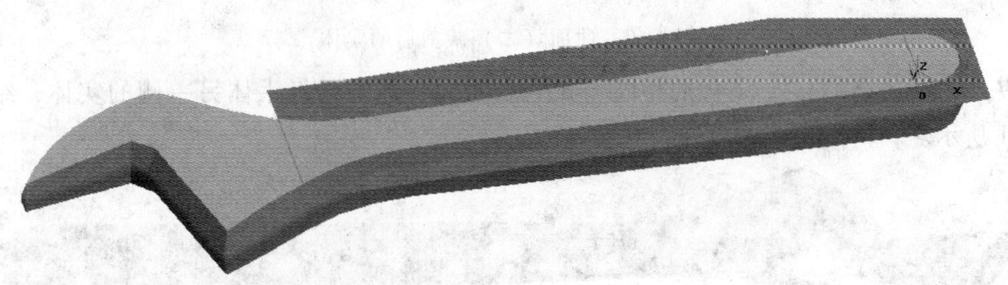

图 4-57　生成的裁剪曲面（一）

（5）生成裁剪曲面（二）。单击“相关线”图标，在立即菜单中选择“实体边界”，鼠标拾取 4°斜面的棱边，生成一直线。又单击“曲面过渡”图标，在立即菜单中选取“曲线曲面过渡”，选取“变半径”和“裁剪曲面”。按左下角的提示：拾取曲面和选择方向——单击曲面和向上的箭头方向；再“指定参考曲线上点并定义半径”，先单击曲线，再单击曲线上的一点（一般显示中点），出现对话框相关数据，仅填入“半径值”为“200”

并单击“确定”即可；单击空白处退出，结果如图 4-58 所示。

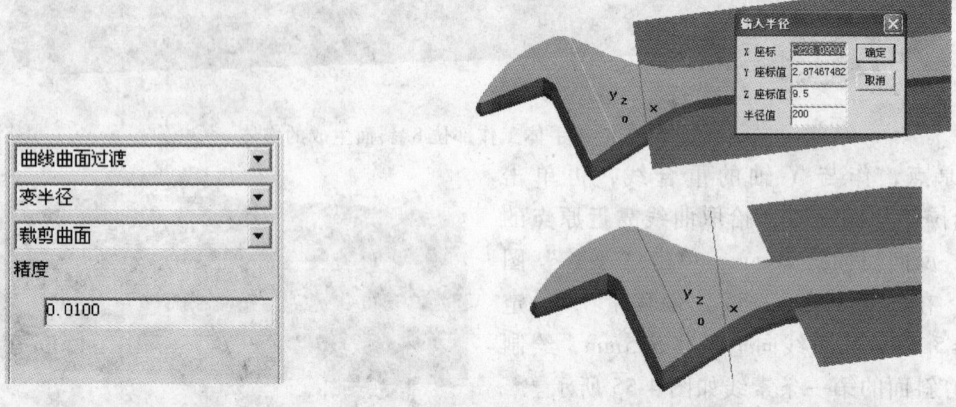

图 4-58　曲线曲面变半径过渡

单击“曲面延伸”图标，选择“长度延伸”，长度值确定为 50mm。分别单击已生成的小曲面的上、下边和 X 轴方向的边，生成图 4-59 所示的裁剪曲面（二）。

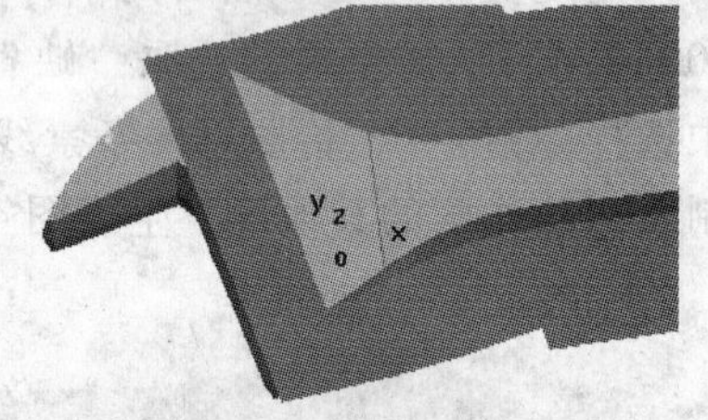

图 4-59　生成的裁剪曲面（二）

（6）裁剪实体。单击“曲面裁剪除料”图标，拾取生成的曲面，完成“裁剪曲面”的“2 张曲面”。曲面上的箭头朝上即是“除料方向选择”的内容，单击“确定”，然后单击主菜单“编辑”中的“隐藏”，框选“2 张曲面”，单击鼠标右键确定。删除作图线和曲面，完成曲面（二）裁剪工作如图 4-60 所示。

图 4-60　曲面（二）裁剪后的实体

（7）按上述（2）~（6）的相同步骤生成曲面、裁剪活扳手体另一侧的实体，结果如图 4-61 所示。

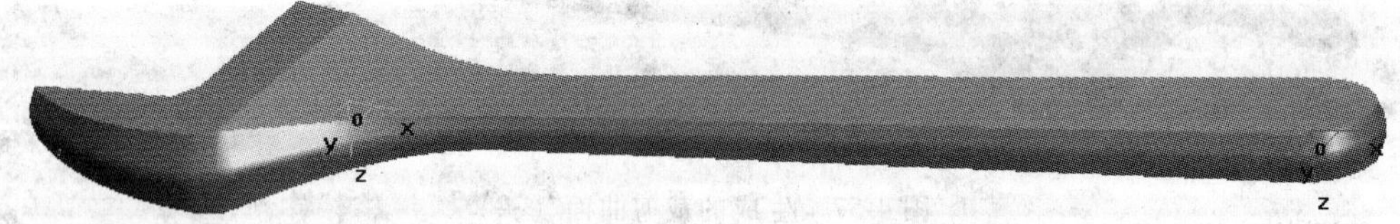

图 4-61　曲面（二）裁剪后实体的另一侧

三、拉伸除料

（一）圆孔拉伸除料

（1）单击零件特征树的“平面 XY”，选择 XY 面为绘图基准面。

（2）单击“绘制草图”图标，进入草图绘制状态。

（3）绘制整圆。单击“曲线生成栏”上的“整圆”图标，在立即菜单中选择“圆心_半径”，鼠标拾取坐标原点，键入半径值“8.5”，退出“整圆”绘制操作，生成圆孔拉伸除料的草图如图 4-62 所示。

图 4-62　圆孔拉伸除料的草图

（4）退出草图绘制状态。单击“拉伸除料”图标，拉伸“类型”选择“贯穿”，“拉伸对象”为包容圆孔的“草图 2”，“拉伸为”实体特征，单击“确定”，生成拉伸除料后的实体如图 4-63 所示。

图 4-63　拉伸除料后的实体

（二）方孔拉伸除料

（1）按激活世界坐标系的操作步骤激活用户坐标系 A。按 F9 键选取“XY 平面”。

（2）单击“直线”图标，选取“水平/铅垂线”、“水平/铅垂”和“长度 = 30”，选择坐标原点，单击鼠标左键确定；分别拾取 X 轴的线作双向平行线，距离为“9”，拾取 Y 轴的线作双向平行线，距离为“9”，并裁剪和删除多余的线，形成正方形框线。

再单击“构造基准面”图标，选择“三点确定基准平面”，单击“构造条件”（左下角提示），鼠标拾取长方形框线的任意三个角点，单击“确定”，结果如图 4-64 所示。

（3）进入草图绘制状态。

（4）绘制方孔草图。单击“直线”图标，选取“两点线”、“连续”、“正交”和“点方式”，依次单击四个框线的交点，形成封闭的四边形，单击鼠标右键退出；单击“检查草图环是否闭合”确认框线是否封闭，单击“确定”，完成草图的绘制，结果如图 4-65 所示。

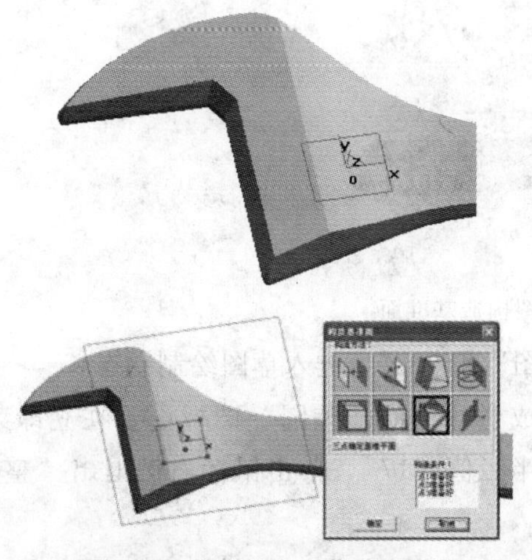

图 4-64　方孔的“构造基准面”

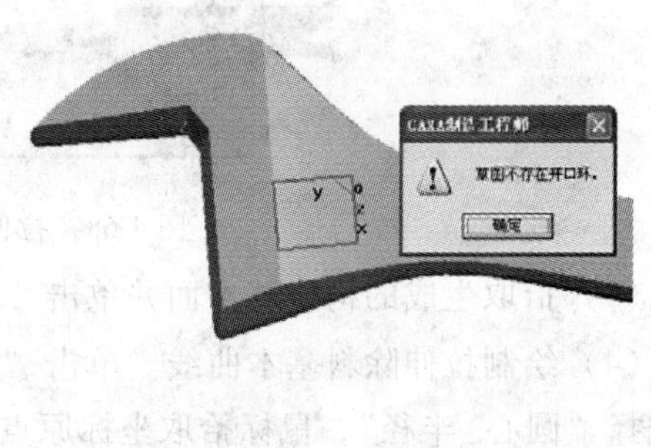

图 4-65　方孔拉伸除料的草图

（5）退出草图绘制状态。

（6）单击“拉伸除料”图标，拉伸“类型”选择“贯穿”，“拉伸对象”为方孔的“草图3”，“拉伸为”“实体特征”，单击“确定”，结果如图4-66所示。

图4-66　拉伸除料后的实体

（三）倒角

（1）单击“倒角”图标，参数的“距离”填入“2.5”，拾取圆孔的上下边，单击“确定”。

（2）单击“倒角”图标，参数的“距离”填入“3”，拾取方孔的上下单边，单击“确定”，结果如图4-67所示。

图4-67　圆孔和方孔倒角

（四）双面凹槽拉伸除料

（1）激活世界坐标系（操作如前）。

（2）绘制凹槽拉伸除料草图。单击“构造基准面”图标，鼠标选取“等距平面确定基准平面”，输入“距离”为“2.2”，“构造条件”单击XY面为基准面，提示为“平面准备好”；单击“确定”，完成拉伸除料草图构造基本面的确定，如图4-68所示。

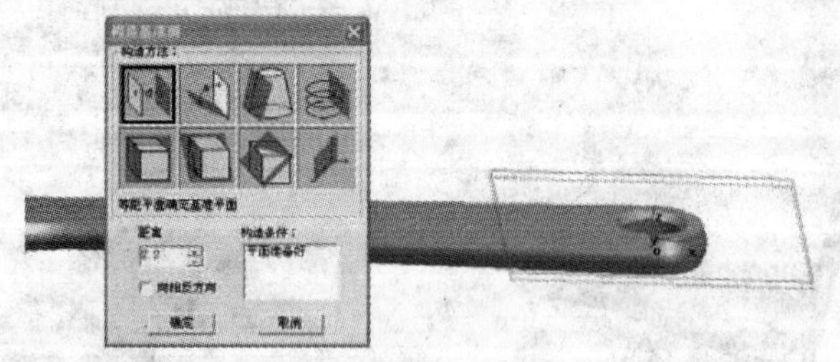

图4-68　拉伸除料草图构造基准面

（3）拾取生成的构造基本面并单击“绘制草图”图标，进入草图绘制状态。

（4）绘制拉伸除料基本曲线。单击“曲线生成栏”上的“整圆”图标，在立即菜单中选择“圆心_半径”，鼠标拾取坐标原点，键入半径值“17”，单击鼠标右键退出“整圆”绘制。

单击“曲线生成栏”上的“直线”图标，选取“角度线”、“X轴夹角”和“角度＝

1.5”，按空格键选“切点”，拾取整圆与角度线相切附近的位置，将角度线向左拉伸一段距离（约200mm），再按空格键拾取“缺省点”，单击鼠标左键，采用相同的方法把“角度”改为“-1.5”；绘制出另一条角度线。

单击“曲线生成栏”上的“直线”图标，分别拾取锥度为3°的两条角度线，作距离为7mm的内侧平行线。

单击“曲线生成栏”上的“曲线过渡”图标，“半径”设定为“1”，分别拾取上角度线和R17mm圆、下角度线和R17mm圆，形成过渡圆弧。

单击“相关线”图标，选取“实体边界”单击方孔的右侧生成一直线，单击鼠标右键退出。

单击“曲线生成栏”上的“圆弧”图标，选取“两点_半径”，拾取方孔的上角点（默认点），按空格键选取“切点”，单击拾取角度线，键入半径“150”，回车。相同方法作另一圆弧曲线，半径为120mm，完成拉伸除料草图（一）的绘制如图4-69所示。

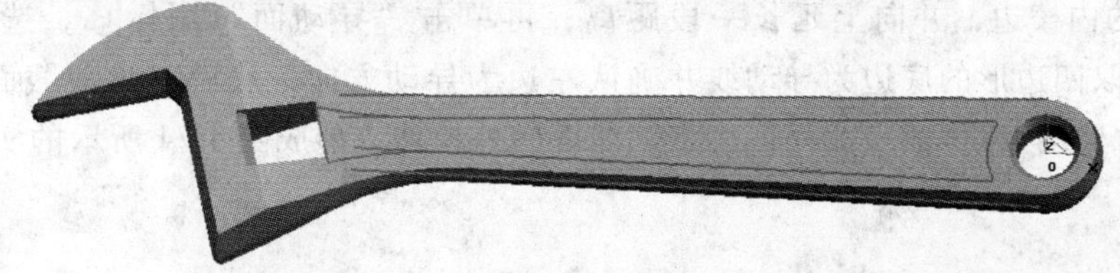

图4-69　拉伸除料草图（一）

分别应用“裁剪”和“删除”图标、去掉多余曲线，再单击“检查草图环是否封闭”图标，检查草图封闭状态，完成拉伸除料草图（二）的绘制如图4-70所示。

图4-70　拉伸除料草图（二）

（5）单击“绘制草图”图标，退出草图绘制状态。

（6）拉伸除料。单击“拉伸除料”图标，按对话框的显示要求填入基本内容，单击“确定”，生成拉伸除料实体如图4-71所示。

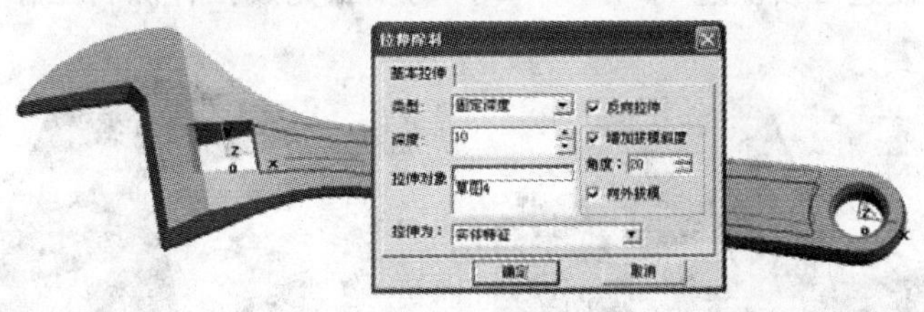

图4-71　拉伸除料实体

（7）按上述（1）~（6）的步骤完成另一侧拉伸除料的工作，生成双侧凹槽拉伸除料实体如图4-72所示。

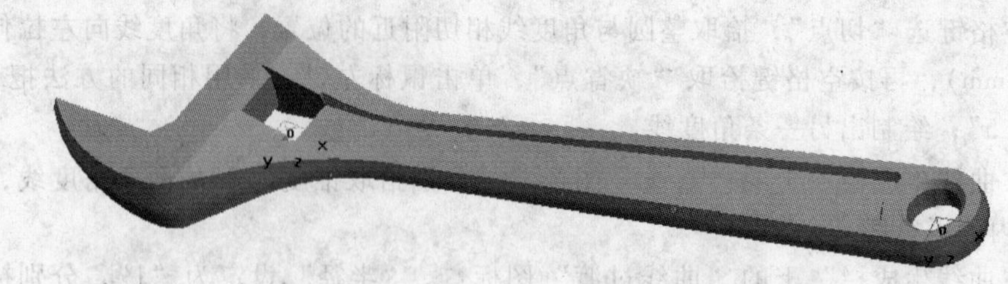

图 4-72　双侧凹槽拉伸除料实体

（五）方孔斜边的处理

（1）单击“曲线生成栏”上的“相关线”图标，选择“实体边界”，鼠标分别拾取图 4-73 所示两条实体的棱边（两条竖线），并向上延长一段距离，在将这两条线的底端和上端分别连接，形成封闭的四边形。

（2）单击“曲线生成栏”上的“相关线”图标，选择“实体边界”，鼠标拾取图 4-74 所示实体的内棱边，并向上延长一段距离；再单击“导动面”图标，选择“平行导动”，鼠标拾取四边形的底边为导动线并确认左边为导动方向，然后“拾取截面曲线”（即选择的实体边界线），生成一曲面，再将该曲面向外拉伸，形成图 4-74 所示的实体边界线和曲面。

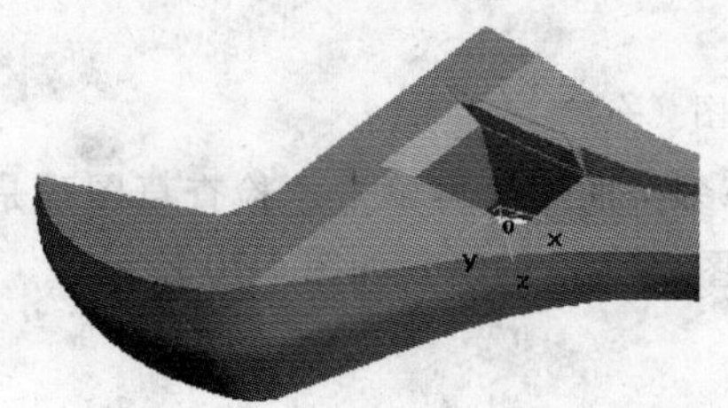

图 4-73　方孔斜边的四边形图

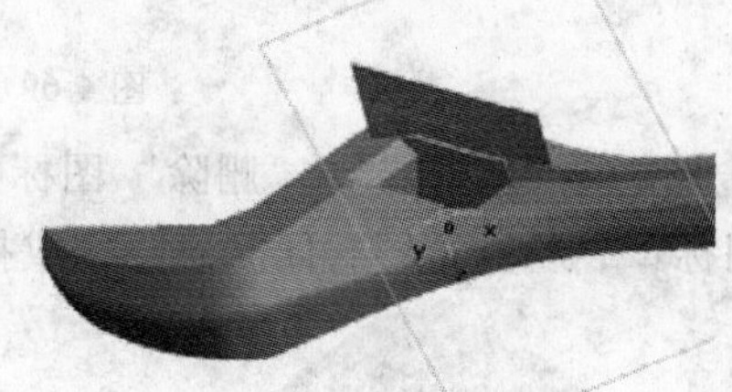

图 4-74　实体边界线和曲面

（3）单击“构造基准面”图标，选取“三点确定基准平面”，鼠标拾取四边形的三个交点，单击“确定”。

（4）单击“绘制草图”图标，进入草图绘制状态，将四边形的四个点依次连接，形成封闭的草图，经检查后再退出草图绘制状态。

（5）拉伸除料。单击“拉伸除料”图标，“类型”选择“拉伸到面”、“拉伸对象”选择刚绘制的草图和曲面，单击“确定”，最后删除曲面和作图线。

（6）其他三个棱边可按上述（1）~（5）的步骤完成拉伸除料工作，形成的实体如图 4-75 所示。

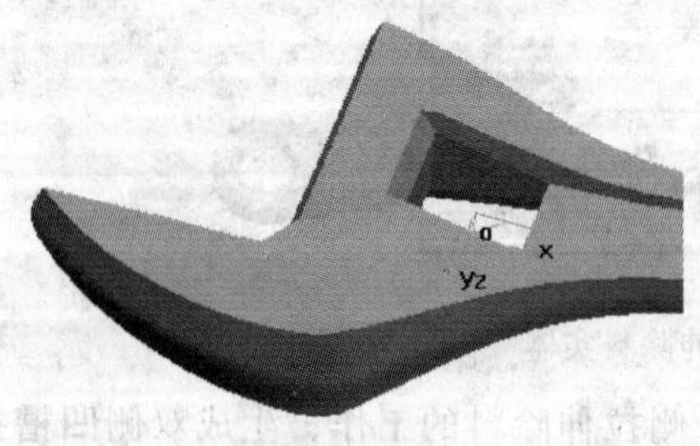

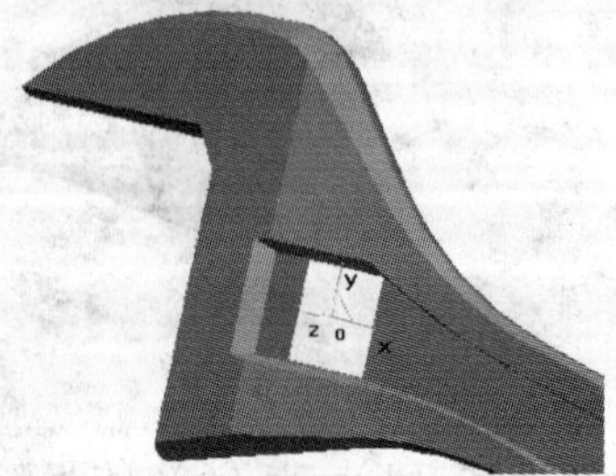

图 4-75　方孔斜边处理的效果

(六）圆弧过渡

单击“特征生成”的“过渡”图标，在对话框中设定“半径”为“1”，“过渡方式”为等半径，拾取实体凹槽表面上的内圆弧过渡棱边并确定，结果如图 4-76 所示。

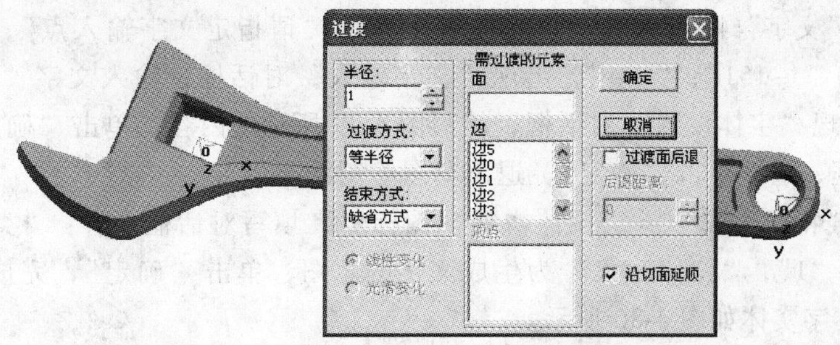

图 4-76　方孔斜圆弧过渡的效果

注意：其他的棱边由于反衬凹模后由球头铣刀的圆角半径自然得到，在绘制零件实体时可以省略该部分的圆弧过渡。

四、其他

（一）R1.25mm 实体

（1）单击主菜单的“【工具】→【坐标系】→【激活坐标系】”，将“A”坐标系激活。

（2）按 F9 键选择“ZX 平面”，单击零件特征树的“平面 ZX”，选择 ZX 面为绘图基准面，再单击曲线生成的“矩形”图标，选择“两点矩形”，“起点”拾取原点作任意大小的矩形。

（3）单击“特征生成”→“基准面”图标，选择“三点确定基准平面”构造方法，鼠标拾取矩形的三个点（第一个点为坐标系的原点）；再单击“绘制草图”图标，进入草图绘制状态。

（4）单击“曲线生成栏”中的“相关线”→“实体边界”，鼠标拾取方孔的一侧内壁，生成一直线；再分别作其 1.25mm、2.5mm 的平行线，并分别拾取 1.25mm 平行线两端点作半径为 1.25mm 的两个圆，裁剪和删除多余线，经检查草图符合封闭要求，生成图 4-77 所示的草图，退出草图绘制状态。

（5）生成 R1.25mm 实体。单击“特征生成”→“增料拉伸”，选取“类型”为“双向拉伸”，“深度”为“20”，单击“确定”，删除作图线，完成实体生成如图 4-78 所示。

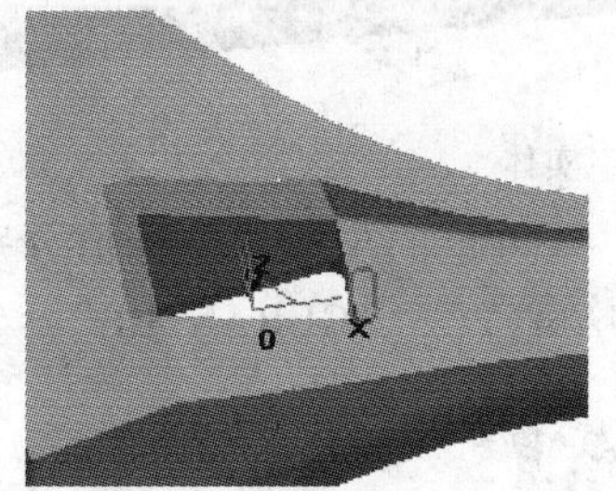

图 4-77　R1.25mm 圆弧的基本草图

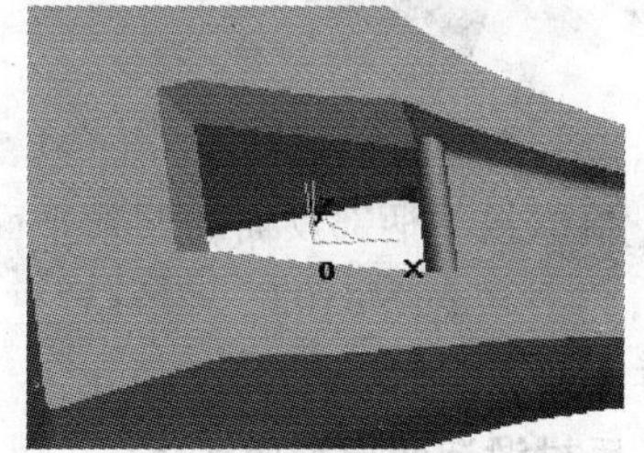

图 4-78　R1.25mm 圆弧的实体

（6）R1mm 圆弧过渡。单击“特征生成”→“过渡”，“半径”设定为“1”，拾取过渡部位（边），单击“确定”。

（二）文字造型

（1）单击主菜单的“【工具】→【坐标系】→【激活坐标系】”，将“.sys.”坐标系激活，按F9键选择“XY平面”。

（2）鼠标拾取凹槽平面，单击“绘制草图”图标，进入草图绘制状态。

（3）单击“文字”图标A，按屏幕左下角提示“请指定文字输入点”，键入文字输入的左下角坐标值“-151”，“-4”，出现“文字输入”对话框，输入文字“300mm”，再单击“设置”，出现“字体设置”对话框，填写图4-79所示的内容，单击“确定”，回到“文字输入”对话框，继续单击“确定”，退出草图绘制状态。

（4）单击“特征生成”→“拉伸增料”图标，填写对话框内容：“类型”为固定深度，“深度”为“1”，“拉伸对象”为生成文字的草图，单击“确定”，完成文字输入和拉伸工作，生成文字实体如图4-80所示。

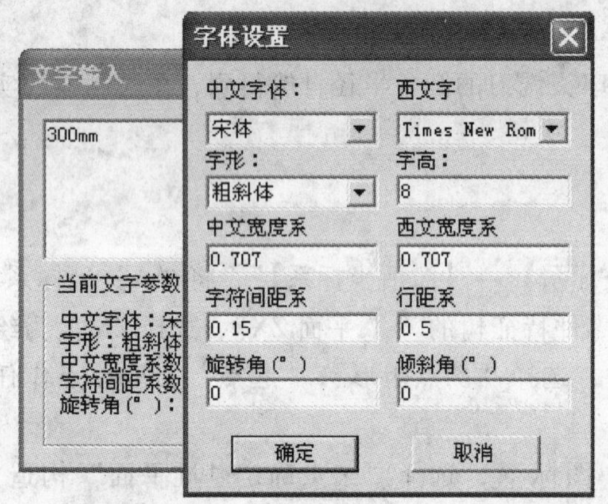

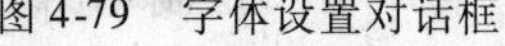

图4-79　字体设置对话框

图4-80　文字实体

（5）按上述（2）~（4）的步骤，坐标值设置为“-104”，“-4”，文字为“BERENT”，生成文字草图，再拉伸成实体如图4-81所示。

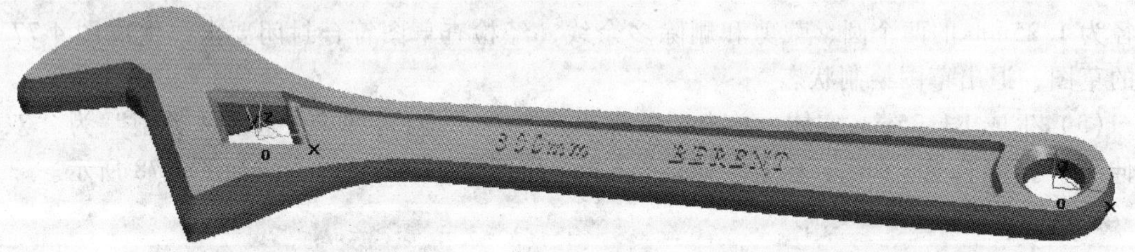

图4-81　扳手柄部的一面文字实体

（6）拾取扳手柄部反面的凹槽平面，按上述（2）~（4）的步骤，坐标值分别设置为“-153”，“-3”；“-102”，“-3”；文字分别为“QUALITY”，“GURANTEE”，生成文字草图，再拉伸成实体如图4-82所示。

五、反衬锻造凹模型腔实体

（1）单击“特征生成”→“型腔”图标，填写对话框内容，将各轴正负方向的毛坯放大尺寸均设定为“10”，单击“确定”，生成一个大于扳手的毛坯实体。

（2）单击“零件特征树”的“平面XY”，再点击“曲线生成栏”的“矩形”图标□，生成大于“型腔”实体的矩形，再点击“曲面生成栏”的“直纹面”图标，选择

图 4-82 扳手柄部的反面文字实体

“曲线 + 曲线”，拾取矩形对边相同的部位，生成型腔实体和分型曲面如图 4-83 所示。

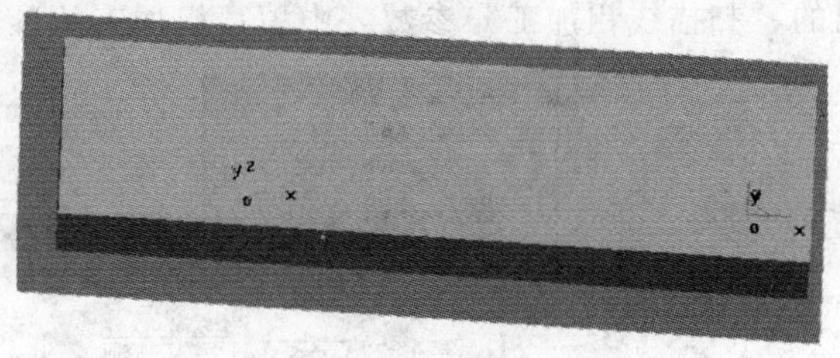

图 4-83 型腔实体和分型曲面

(3) 单击“特征生成”→“分模”图标，分模形式选择“曲面分模”，鼠标拾取生成的曲面，再单击“除料方向选择”使箭头方向向上（将上部实体除掉），最后“隐藏曲面”，删除矩形框线，生成的锻造凹模型腔实体如图 4-84 所示。

(4) 应用上述 (1) ~ (3) 的步骤，生成的锻造凹模型腔另一面实体如图 4-85 所示。

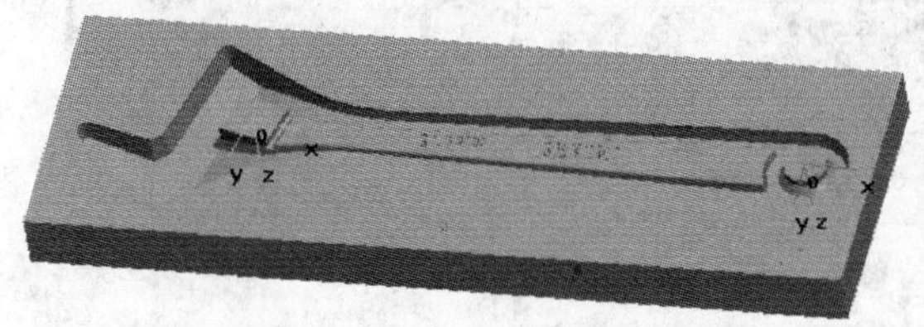

图 4-84 生成的锻造凹模型腔实体

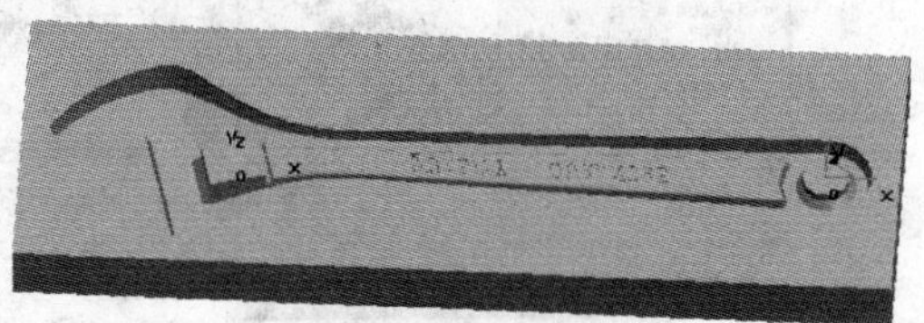

图 4-85 生成的锻造凹模型腔另一面实体

六、建立毛坯模型和尺寸

选择锻造凹模型腔的下模（或上模），双击特征树中的“【加工管理】→【毛坯】”命令，如图 4-86 所示将“两点方式”功能启动，再单击上方的“拾取两点”，鼠标拾取凹模的立体对角点，对话框的基准点和大小均出现坐标值（自动检测的凹模实体实际尺寸），“毛坯类型”选择“锻件”，单击“确定”建立毛坯模型和尺寸。

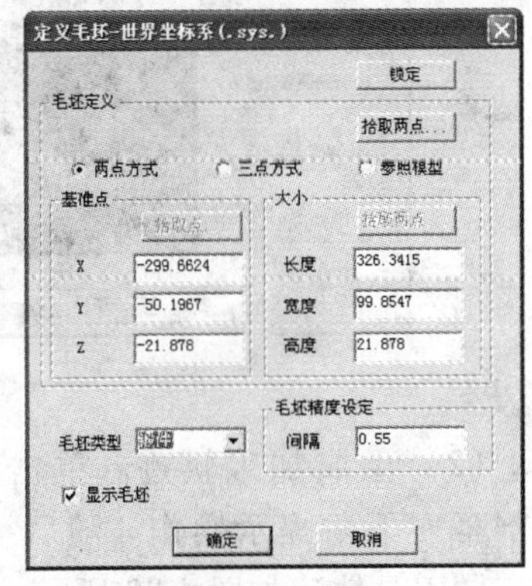

图 4-86 定义毛坯参数

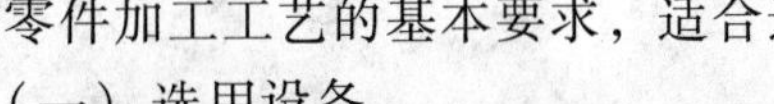

【任务三】 加工参数设置

一、工艺方案

活扳手体锻造凹模型腔结构比较复杂，加工深度较浅，根据零件加工工艺的基本要求，适合选用扫描线粗、精加工。

(一) 选用设备

活扳手体锻造凹模型腔属于单方向成形零件，两轴半联动加工即可满足加工工艺要求，选择立式数控铣床或加工中心来完成此件的加工。

(二) 选用夹具

锻造凹模材料的毛坯为326mm×100mm×22mm的六方体，夹具可选用精密机用平口钳。

（三）刀具的选择

刀具选择是根据零件基本结构和加工工艺方案来确定的。此活扳手体的最小曲率半径为R1mm，精加工选择刀具的刀尖角半径必须小于或等于1mm，所以精加工比较适宜选择R1mm球头刀，粗加工选择R3mm球头刀，刀具材质均为硬质合金。

二、活扳手体加工

（一）生成扫描线粗加工刀具轨迹

（1）设置粗加工参数。选择“【加工】→【粗加工】→【扫描线粗加工】”命令，在弹出的“扫描线粗加工”参数表中填写粗加工的各项参数，结果如图4-87所示。

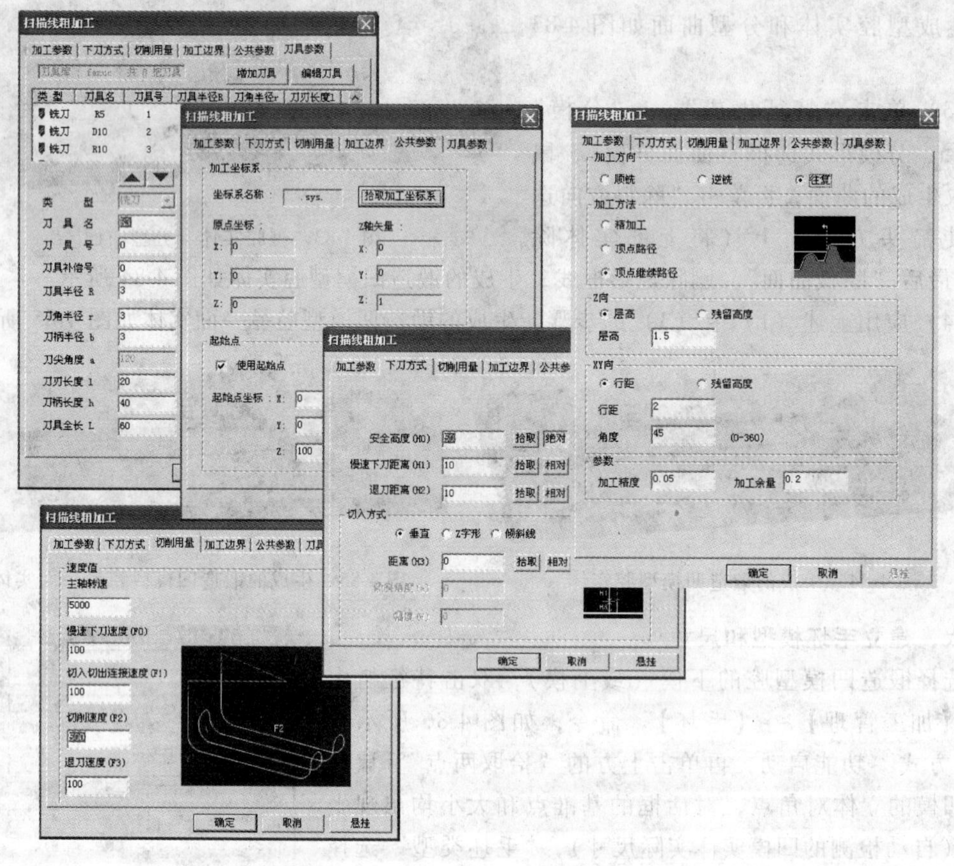

图4-87 扫描线粗加工参数设置

（2）生成加工轨迹。单击“确定”后，按屏幕左下角提示操作。随后生成扫描线粗加工的刀具轨迹如图4-88所示。

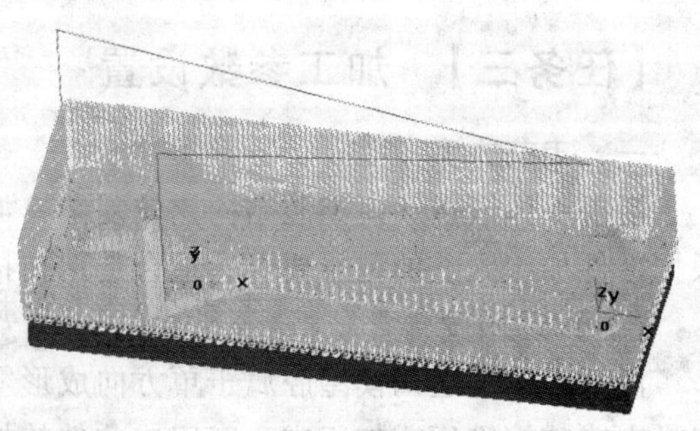

图4-88 扫描线粗加工刀具轨迹

（3）隐藏轨迹。鼠标左键单击灰色轨迹线（轨迹线变成红色），右键确定并在显示的菜单中单击“隐藏”，完成扫描线粗加工轨迹的隐藏，待以后调用。

（二）生成扫描线精加工刀具轨迹

（1）设置精加工参数。选择“【加工】→

【精加工】→【扫描线精加工】”命令，在弹出的“扫描线精加工”参数表中填写精加工的各项参数，结果如图 4-89 所示。

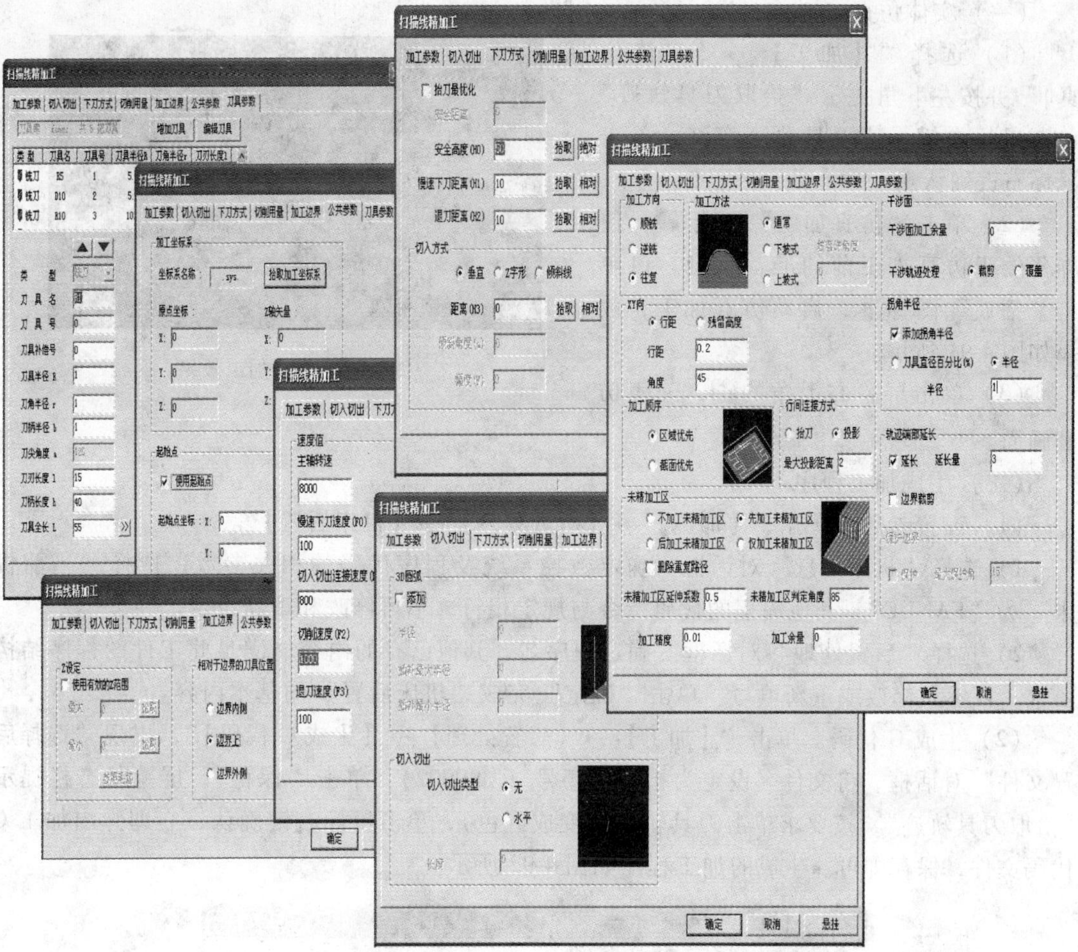

图 4-89　扫描线精加工参数设定

参数设定后，单击“确定”完成“扫描线精加工”参数的设置。

（2）生成加工轨迹。单击“确定”后，按屏幕左下角提示操作。随后生成扫描线精加工的刀具轨迹如图 4-90 所示。

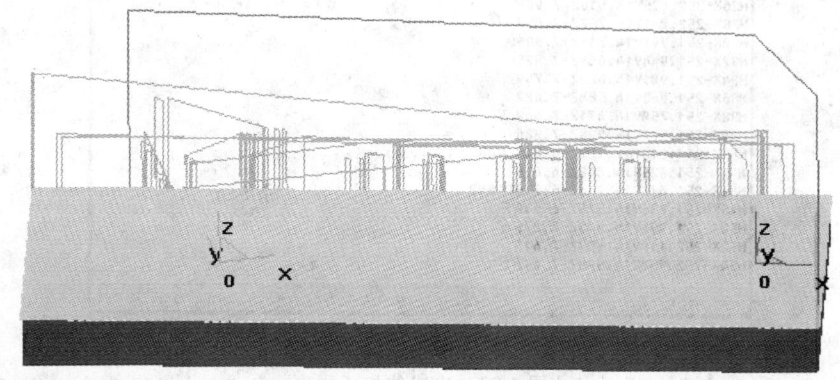

图 4-90　扫描线精加工刀具轨迹

【任务四】 自动编程与仿真

（一）实体仿真

(1) 选择“【加工】→【实体仿真】”并按左下角提示“拾取刀具轨迹”单击鼠标左键，使刀具轨迹变红，单击鼠标右键确认。

(2) 单击“仿真加工”图标，使屏幕处于仿真加工前的准备状态，再单击“播放”图标▶，启动仿真加工，效果如图 4-91 所示。

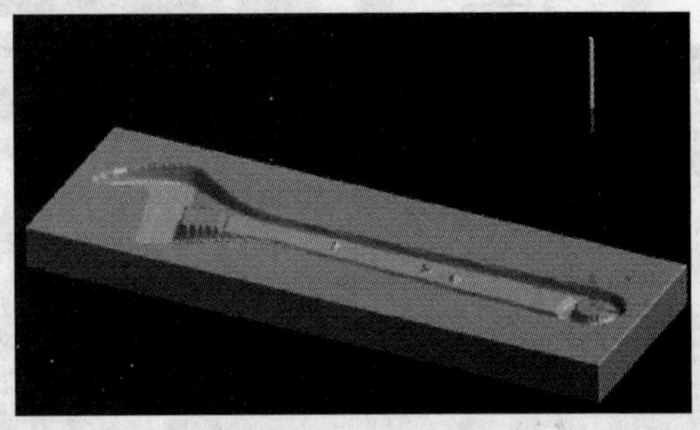

图 4-91 仿真加工效果

(3) 单击屏幕右上角的☒，关闭仿真画面。

（二）生成加工程序

(1) 设置参数。单击“【加工】→【后置处理】→【机床后置】”。

1）选择“机床信息”对话框。确定数控系统及程序代码的相关参数：选择“当前机床”为“FANUC”，其他编程的代码指令与规定相符，不再修改和重新设定。

2）选择“后置处理”对话框。确定程序名，其他已有的内容能满足此工件的程序结构要求，可不做修改或重新填写。单击“确定”完成“机床后置”的基本内容。

(2) 生成 G 代码。单击“【加工】→【后置处理】→【生成 G 代码】”，出现“选择后置文件”对话框，将文件名设定为指定的序号（如 0002），单击“保存”，屏幕状态栏提示“拾取刀具轨迹”，按要求单击刀具轨迹（变成红色），单击鼠标右键确认，立即弹出加工 G 代码文件，保存即可。生成的加工程序如图 4-92 所示。

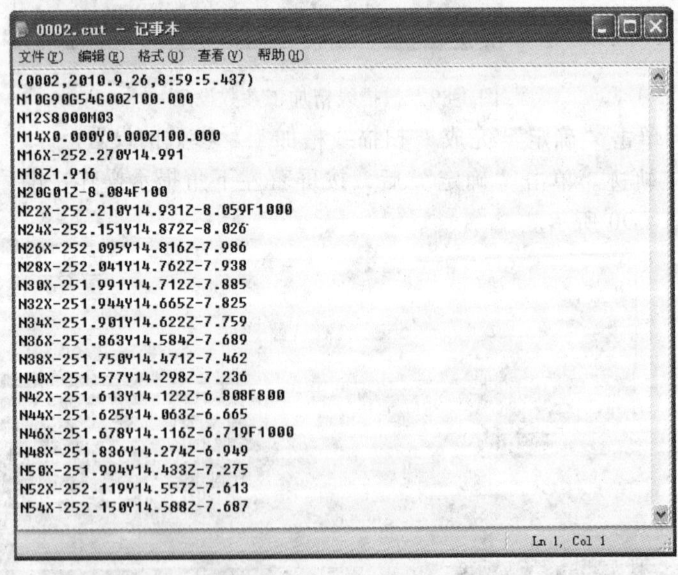


```
(0002,2010.9.26,8:59:5.437)
N10G90G54G00Z100.000
N12S8000M03
N14X0.000Y0.000Z100.000
N16X-252.270Y14.991
N18Z1.916
N20G01Z-8.084F100
N22X-252.210Y14.931Z-8.059F1000
N24X-252.151Y14.872Z-8.026
N26X-252.095Y14.816Z-7.986
N28X-252.041Y14.762Z-7.938
N30X-251.991Y14.712Z-7.885
N32X-251.944Y14.665Z-7.825
N34X-251.901Y14.622Z-7.759
N36X-251.863Y14.584Z-7.689
N38X-251.750Y14.471Z-7.462
N40X-251.577Y14.298Z-7.236
N42X-251.613Y14.122Z-6.808F800
N44X-251.625Y14.063Z-6.665
N46X-251.678Y14.116Z-6.719F1000
N48X-251.836Y14.274Z-6.949
N50X-251.994Y14.433Z-7.275
N52X-252.119Y14.557Z-7.613
N54X-252.150Y14.588Z-7.687
```

图 4-92 生成的加工程序

（三）生成加工工艺单

单击“【加工】—【工艺清单】”命令，弹出“工艺清单”对话框，分别填入“零件名称”、“零件图图号”、“零件编号”及设计、工艺、校核人员的姓名等内容。然后单击“拾取轨迹”，按状态栏的提示拾取刀具加工轨迹（粗、精加工均有），单击鼠标右键；再单击“生成清单”，将生成“工艺明细表、机床、起始点、模型、毛坯”、“功能参数”、“刀具”、“刀具轨迹”和 G 代码等工艺清单。

至此，活扳手体锻造凹模的造型、生成加工轨迹、加工轨迹仿真、生成 G 代码、生成加工工艺清单的工作已经全部完成。

课外实践

1. 完成图 4-93 所示实体造型的创建，选择合适的粗、精加工方法，对其中任意一个表面进行自动编程。

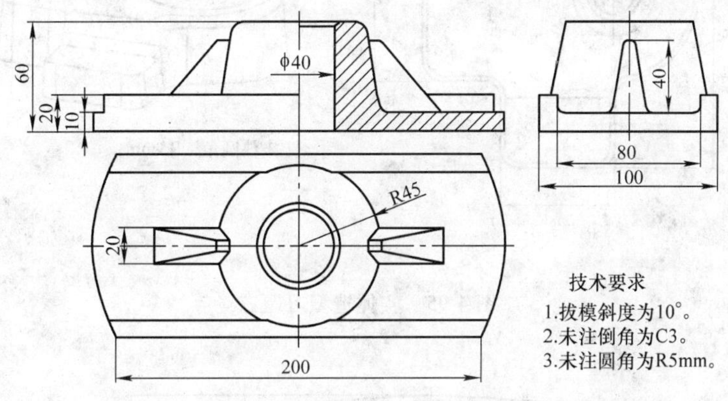

图 4-93 实体造型习题一

2. 完成图 4-94 所示实体造型的创建，选择合适的粗、精加工方法，对其进行自动编程。

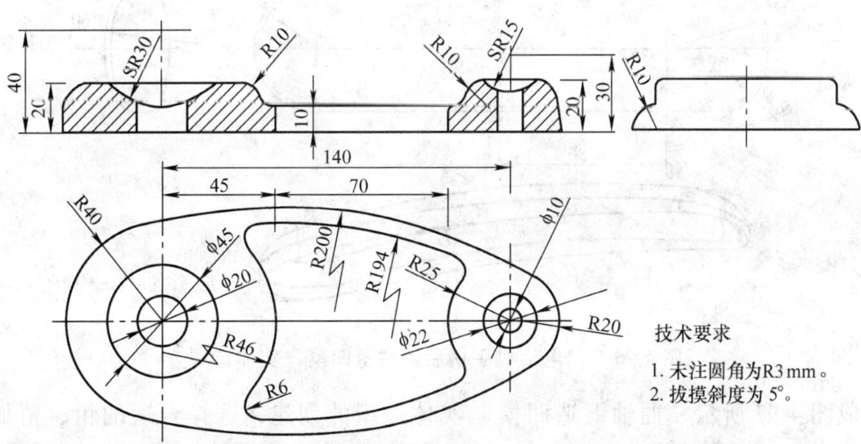

图 4-94 实体造型习题二

3. 完成图 4-95 所示实体造型的创建，选择合适的粗、精加工方法，对其进行自动编程。

4. 完成图 4-96 所示“电话机手柄后盖注塑凹模”实体造型的创建，选择合适的粗、精加工方法，对其进行自动编程。

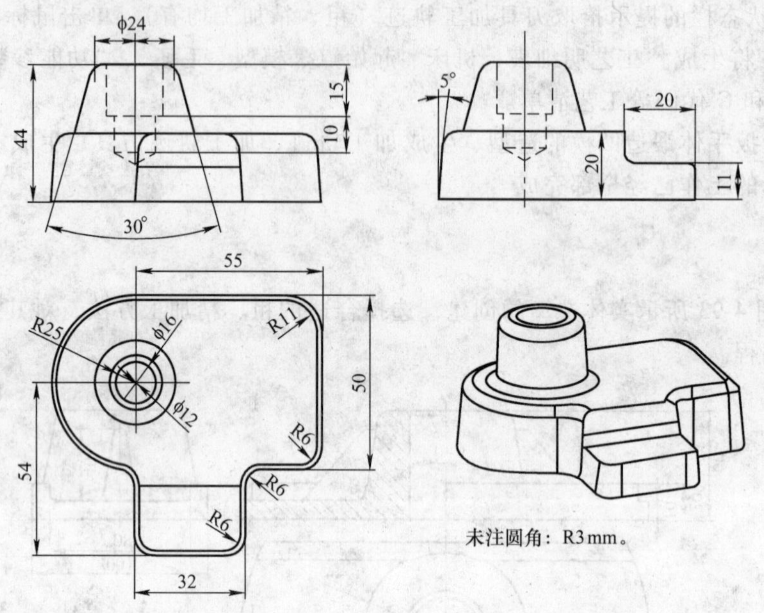

图 4-95 实体造型习题三

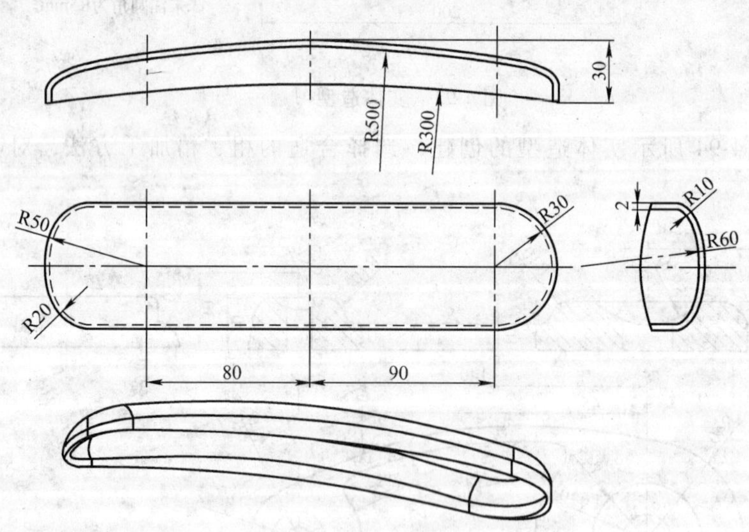

图 4-96 “电话机手柄后盖注塑凹模”实体造型

5. 完成图 4-97 所示“曲轴锻造凹模”实体造型的创建，选择合适的粗、精加工方法，对其上表面进行自动编程。

6. 完成图 4-98 所示“柴油机连杆毛坯锻造凹模”实体造型的创建，选择合适的粗、精加工方法，对其进行自动编程。

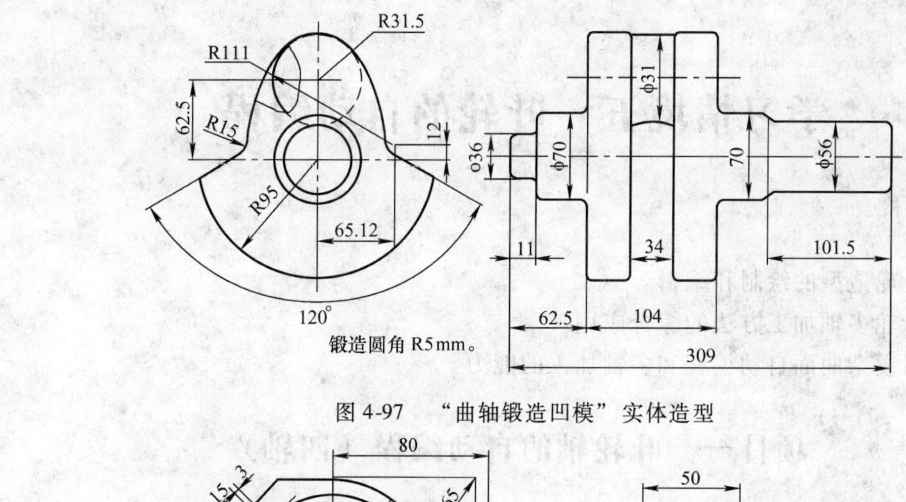

图 4-97 “曲轴锻造凹模”实体造型

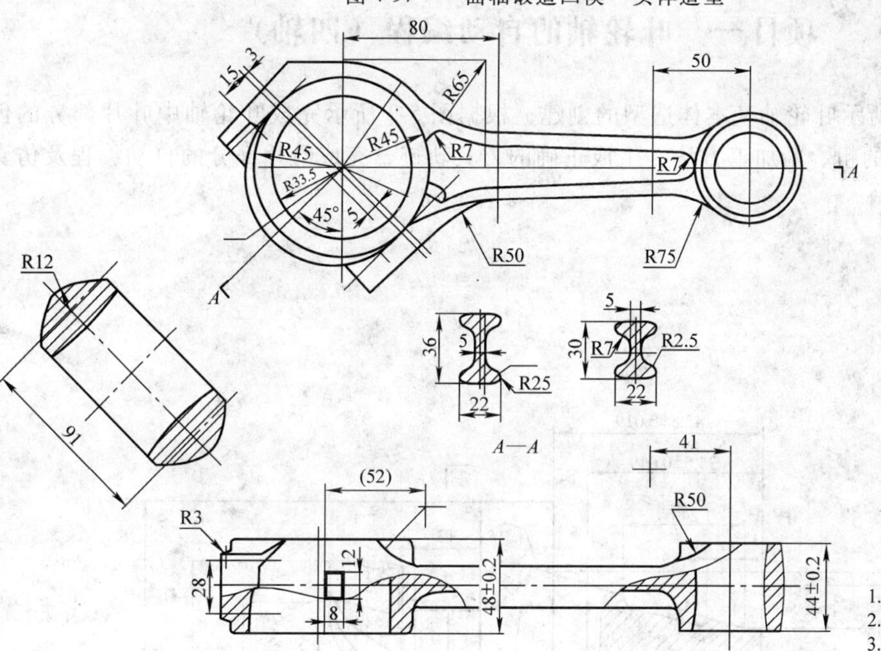

技术要求

1.锻造毛坯经喷砂处理。

2.拔模斜度为5°。

3.锻造圆角为R2mm。

图 4-98 “柴油机连杆毛坯锻造凹模”实体造型

学习情境五　叶轮的自动编程

学习目标

1. 学习叶轮造型的绘制和编辑。
2. 掌握叶轮多轴加工方法的综合应用。
3. 具备对复杂曲面自动编程和多轴加工的能力。

项目一　叶轮轴的自动编程（四轴）

完成图 5-1 所示叶轮轴基本体造型的创建；根据图 5-2 所示完成叶轮轴中叶片部分的创建，并选择合适的粗、精加工方法，生成正确的刀具轨迹，完成叶片部分的自动编程及仿真加工。

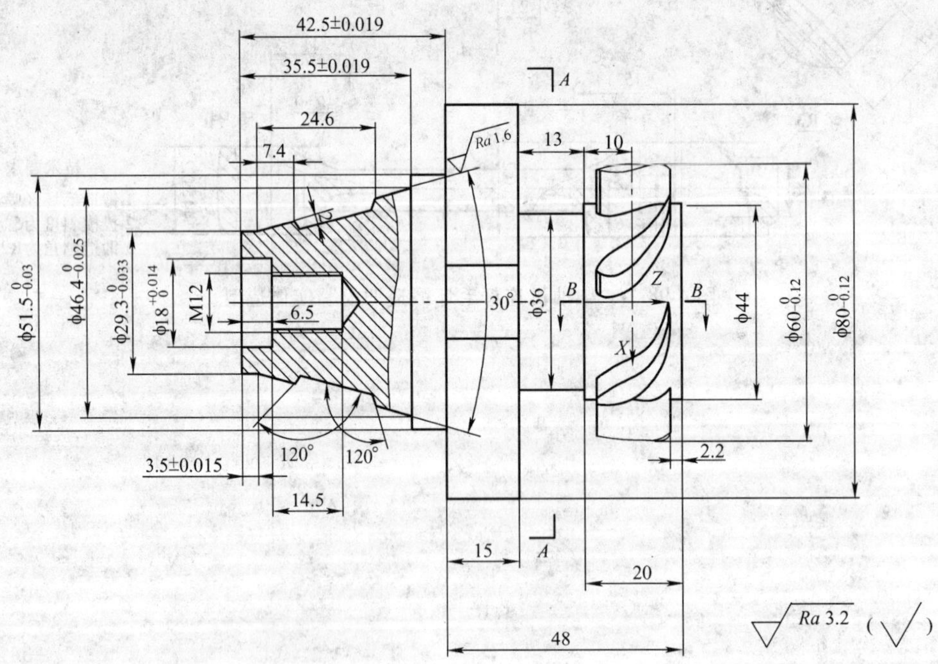

图 5-1　叶轮轴图

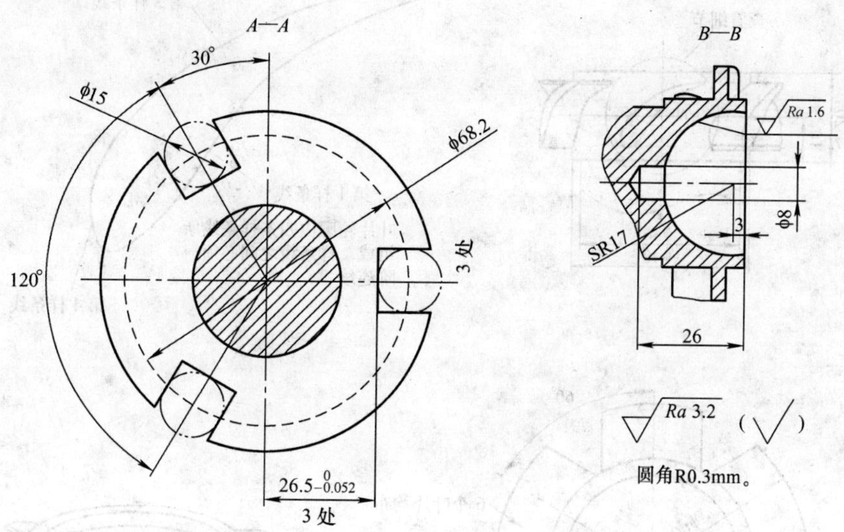

图 5-1 （续）

叶 片 轮 廓 数 据

第 1 样条线			第 2 样条线		
X	Y	Z	X	Y	Z
7.3932	0	-7.0739	-9.7250	0	7.3320
4.7350	0	-4.7570	-9.8360	0	7.4470
1.3880	0	0.4170	-9.8460	0	7.6070
-9.7250	0	7.3320	-9.7490	0	7.7340
			-9.5930	0	7.7680
第 3 样条线			**第 4 样条线**		
X	Y	Z	X	Y	Z
-9.5930	0	7.7680	8.9249		-6.5121
5.6340	0	1.6300	8.6966	0	-6.9257
9.1840	0	-4.3830	8.3040	0	-7.1884
8.9249	0	-6.5121	7.8347	0	-7.2418
			7.3932	0	-7.0739

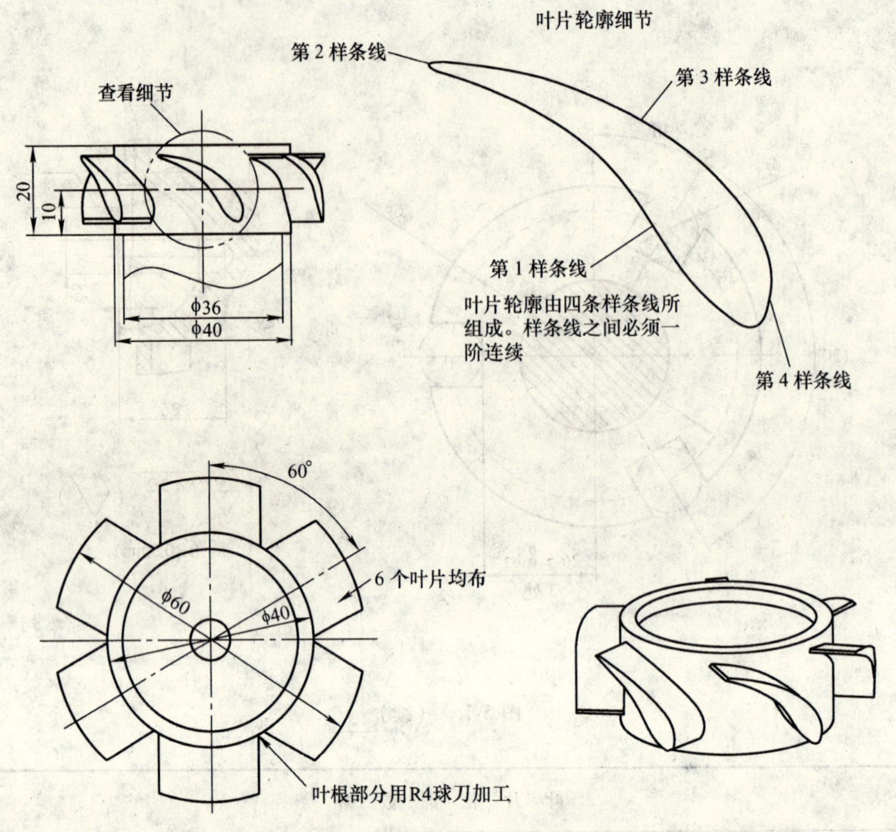

图 5-2　叶片数据及细节尺寸图

【任务一】　图样分析

叶轮轴模型主要由叶轮轴和叶片两部分构成。其中，叶轮轴模型部分主要通过【旋转增料】操作来完成，其内部轮廓通过【孔】操作来完成创建。叶片部分主要通过【拉伸增料】、【环形阵列】、【扫描面】和【曲面裁剪除料】等操作来完成创建。

【任务二】　零件造型

（一）“叶轮轴”造型绘制

（1）单击零件特征树中的“平面 XY”，选择 XY 平面为绘图基准面；单击“绘制草图”图标，进入草图绘制状态。

（2）综合利用“曲线生成”、“曲线编辑”和“几何变换”命令，完成叶轮轴外轮廓的绘制。利用“剪切”和“删除”命令，去掉多余的直线，生成叶轮轴外轮廓（草图0），如图 5-3 所示（提示：利用“等距线”、“角度线”或“平行线”等命令完成绘制，目的是为了与“CAXA 数控车”软件的绘制方法保持一致。因为轴类零件的自动编程是在“CAXA 数控车”软件中完成的。此例为了显示“叶轮轴”造型的效果，才选择利用“CAXA 制造工程师”软件建模。）。

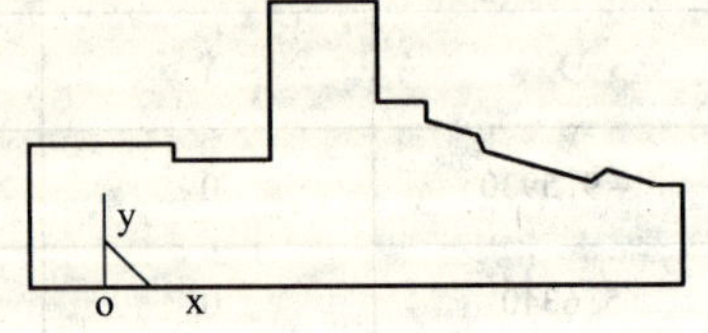

图 5-3　叶轮轴外轮廓（草图 0）

（3）单击“【造型】→【草图环检查】”，或单击图标，检查草图中的造型是否“封闭”，无误后，退出草图状态。

（4）利用“直线”命令中的“水平+铅垂”方式，选择“水平”，绘制一条中点在坐标原点的直线，作为“旋转增料”的“旋转轴”。

（5）利用“旋转增料”命令，完成“叶轮轴”基本造型的绘制，参数及轴测图显示结果如图5-4所示。

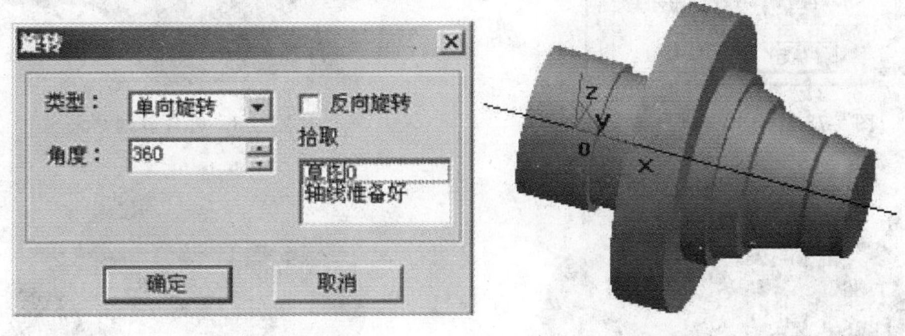

图5-4　叶轮轴基本造型图

（二）叶片造型绘制

（1）按F6键，将造型转换至“YZ平面”，利用“样条”曲线命令，根据图5-2所示叶片轮廓数据，生成图5-5所示的叶片基本轮廓图。

（2）单击特征树中的“平面XZ”，进入草图状态，利用“曲线投影”命令，选择已生成的叶片基本轮廓，将该轮廓线投影至XZ平面，生成草图，再利用“拉伸增料”的方式，“类型”为“固定深度”，深度=40mm，“拉伸对象”为已经投影生成的叶片草图，生成的叶片实体图如图5-6所示。

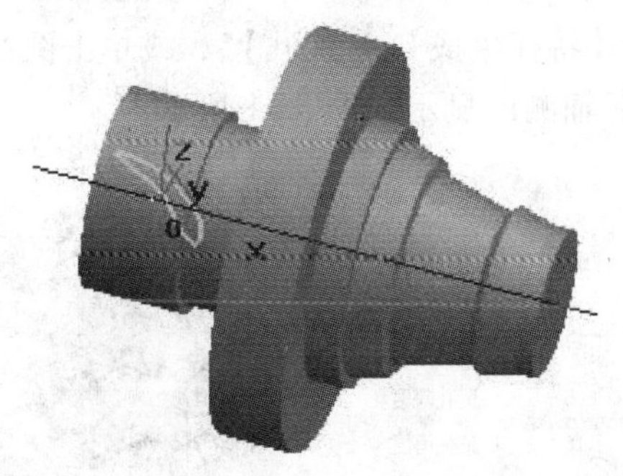

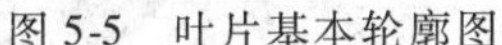

图5-5　叶片基本轮廓图

图5-6　叶片实体图

（3）单击“【造型】→【特征生成】→【环形阵列】”，或单击图标，如图5-7所示填写对话框参数。“阵列对象”为上述步骤（2）中已经生成的叶片实体，“边/基准轴”为过原点的水平直线，生成的叶片阵列结果如图5-8所示。

（4）按F6键，转换至YZ平面，利用“圆”命令绘制R30mm的圆，再将该圆“平移”至“DX=15”处，利用“扫描面”命令，生成图5-9所示的裁剪曲面，作为裁剪6个叶片的曲面，输入扫描距离为“35”，其他为默认值。

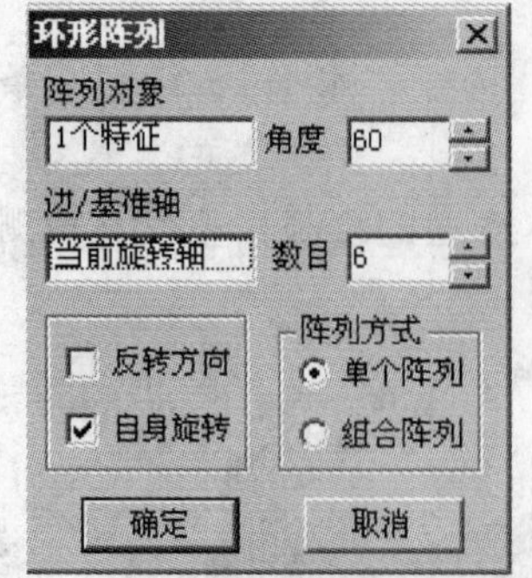

图 5-7 “环形阵列”对话框

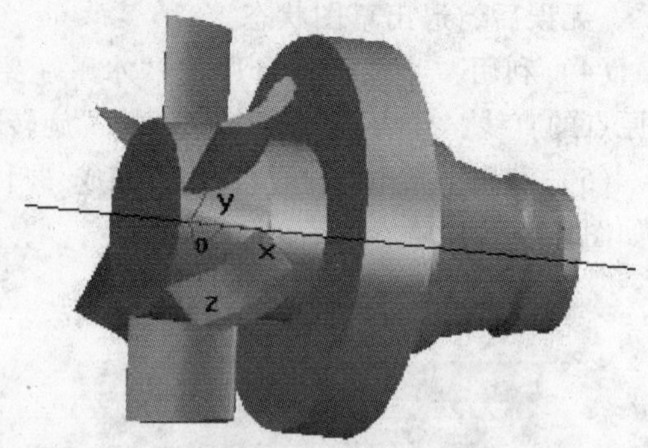

图 5-8 叶片阵列结果

图 5-9 生成的裁剪曲面

图 5-10 曲面裁剪结果

（5）单击“【造型】→【特征生成】→【除料】→【曲面裁剪】”，或单击图标，“裁剪曲面”选择上一步生成的曲面，除料方向选择向外，去掉多余的线和辅助面，曲面裁剪结果如图 5-10 所示。

（三）内部造型的绘制

（1）M12 螺纹孔的绘制。可单击“【造型】→【特征生成】→【孔】”，或单击图标，选择适当的“孔的类型”，参数设置及删除多余线后轴测图显示如图 5-11 所示。

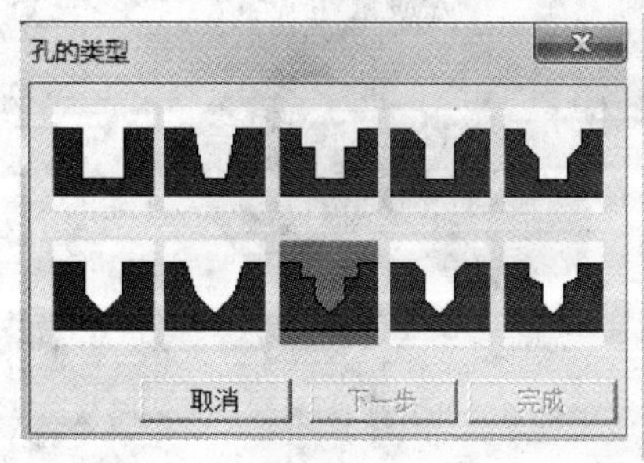

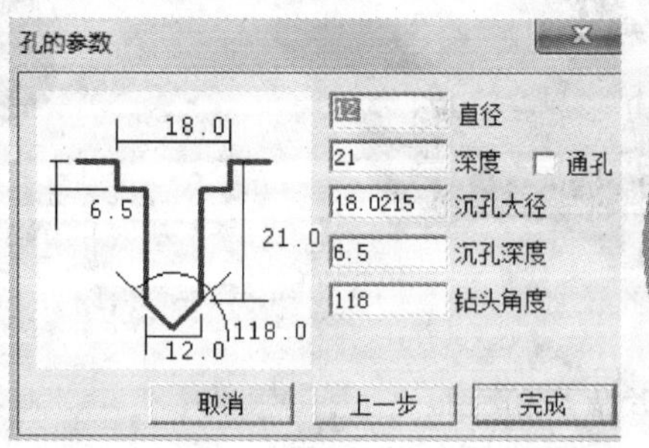

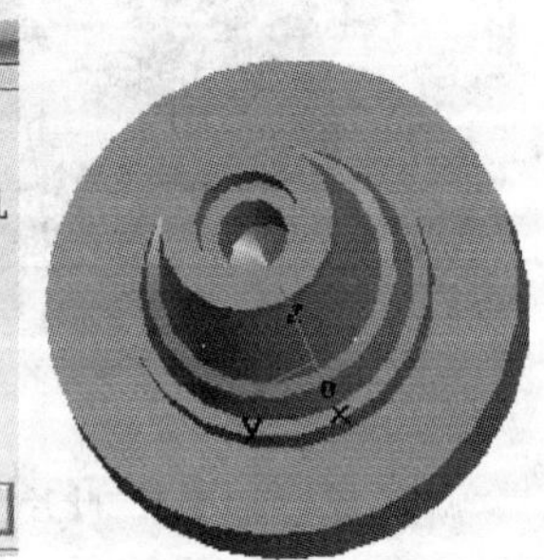

图 5-11 M12 螺纹孔

（2）叶片端凹面的绘制。选择 Φ29mm 所在上表面，进入草图绘制状态，绘制一条旋转轴和 R17mm 的圆，再单击“【造型】→【特征生成】→【除料】→【旋转除料】”，或单击图标，根据尺寸要求，完成绘制，再利用上述步骤（1）的方法，钻 Φ8mm 孔，生成的叶片端凹面如图 5-12 所示。

图 5-12　叶片端凹面

图 5-13　三个台阶槽

（四）三个台阶槽的绘制

选择 Φ80mm 所在的平面（上、下表面均可），进入草图绘制状态，绘制三个台阶槽的轮廓后，退出草图，再采用“拉伸除料”的方式完成，结果如图 5-13 所示。

至此，叶轮轴造型创建完成，轴测图显示如图 5-14 所示。

（五）构建叶片曲面造型（为自动编程准备）

由于使用“CAXA 制造工程师”软件中的多轴加工，实现自动编程时的操作对象为曲面造型，因此，需要将叶片部分的实体造型转换成曲面造型，且叶片根部需进行 R4mm 的圆弧过渡处理。具体操作如下：

（1）利用“特征生成”中“过渡”命令，半径为“4”，等半径，完成叶片根部的圆弧处理。

（2）单击“【造型】→【曲面生成】→【实体表面】”命令，或单击图标，选择“所有表面”方式，拾取叶片实体模型，利用“拷贝”和“粘贴”方式，完成叶片部分的实体造型转换成曲面造型的操作。

（3）利用“几何变换”中“旋转”命令，将叶片曲面造型待加工的流道部分置于 Z 轴方向上，结果如图 5-15 所示。

图 5-14　叶轮轴造型轴测图

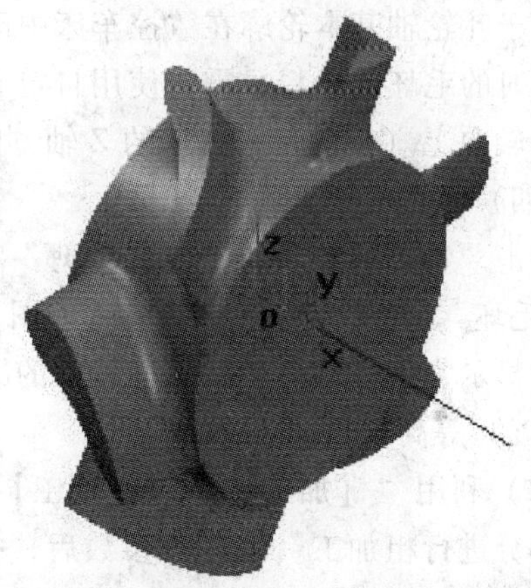

图 5-15　叶片曲面造型

【任务三】 加工参数设置

由于叶轮轴基本轮廓（不包括叶片部分）较简单，不需要自动编程，为了节省工时，只需手工编程即可在数控车床中加工出来，以供加工叶片时使用。因此，此造型的自动编程只针对于叶片的多轴加工。

（一）叶片加工的工艺分析

为了保证叶片的加工质量、生产率、经济性和加工可行性，可按照基面先行、先粗后精、先主后次工序的工艺原则。根据叶片造型的特点，对于叶片数控加工工艺，选取其中任意一个流道，采用粗、精加工工艺路线，通过自动编程软件，生成正确而合理的刀具轨迹，并根据所采用的机床进行刀具轨迹的仿真校验。再分别将已经生成的粗、精加工刀具轨迹旋转、复制，完成其余流道刀具轨迹的设计（需采用转角度，将工件顺时针/逆时针旋转 60°加工）。最后，对其中一个叶片的最终型面，采用四轴联动或五轴联动的机床加工，以保证叶片造型的表面质量。其具体的自动编程方案如下：

（1）利用 R4mm 的硬质合金球头铣刀，采用【等高线粗加工】的方法，选取其中任意一个流道，生成该流道的粗加工刀具轨迹。

（2）将上述刀具轨迹旋转 60°，生成其他流道的粗加工刀具轨迹。

（3）利用 R4mm 的硬质合金球头铣刀，采用【扫描线精加工】的方法，选取上述流道，生成该流道的精加工刀具轨迹。

（4）将上述刀具轨迹旋转 60°，生成其他流道的精加工刀具轨迹。

（5）利用 R4mm 的硬质合金球头铣刀，采用【五轴侧铣】的方法，选取任意一个叶片轮廓，完成叶片最终型面的加工。

（6）对刀具轨迹进行仿真校验，并根据仿真结果对其进行修改、完善。

（7）输出 G 代码。

（二）设备的选择

由于叶片模型的特点属于多面加工，故可选用四轴或五轴联动的立式数控铣床或加工中心加工。

（三）夹具的选择

由于叶轮轴基本轮廓在数控车床中已经加工出来，以供加工叶片时使用。因此，叶片部分加工时的毛坯为棒料，需要使用自定心卡盘装夹，夹紧位置在 Φ80mm 处，且保证叶片模型的 Z 轴向上（目的是与机床的 Z 轴方向一致，保证生成 G 代码的可用性）。

（四）毛坯的设置

单击“特征树”下面“加工管理”选项卡，再单击“毛坯”后，单击鼠标右键，选择“定义毛坯”，结果及参数选择过程如图 5-16 所示（说明：此毛坯应为圆柱毛坯，而图 5-16 所示中显示为正方体毛坯，是该软件的缺陷，不影响正确刀具轨迹的生成）。

（五）等高线粗加工

（1）利用“【加工】→【粗加工】→【等高线粗加工】”，或单击图标方式，对一个流道部分进行粗加工。填写各参数后，拾取“加工对象”为“叶片”曲面造型，单击鼠标右键，“加工边界”为拾取“任意两个叶片之间的流道部分轮廓”（利用“直线”和“相关线”等方式绘制，结果如图 5-17 所示）。单击鼠标右键结束命令，系统计算出“等高线粗加

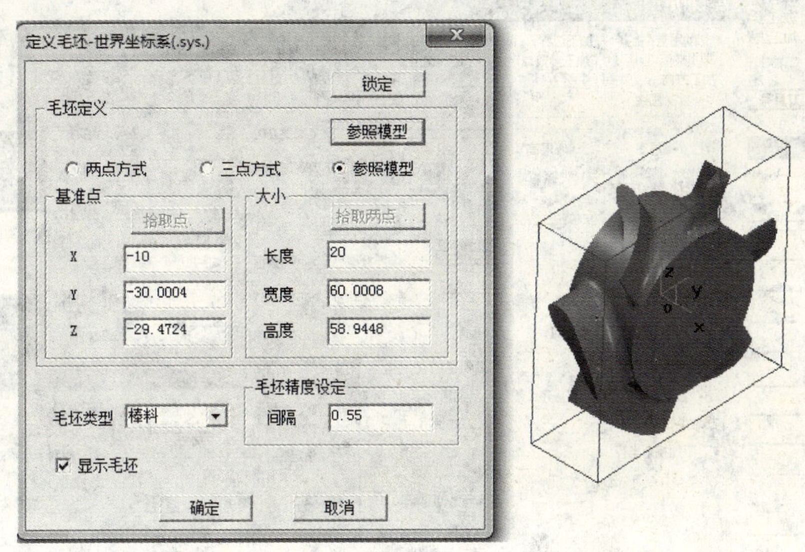

图 5-16　叶片曲面造型毛坯参数设置

工”方式生成的刀具轨迹如图 5-18 所示，其参数设置如图 5-19 所示。

(2) 根据该叶片结构的特点，其他流道部分的加工轨迹的设置与上述步骤 (1) 中的设置相同。但由于所在位置的不同，需将已生成的一个流道的加工轨迹，利用“几何变换”中“旋转”方式转 60°，“拷贝”生成其他 5 个流道部分的粗加工轨迹即可，结果如图 5-20 所示。

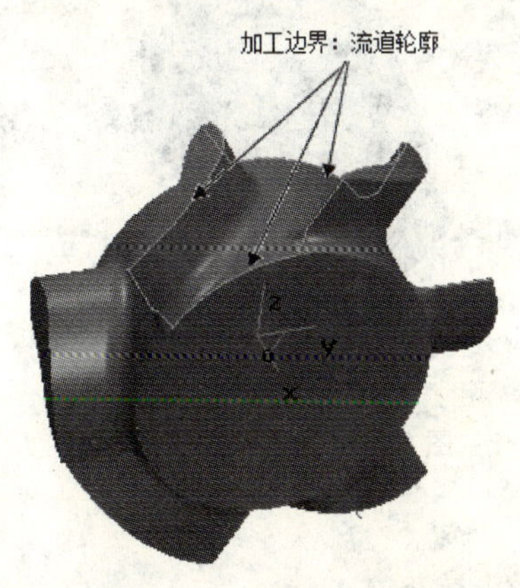

图 5-17　流道粗加工边界

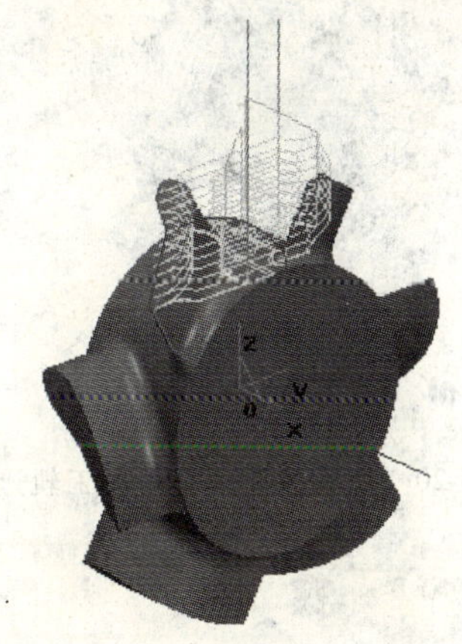

图 5-18　一个流道粗加工刀具轨迹

（六）扫描线精加工

(1) 利用“【加工】→【精加工】→【扫描线精加工】”，或单击图标方式，对叶片轮廓进行精加工。填写各参数后，拾取“加工对象”为“叶片”曲面造型，单击鼠标右键，“加工边界”为拾取“流道部分轮廓”，流道精加工边界如图 5-21 所示。单击鼠标右键结束命令，系统计算出“扫描线精加工”方式生成的刀具轨迹，结果如图 5-22 所示，其参数设置如图 5-23 所示。

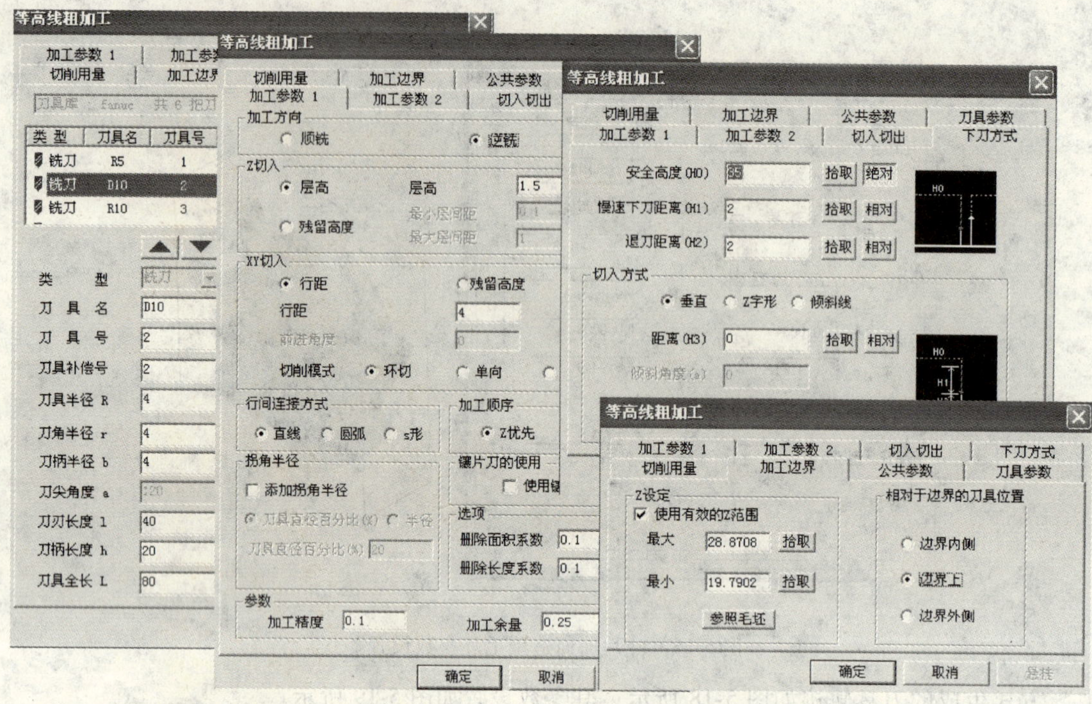

图 5-19 叶片曲面造型“等高线粗加工”参数设置

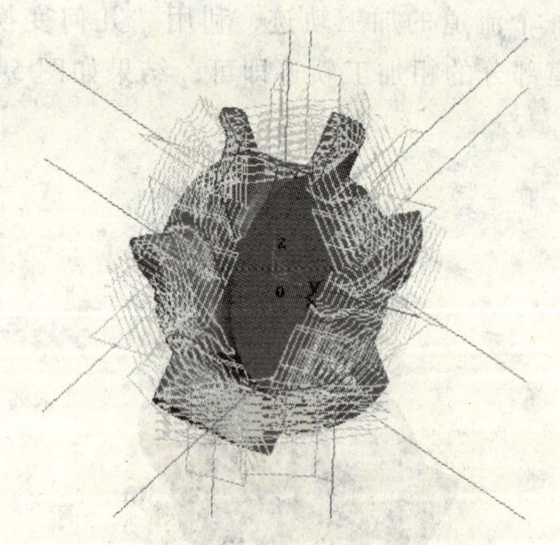

图 5-20 所有流道部分粗加工轨迹

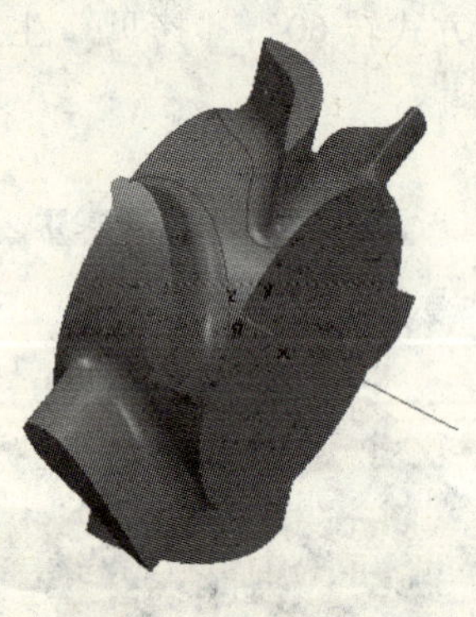

图 5-21 流道精加工边界

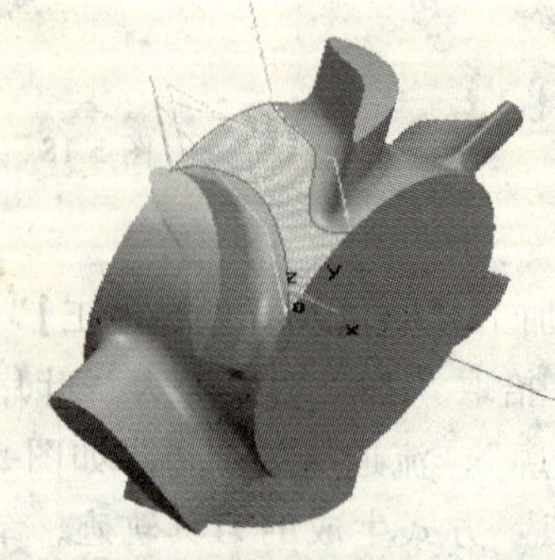

图 5-22 任意一个流道精加工刀具轨迹

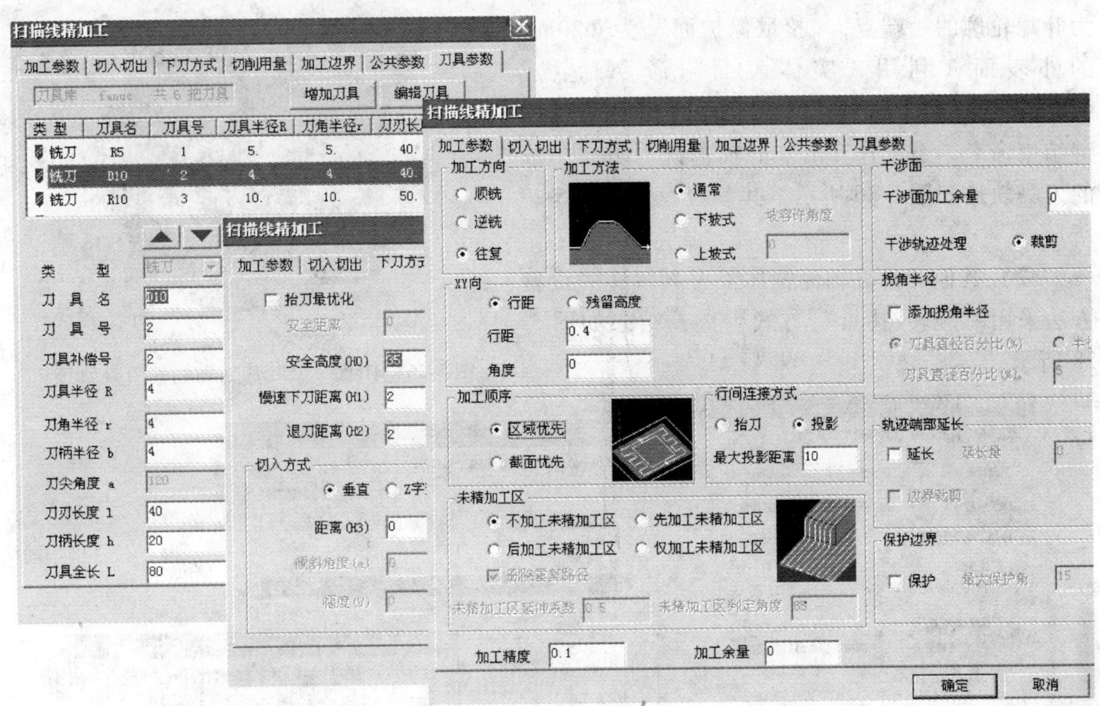

图 5-23　叶片曲面造型“扫描线精加工”参数设置

（2）其他流道部分精加工轨迹的设置方法与上述（1）的设置方式相同，结果如图 5-24 所示。

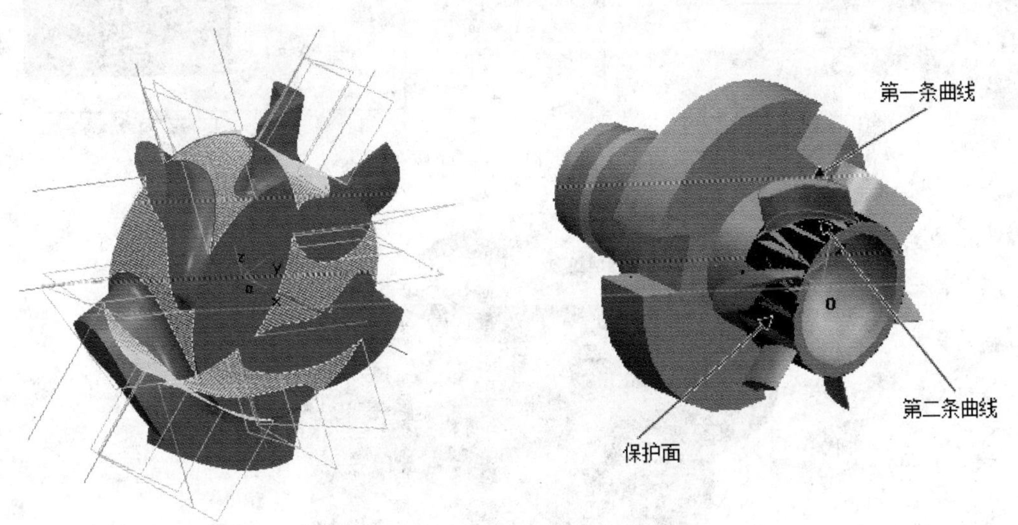

图 5-24　所有流道部分精加工轨迹

图 5-25　参数设置说明

（七）五轴侧铣

（1）利用“【加工】→【多轴加工】→【五轴侧铣】”，或单击图标方式，对叶片曲面造型进行精加工。填写各参数后，拾取“第一条曲线”为叶片根部曲线轮廓；拾取“第二条曲线”为叶片顶部曲线轮廓；“拾取进刀点”为叶片轮廓的一端点；“拾取保护面”为 Φ20mm 的外表面（利用“实体表面”命令，生成 Φ20mm 的外表面），如图 5-25 所示。单击鼠标右键结束命令，系统计算出“五轴侧铣”方式生成的刀具轨迹如图 5-26 所示，其参数设置如图 5-27 所示。

（2）其他叶片五轴侧铣加工刀具轨迹的设置方法采用“旋转/拷贝”方式生成，结果如图 5-28 所示。

图 5-26　任意一个叶片五轴侧铣刀具轨迹

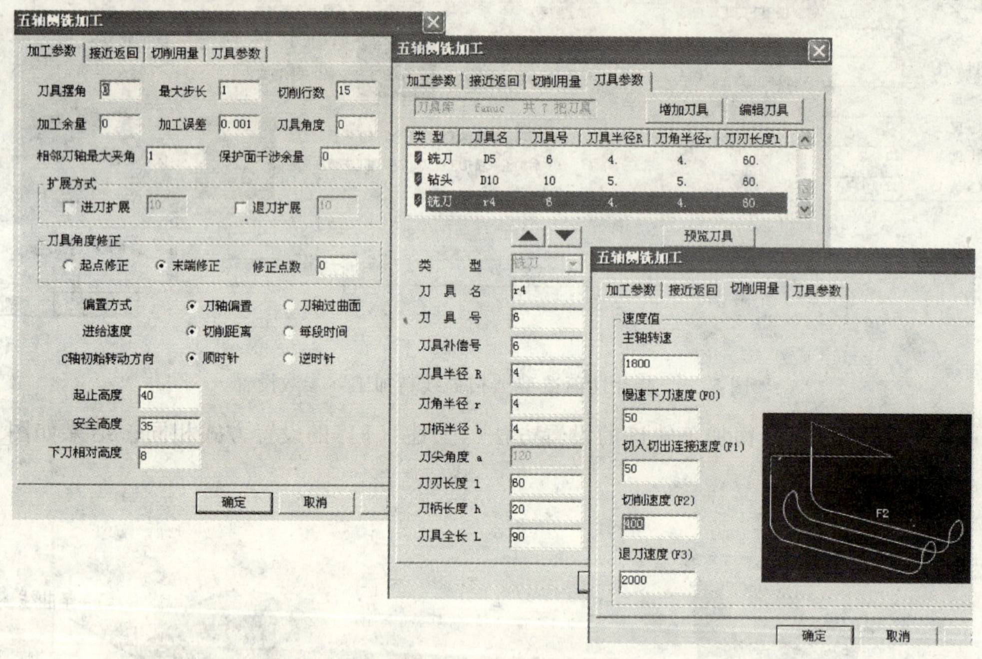

图 5-27　叶片曲面造型“五轴侧铣”参数设置

图 5-28　所有叶片五轴侧铣加工刀具轨迹

【任务四】 自动编程与仿真

（一）生成加工程序

（1）选择机床后置。根据前面分析的结果，设置机床信息及后置设置。

（2）生成NC代码。单击【加工】→【后置处理】→【生成NC代码】，出现“选择后置文件”对话框，根据具体内容将文件名设定为指定的易记的名称（如“流道”粗加工轨迹），单击“保存”，屏幕状态栏提示：拾取刀具轨迹。按要求单击刀具轨迹（变成红色），按右键确认，立即弹出加工NC代码文件，保存即可，结果如图5-29所示。

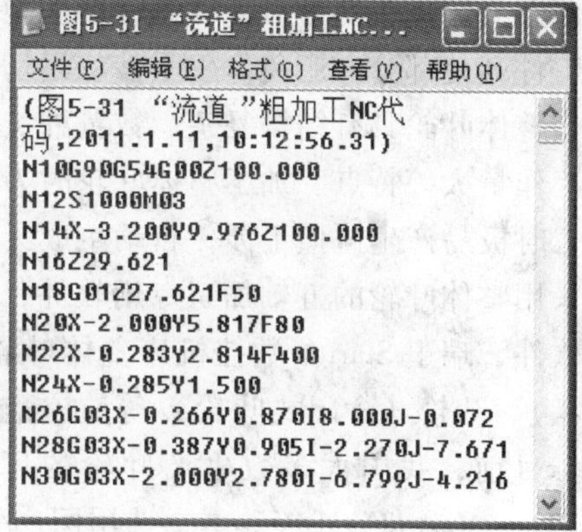


```
(图5-31 “流道”粗加工NC代
码,2011.1.11,10:12:56.31)
N10G90G54G00Z100.000
N12S1000M03
N14X-3.200Y9.976Z100.000
N16Z29.621
N18G01Z27.621F50
N20X-2.000Y5.817F80
N22X-0.283Y2.814F400
N24X-0.285Y1.500
N26G03X-0.266Y0.870I8.000J-0.072
N28G03X-0.387Y0.905I-2.270J-7.671
N30G03X-2.000Y2.780I-6.799J-4.216
```

图5-29 “流道”粗加工NC代码

（3）重复上述步骤（2）的方法，完成其余粗、精加工轨迹的NC代码的程序文件。

（二）切削仿真

多轴加工的模拟仿真需要利用VERICUT软件。

（1）将在车床已经备好的“轴”，模拟安装在VERICUT软件中的多轴机床上，结果如图5-30所示。

（2）将已经生成的各部分NC代码导入到VERICUT软件进行仿真加工，结果如图5-31所示。

图5-30 VERICUT软件中机床的设置图

图5-31 VERICUT软件仿真加工结果图

项目二 叶轮的自动编程（五轴）

【任务一】 工艺分析

整体式叶轮作为动力机械的关键部件，广泛应用于航天航空等各领域，其加工技术一直是制造业中的一个重要课题。传统的叶轮加工方法是叶片与轮毂采用不同的毛坯，分别加工成形后将叶片焊接在轮毂上。该工艺不仅费时费力，且难以保证叶轮的各种性能。目前，较重要用途的叶轮都是由非可展直纹面和自由曲面构成的，叶轮叶片的型面非常复杂。为提高整体叶轮的加工质量和工效，充分满足产品生产的要求，高速铣削技术、多轴尤其五轴数控机床及 CAM 技术被广泛应用。利用四轴联动或五轴联动的数控机床进行叶轮加工，既可以保证刀具的球头部分对工件进行准确地切削，又可以利用其转动轴使刀具的刀体或刀杆避让开工件其他部分，避免发生干涉或过切。

整体叶轮具有结构复杂、数量种类繁多、对动力机械性能影响大、设计研制周期长、制造工作量大等特点。加工整体叶轮时刀具轨迹规划的约束条件比较多，相邻叶片空间较小，加工时极易产生碰撞干涉，自动生成无干涉刀具轨迹较困难。对于叶轮的五轴加工，国外一般采用整体叶轮的五轴加工专用软件，例如美国 NREC 公司的 MAX-5、MAX-AB 叶轮加工专用软件，瑞士 Starrag 数控机床整体叶轮加工模块，OPEN MIND 公司 Hypermill 的叶片（含叶盘）、叶轮（含闭式叶轮）等航空航天专用模组，英国 DELCAM 公司的 PowerMILL 软件等。目前，我国大多数生产叶轮的厂家多数采用国外大型 CAD/CAM 软件，如 UG NX、CATIA、MasterCAM 等。本文选用国产 CAXA 制造工程师软件对复杂曲面整体叶轮进行加工轨迹规划。

叶轮工艺分析

叶轮结构可分为轮毂曲面（Hub）以及叶片曲面（Blade）两部分，叶片又包含包覆曲面（Shroud Surface）、压力曲面（Pressure Surface）和吸力曲面（Suction Surface），其模型结构如图 5-32 所示。叶轮轮毂面及叶轮盖分别由叶片中性面根部曲线和叶片中性面顶部曲线绕 Z 轴旋转而成；经过旋转轴 Z 的设计基准面为子午面；中性面是处于叶片压力面和吸力面中间位置的曲面。对于轮毂曲面和包覆曲面，可分别由叶片根部曲线和叶片顶部曲线绕 Z 轴回转而成，故在整体叶轮的建模过程之中，把叶片的建模放在轮毂曲面和包覆曲面建模之后。

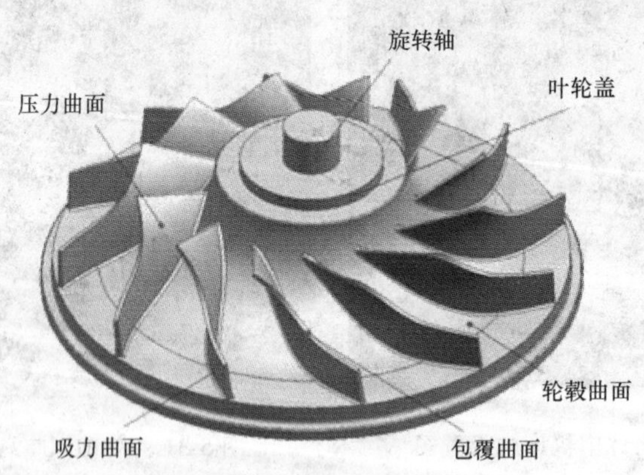

图 5-32　叶轮模型结构

叶轮类零件构成的一般形式是若干组叶片均匀分布在轮毂的曲面上。一组叶片中可能只有一种类型的叶片，也可能有若干种叶片。前一种情况的叶片分布称为等长叶片，后一种的叶片形式主要指含有小叶片，一般称为交错叶片。

根据叶片型面特征，依刀具与曲面接触的方式分类，五轴数控铣削加工叶片型面可分为“线接触（侧铣）”和“点接触”两类成形方式。但对于侧铣来说刀具的整个侧边与叶片相接触，对薄叶片加工时的回弹影响大，所以侧铣加工该类叶片只是近似的加工方法。对于点接触，这种方法有一些不可避免的缺点：对于弯曲程度较厉害的叶片，由于叶片空间距离较近，加工过程中与相邻叶片间的干涉很难避免；但“点加工”要比“线加工”在加工薄叶片时产生的回弹小，故在加工边圆角时，采用的是“点加工”方式。所以在叶轮的整体加工中加工方式是采用“点加工”与“线加工”相结合。

本实例中，需要对整体叶轮的流道、叶片和圆角等主要曲面进行加工，整体叶轮的加工内容如图 5-33 所示。

图 5-33　整体叶轮的加工内容

另外，在叶片之间有大量的材料需要去除。为了使叶轮满足气动性的要求，叶片常采用大扭角、根部变圆角的结构，这给叶轮的加工提出了更高的要求。根据本例具体情况加工难点如下。

（1）加工槽道变窄，叶片相对较长，刚度较低，属于薄壁类零件，加工过程极易变形。

（2）槽道最窄处叶片深度超过刀具直径的 8 倍以上，相邻叶片空间极小，在清角加工时刀具直径较小，刀具容易折断，切削深度的控制也是加工的关键技术。

（3）本例的整体叶轮曲面为自由曲面，流道窄，叶片扭曲比较严重，并且有明显的后仰趋势，加工时极易产生干涉，加工难度较大。有些叶轮由于有副叶片，为了避免干涉，要分段加工曲面，因此，保证加工表面的一致性也有困难。

整体叶轮加工技术要求包括尺寸、形状、位置、表面粗糙度等几何方面的要求，也包括机械、物理、化学性能的要求。在对叶轮进行加工前，必须对叶轮毛坯进行探伤检查。叶轮叶片必须具有良好的表面质量。精度一般集中在叶片表面、轮毂的表面和叶根表面，表面粗糙度值应小于 $Ra0.8\mu m$，截面间的型面要平滑过渡，另外叶身的表面纹理力求一致，一致的流水线是最好的纹理表面，但这样又限制了走刀方向，从而在一定程度上限制了加工的刀具轨迹。

整体叶轮在工作中为了防止振动并降低噪声，对动平衡性的要求很高，因此在加工过程中要综合考虑叶轮的对称问题。在进行 CAM 编程时可利用叶片，流道等关于叶轮旋转轴的对称性的加工表面，采用对某一元素的加工来完成对相同加工内容不同位置的操作，如本例应用了旋转阵列加工的操作。另外，应尽可能减少由于装夹或换刀造成的误差。

（4）根据叶轮的几何结构特征和使用要求（如图 5-32 所示），其基本加工工艺流程为：

1）锻压铝材形成毛锻件。

2）车削加工毛锻件。

3）粗加工流道。

4）半精加工流道。

5）叶片精加工。

6）精加工流道。

7）对倒圆部分进行清根。

【任务二】 零件造型

一、叶轮零件造型

本任务所涉及到的整体叶轮模型如图 5-34 所示。根据任务一对整体叶轮所做的分析，针对叶轮模型的构建，本文主要分轮毂面（即叶轮底面）及压盖面、叶片和外包覆面三个部分来完成。其中相关的叶轮图样数据分别如图 5-35、图 5-36 及图 5-37 所示。

图 5-34　叶轮模型

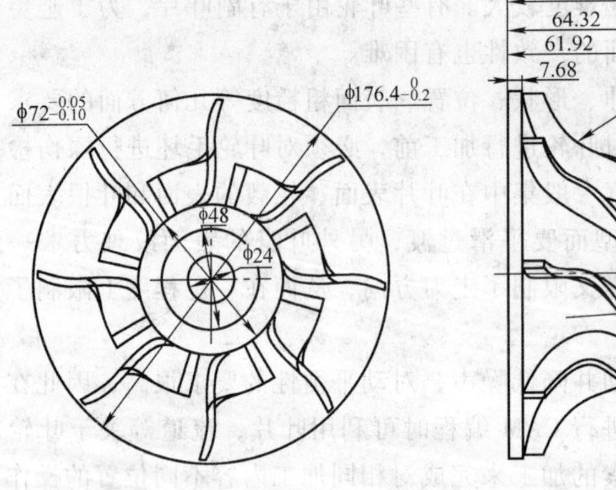

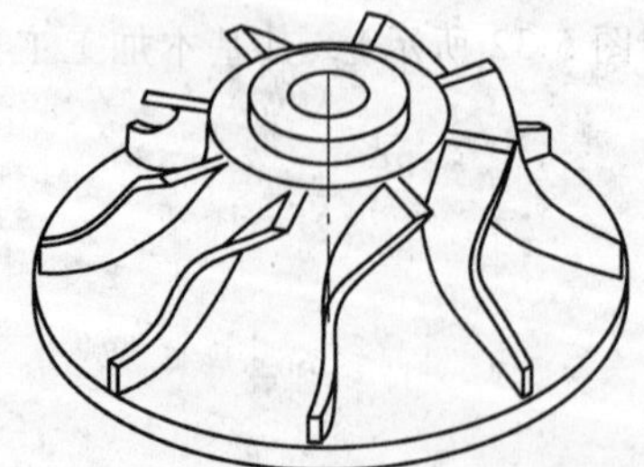

技术要求

1. 固溶处理$\sigma_b \geqslant 230$MPa，硬度不小于 100HBW。
2. 粗车后进行超声波探伤，不得有裂纹，夹渣等缺陷。
3. 清除毛刺。
4. 超速试验 3min(28000r/min)，超速试验前子午线面、端面及内孔留余量。
5. 弧面型线见有关文件。

图 5-35　叶轮模型图

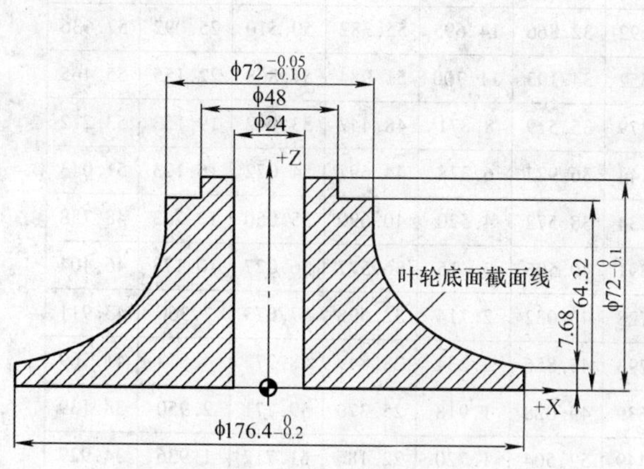

叶轮底面截面线坐标表

	X	Z
1	88.2	7.68
2	83.69	8.29
3	79.22	9.19
4	74.82	10.36
5	70.5	11.82
6	66.3	13.57
7	62.22	15.6
8	58.3	17.93
9	54.58	20.55
10	51.07	23.46
11	47.83	26.65
12	44.89	30.13
13	42.29	33.87
14	40.09	37.86
15	38.32	42.05
16	37.03	46.42
17	36.25	50.91
18	36	55.45
19	36	60.01
20	36	64.32

图 5-36 叶轮底面及型面数表

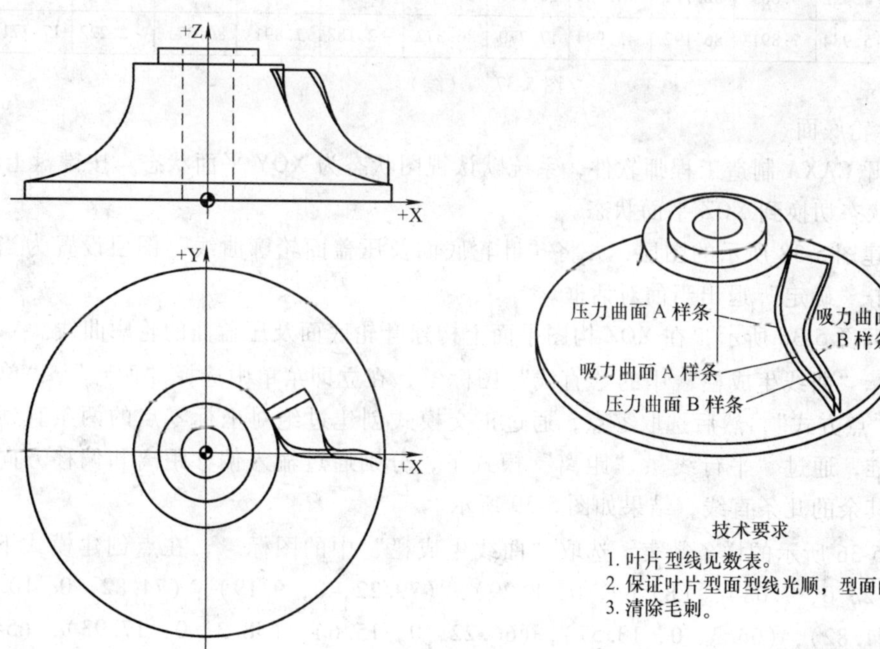

技术要求

1. 叶片型线见数表。
2. 保证叶片型面型线光顺，型面曲率光顺。
3. 清除毛刺。

图 5-37 叶片型面数据表

压力曲面A样条			压力曲面B样条			吸力曲面A样条			吸力曲面B样条		
X	Y	Z	X	Y	Z	X	Y	Z	X	Y	Z
31.979	16.537	61.920	50.144	25.817	61.920	29.516	20.611	61.920	47.282	30.747	61.920
33.383	13.488	58.678	51.517	22.954	59.815	31.348	17.694	58.695	48.981	27.959	59.791
34.464	10.389	55.361	52.723	20.030	57.692	32.866	14.695	55.382	50.510	25.092	57.636
35.388	7.361	51.931	53.761	17.053	55.552	34.193	11.700	51.984	51.868	22.155	55.465
36.347	4.575	48.313	54.623	14.045	53.379	35.519	8.871	48.447	53.042	19.153	53.272
37.480	2.231	44.445	55.327	11.042	51.144	36.927	6.378	44.697	54.072	16.123	51.043
38.973	0.604	40.341	55.993	8.086	48.834	38.572	4.520	40.690	55.050	13.123	48.758
40.931	-0.341	36.215	56.709	5.252	46.391	40.595	3.415	36.577	56.027	10.173	46.404
43.333	-0.967	32.266	57.540	2.660	43.728	43.032	2.714	32.598	57.073	7.366	43.911
46.132	-1.408	28.559	58.624	0.495	40.793	45.856	2.234	28.849	58.272	4.874	41.169
49.280	-1.703	25.127	60.100	-1.030	37.639	49.028	1.918	25.370	59.771	2.950	38.139
52.730	-1.890	21.992	62.035	-1.761	34.449	52.504	1.720	22.186	61.712	1.936	34.929
56.438	-1.989	19.161	64.351	-1.893	31.432	56.242	1.617	19.307	64.037	1.699	31.815
60.363	-1.951	16.638	66.971	-1.754	28.671	60.200	1.644	16.739	66.678	1.833	28.953
64.467	-1.789	14.423	69.841	-1.725	26.169	64.343	1.797	14.485	69.591	1.883	26.367
68.722	-1.824	12.510	72.909	-2.073	23.941	68.643	1.792	12.543	72.723	1.592	24.069
73.076	-2.295	10.902	76.111	-2.745	21.992	73.051	1.355	10.919	76.009	0.967	22.072
77.468	-3.184	9.603	79.408	-3.664	20.321	77.504	0.508	9.610	79.399	0.083	20.366
81.854	-4.422	8.603	82.774	-4.764	18.918	81.958	-0.683	8.605	82.861	-0.995	18.936
86.193	-5.984	7.891	86.192	-5.994	17.770	86.372	-2.188	7.891	86.371	-2.222	17.771

图5-37 （续）

（一）叶轮底面

（1）打开CAXA制造工程师软件，系统默认视图状态为XOY平面状态。按键盘上的F7键，将视图状态切换到XOZ平面状态。

（2）新建图5-38所示的图层，并将“叶轮底面及压盖面轮廓曲线”图层设置为当前图层，然后单击“确定”退出当前对话框。

（3）按照图5-36所示，在XOZ构图平面上构建叶轮底面及压盖面的轮廓曲线。

首先选择“曲线生成栏”中的“直线”图标，在立即菜单中选择“两点”、“单个”、“正交”及“点方式”，然后选取零点，通过正交模式创建过绝对坐标零点的两条直线，并将其作为基准，通过“平行线”、“距离”模式下，分别通过输入偏移距离和偏移方向以等距模式创建其余的几条直线，结果如图5-39所示。

根据图5-36所示的样条数表，选取“曲线生成栏”中的图标，在点创建模式下，分别输入（88.2，0，7.68），（83.69，0，8.29），（79.22，0，9.19），（74.82，0，10.36），（70.5，0，11.82），（66.3，0，13.57），（66.22，0，15.6），（58.3，0，17.93），（54.58，0，20.55），（51.07，0，23.46），（47.83，0，26.65），（44.89，0，30.13），（42.29，0，33.87），（40.09，0，37.86），（38.32，0，42.05），（37.03，0，46.42），（36.25，0，50.91），（36，0，55.45），（36，0，60.01），（36，0，64.32）创建图5-39所示的坐标点。

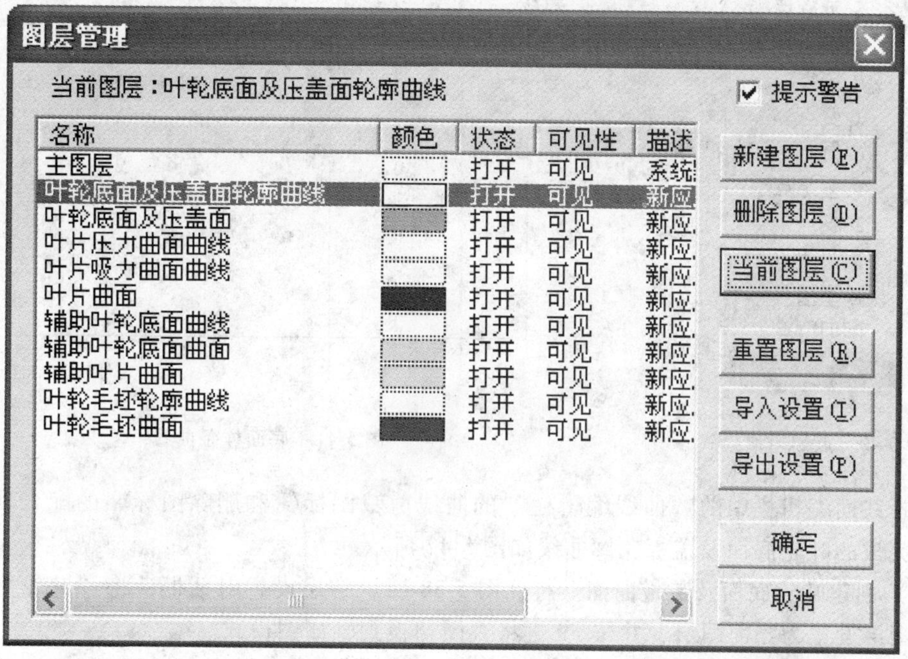

图层管理

当前图层：叶轮底面及压盖面轮廓曲线　☑ 提示警告

名称	颜色	状态	可见性	描述
主图层		打开	可见	系统
叶轮底面及压盖面轮廓曲线		打开	可见	新应
叶轮底面及压盖面		打开	可见	新应.
叶片压力曲面曲线		打开	可见	新应.
叶片吸力曲面曲线		打开	可见	新应.
叶片曲面		打开	可见	新应.
辅助叶轮底面曲线		打开	可见	新应.
辅助叶轮底面曲面		打开	可见	新应.
辅助叶片曲面		打开	可见	新应.
叶轮毛坯轮廓曲线		打开	可见	新应.
叶轮毛坯曲面		打开	可见	新应.

新建图层(E)　删除图层(D)　当前图层(C)　重置图层(R)　导入设置(I)　导出设置(P)　确定　取消

图 5-38　任务图层管理设置

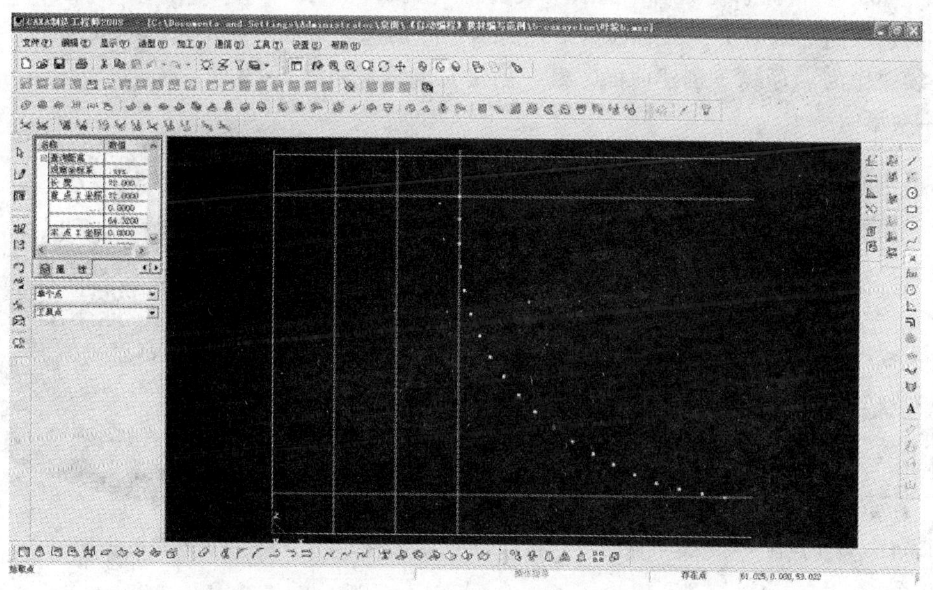

图 5-39　直线及样条点的创建

选择“曲线生成栏”中的“样条线”图标～，在立即菜单中选择“插值”、“缺省切矢”及“开曲线”。然后在提示拾取点时按空格键打开点的拾取设置快捷菜单如图 5-40 所示，将“拾取模式”设置为“存在点”，依次选取上述创建的坐标点，最后单击鼠标右键，完成样条线的创建，结果如图 5-41 所示。

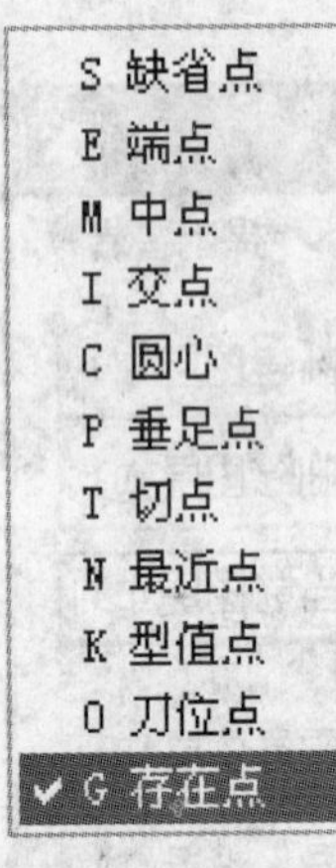

图 5-40　点的拾取模式

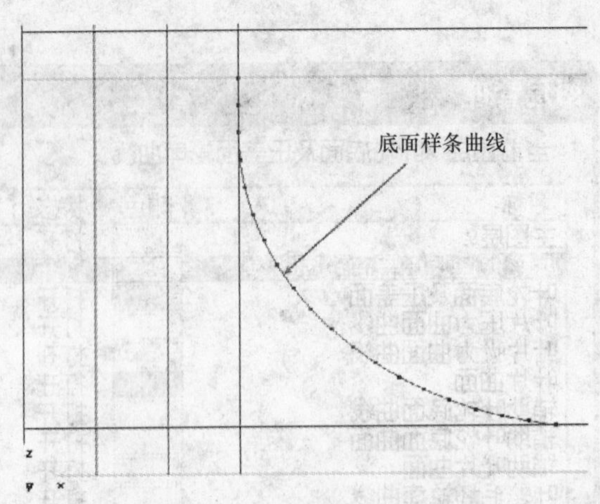

图 5-41　底面样条曲线

选择线面编辑栏中的“曲线编辑栏”的曲线剪裁图标和删除图标的配合使用，最终创建完成的叶轮底面及盖板轮廓曲线如图 5-42 所示。

（4）创建叶轮底面及盖板曲面。打开图 5-38 所示的层设置对话框，将“叶轮底面及压盖面”图层设置为当前图层，并按 F9 键将视图切换到轴测图模式。

然后选择“曲面生成栏”中的旋转面图标，或者选择“造型（U）”→“曲面生成（S）”→“旋转面（S）”菜单项，在立即菜单中“起始角”和“终止角”分别选取默认的“0”和“360”。根据系统提示，选取“旋转轴（直线）”，选取图 5-42 所示的过零点的垂直线，方向选取向上的箭头，然后根据系统提示，分别选取组成的封闭轮廓的截面中的各直线及样条线先作为“母线”创建曲面，最终创建完成结果如图 5-43 所示。

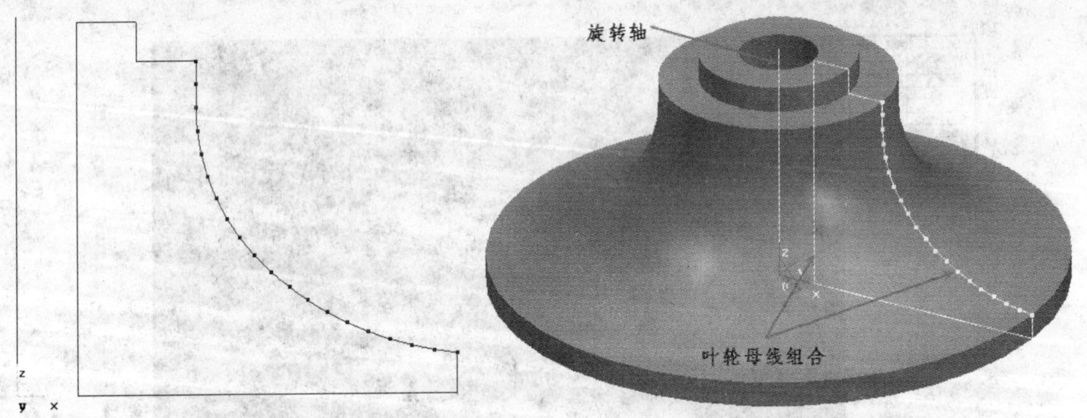

图 5-42　叶轮底面及盖板轮廓曲线　　图 5-43　叶轮底面及盖板曲面

（二）叶片型面

1．创建叶片压力曲面曲线　打开图 5-38 所示的层设置对话框，将“叶轮底面及压盖面轮廓曲线”和“叶轮底面及压盖面”图层设置为“隐藏”状态，将“叶片压力曲面曲线”设置为当前层。按 F9 键将视图切换到轴测图模式。

根据图 5-37 所示的叶片型面数表，选取“曲线生成栏”中的图标，在点创建模式下，分别输入：

（31.979，16.537，61.920），（33.383，13.488，58.678），（34.464，10.389，55.361），（35.388，7.361，51.931），（36.347，4.575，48.313），（37.480，2.231，44.445），（38.973，0.604，40.341），（40.931，－0.341，36.215），（43.333，－0.967，32.266），（46.132，－1.408，28.559），（49.280，－1.703，25.127），（52.730，－1.890，21.992），（56.438，－1.989，19.161），（60.363，－1.951，16.638），（64.467，－1.789，14.423），（68.722，－1.824，12.510），（73.076，－2.295，10.902），（77.468，－3.184，9.603），（81.854，－4.422，8.603），（86.193，－5.984，7.891）创建坐标点。

选择“曲线生成栏”中的样条线图标 ～，在立即菜单中选择“插值”、“缺省切矢”及“开曲线”。然后在提示拾取点时按空格键打开点的拾取设置快捷菜单，将“拾取模式”设置为“存在点”，依次选取上述创建的坐标点，最后单击鼠标右键，完成叶片压力曲面 A 样条的创建，结果如图 5-44 所示。

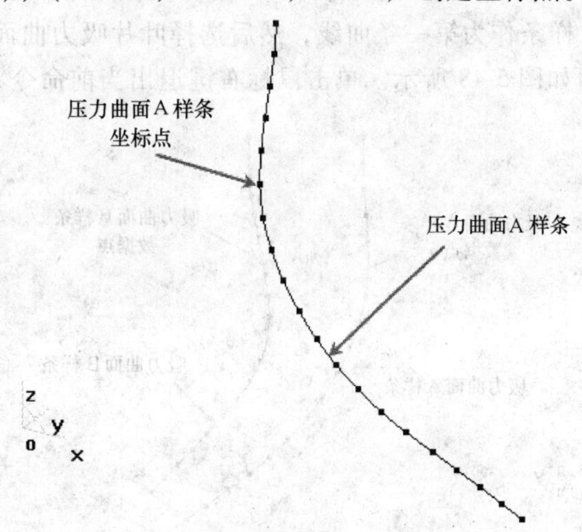

图 5-44　叶片压力曲面 A 样条

用同样的方法创建叶片压力曲面 B 样条，完成后的结果如图 5-45 所示。

【思考】如何将图 5-37 表中的 EXCEL 格式的数据转换到 CAXA 的点模式下？

提示：为了将数据格式进行转换，本文采用了 EXCEL 和记事本相结合的方式，将数据转换为图 5-46 所示的数据格式，然后通过“复制”、“粘贴”的方式将其导入到 CAXA 的点创建下，且注意“，”为半角模式。

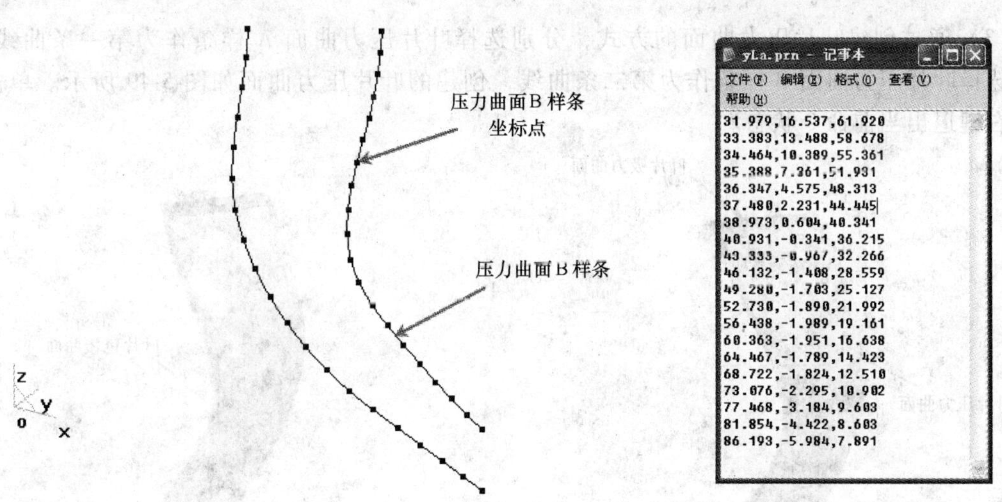

yLa.prn - 记事本

文件(F) 编辑(E) 格式(O) 查看(V) 帮助(H)

31.979,16.537,61.920
33.383,13.488,58.678
34.464,10.389,55.361
35.388,7.361,51.931
36.347,4.575,48.313
37.480,2.231,44.445
38.973,0.604,40.341
40.931,-0.341,36.215
43.333,-0.967,32.266
46.132,-1.408,28.559
49.280,-1.703,25.127
52.730,-1.890,21.992
56.438,-1.989,19.161
60.363,-1.951,16.638
64.467,-1.789,14.423
68.722,-1.824,12.510
73.076,-2.295,10.902
77.468,-3.184,9.603
81.854,-4.422,8.603
86.193,-5.984,7.891

图 5-45　叶片压力曲面 B 样条　　图 5-46　数据格式转换

2. 创建叶片吸力曲面曲线　打开图 5-38 所示的层设置对话框，将“叶轮底面及压盖面轮廓曲线”、“叶轮底面及压盖面”和“叶片压力曲面曲线”图层设置为“隐藏”状态，将“叶片吸力曲面曲线”设置为当前层。

依据上述 1. 的方式创建数据点、创建样条，最终完成的叶片吸力曲面 A 样条和曲面 B 样条如图 5-47 所示。

3. 创建叶片型面

（1）首先打开层设置对话框，将“叶片曲面”设置为当前层。然后选择“曲面生成栏”中的直纹面图标，或者选择“造型（U）”→“曲面生成（S）”→“直纹面”菜单项，在立即菜单中选择“曲线 + 曲线”的直纹面模式创建叶片型面。由于“叶片吸力曲面曲线”图层状态为“可见”，所以此处首先创建叶片吸力曲面。根据系统提示，选择叶片吸力曲面 A 样条作为第一条曲线，然后选择叶片吸力曲面 B 样条作为第二条曲线，创建的叶片吸力曲面如图 5-48 所示。单击鼠标右键退出当前命令状态。

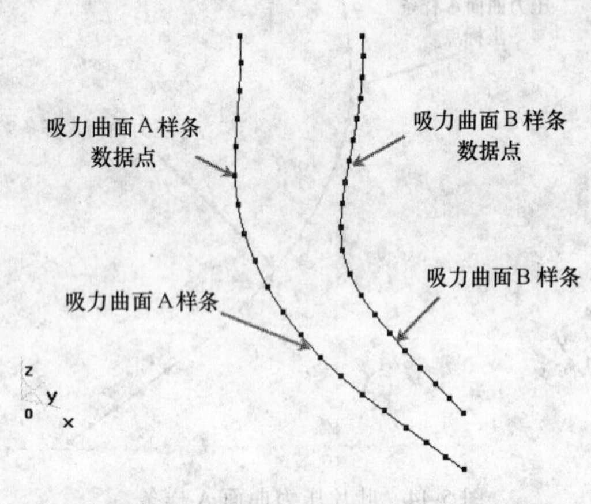

图 5-47　叶片吸力曲面 A、B 样条

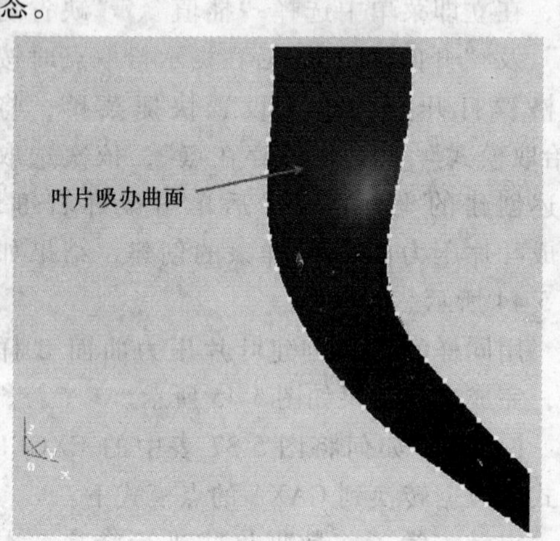

图 5-48　叶片吸力曲面

（2）打开图 5-38 所示的层设置对话框，将“叶片压力曲面曲线”图层设置为“可见”状态。

（3）通过创建叶片压力曲面的方式，分别选择叶片压力曲面 A 样条作为第一条曲线，然后选择叶片压力曲面 B 样条作为第二条曲线，创建的叶片压力曲面如图 5-49 所示。单击鼠标右键退出当前命令状态。

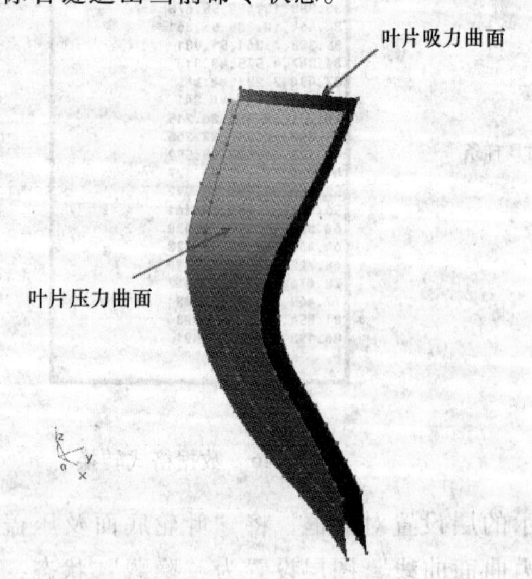

图 5-49　叶片压力曲面

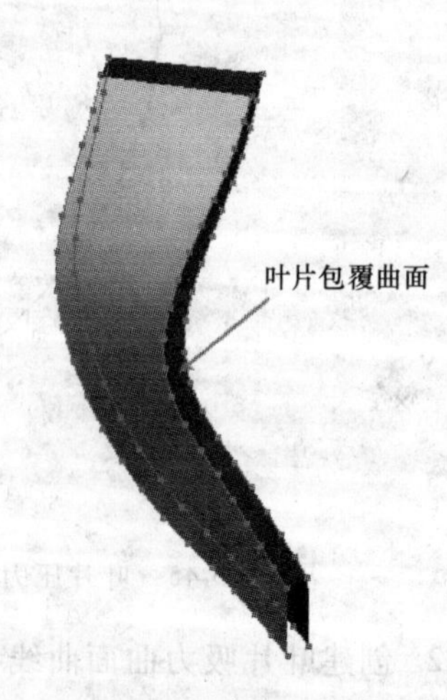

图 5-50　叶片包覆曲面

(4) 分别选取叶片吸力曲面 B 样条作为第一条曲线，叶片压力曲面 B 样条作为第二条曲线生成叶片的包覆曲面，结果如图 5-50 所示。

(5) 选择“曲线生成栏”中的相关线图标，在立即菜单中选择“曲面边界线”、“单根”。然后根据系统提示分别选取图 5-49 所示的叶片压力曲面和叶片吸力曲面的上半部分边界，生成相应的曲线。并将上述两边界线作为直纹面的两条曲线，生成直纹曲面，结果如图 5-51 所示。

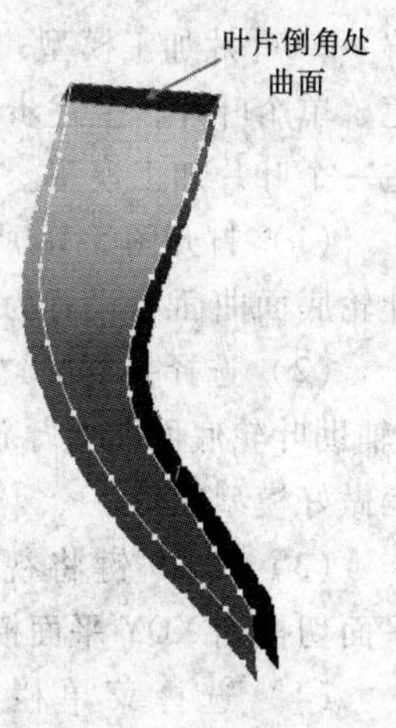

图 5-51 叶片倒角处曲面

二、加工模型

为了保证编制的刀具轨迹的合理性，在这里引入加工模型的概念。以下主要涉及叶轮底面辅助模型、叶片加工模型和叶轮毛坯模型的构建。

1. 叶轮底面辅助模型

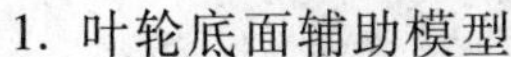

(1) 打开图 5-38 所示的层设置对话框，将“辅助叶轮底面曲线”设置为当前层，将“叶轮底面及压盖面轮廓曲线”设置为“可见”状态，将其余图层设置为“隐藏”状态。

(2) 选择并复制“叶轮底面及压盖面轮廓曲线”层中的轴线及叶轮底面轮廓曲线，然后将“叶轮底面及压盖面轮廓曲线”设置为“隐藏”状态，并将复制的曲线“粘贴”到当前层。

(3) 过复制的叶轮底面曲线的上端点以“两点”，“单个”，“正交”，“点方式”创建水平直线，然后通过“平行线”，“距离”模式，将创建的水平线向上偏移 6.0mm，并以其为工具线，对复制的叶轮底面曲线进行延伸操作，完成的叶轮底面辅助母线如图 5-52 所示。

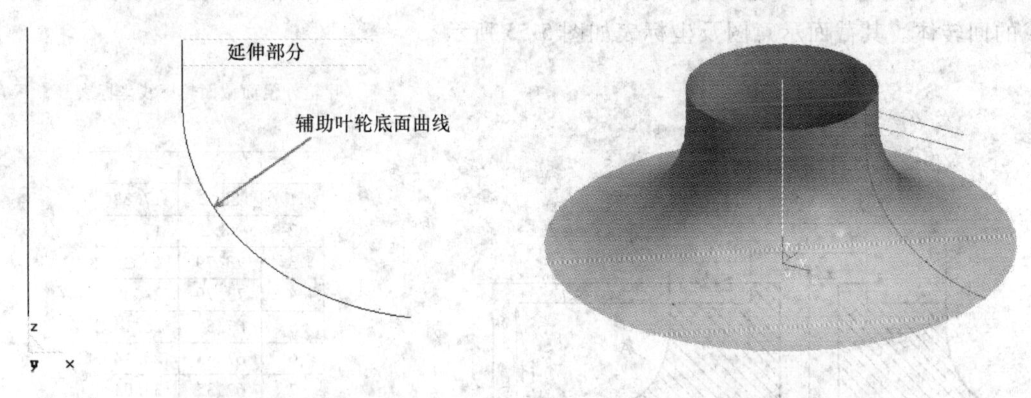

图 5-52 叶轮底面辅助母线

图 5-53 辅助叶轮底面曲面

(4) 创建辅助叶轮底面曲面。打开图 5-38 所示的层设置对话框，将“辅助叶轮底面曲面”设置为当前图层，并按 F9 键将视图切换到轴测图模式。然后选择“曲面生成栏”中的旋转面图标，或者选择“【造型（U）】→【曲面生成（S）】→【旋转面（S）】”菜单项，在立即菜单中“起始角”和“终止角”分别选取默认的“0”和“360”。根据系统提示，选取“旋转轴（直线）”，选取图 5-52 所示的过零点的垂直线，方向选取向上的箭头，然后根据系统提示，以辅助叶轮底面曲线作为“母线”创建曲面，最终创建完成结果如图 5-53 所示。

2. 叶片加工模型　针对 CAXA 制造工程师软件五轴叶轮加工模块主要涉及包含叶轮流道、单个叶片，上述步骤 1. 构造了叶轮底面曲面，此步骤主要从加工模块的角度出发，构造一个叶片加工模型。

（1）打开图 5-38 所示的层设置对话框，将“辅助叶片曲面”设置为当前层，将“辅助叶轮底面曲面”设置为“可见”状态，将其余图层设置为“隐藏”状态。

（2）选择并复制“辅助叶轮底面曲面”层中的叶片压力曲面和叶片吸力曲面，然后将“辅助叶轮底面曲面”设置为“隐藏”状态，并将复制的曲线“粘贴”到当前层，为叶片加工做好模型准备。

（3）按 F9 键将视图及工作平面切换到 XOY 平面模式。

（4）选择菜单栏“【造型（U）】→【几何变换（G）】→【平面旋转】”菜单，在立即菜单中选择“固定角度”、“拷贝”、“份数”输入“1”，叶片是 8 处均布，所以角度输入“45”，然后确定，并根据系统提示拾取“叶片压力曲面和吸力曲面”，操作完成的辅助叶片曲面模型如图 5-54 所示。

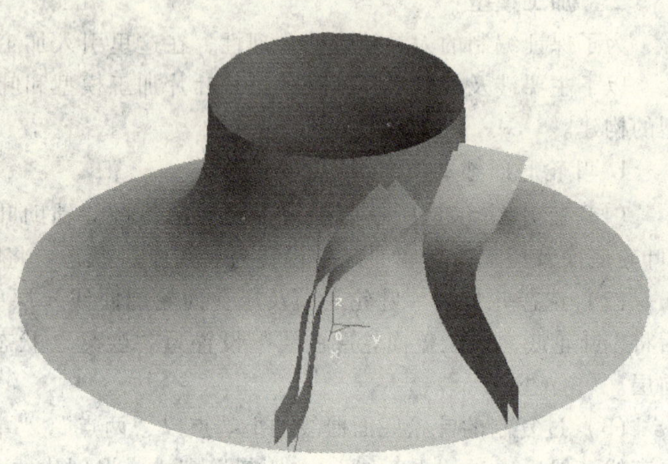

图 5-54　辅助叶片曲面模型

3. 叶轮毛坯模型　通过对叶轮零件的工艺分析，对于叶轮加工的毛坯为通过车加工完成的回转体。其截面示意图及坐标表如图 5-55 所示。

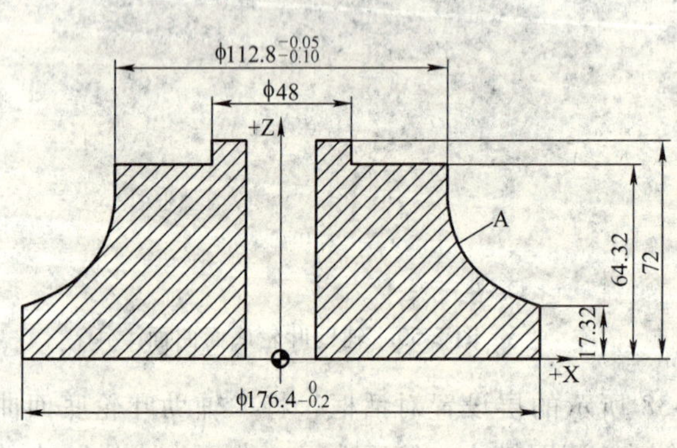

叶轮外覆面截面轮廓线坐标表

	X	Z
1	88. 2	17. 32
2	88. 2	17. 32
3	73. 79	23. 38
4	73. 79	23. 38
5	67. 55	28. 14
6	67. 55	28. 14
7	62. 35	34. 04
8	62. 35	34. 04
9	58. 58	40. 91
10	58. 58	40. 91
11	56. 61	48. 51
12	56. 61	48. 51
13	56. 4	56. 4
14	56. 4	64. 32

图 5-55　叶轮毛坯截面示意图及坐标表

参照前面“叶轮底面辅助模型”构造的方法和步骤完成叶轮毛坯曲面模型的构建，这里就不做详细介绍，最终完成叶轮毛坯轮廓和曲面模型如图 5-56 所示。

由于 CAXA 制造工程师软件在定义毛坯功能上的限制，不能真实的定义其毛坯。关于定义特殊形状毛坯的功能，随着软件版本的不断升级，相信在以后的版本中会得以解决。当然与毛坯关联的内容一个是刀具轨迹的计算问题，还有一个就是刀具轨迹的仿真，尤其是四轴/五轴程序的仿真。将借助其他专业的仿真软件来解决对刀具轨迹及程序的仿真问题。

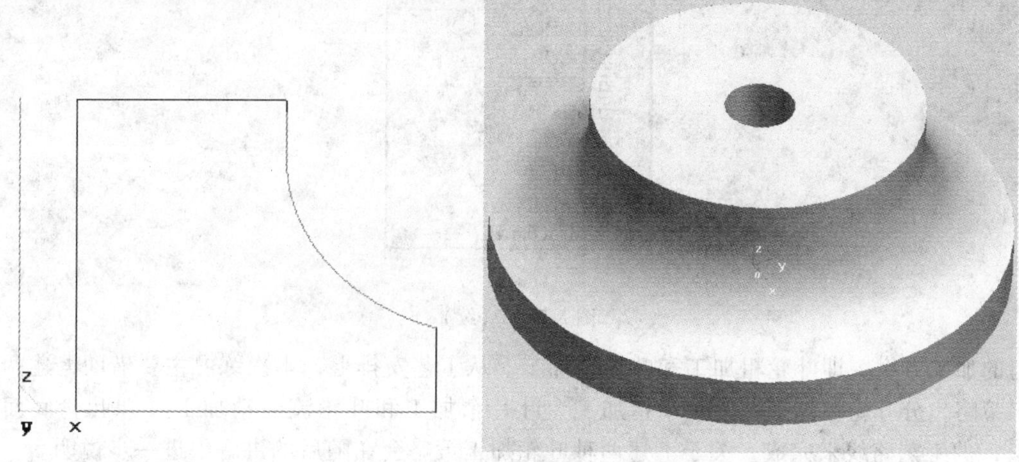

图 5-56　叶轮毛坯轮廓及曲面模型

【任务三】 加工参数设置

对于叶轮的加工，本任务主要采用 CAXA 制造工程师软件的五轴加工功能来完成，如图 5-57 所示。为了方便对象的拾取，对图 5-54 所示的辅助加工面颜色进行了更改。

从图 5-57 所示可以看出，针对叶轮这种复杂曲面的特殊零件，CAXA 软件提供了两种

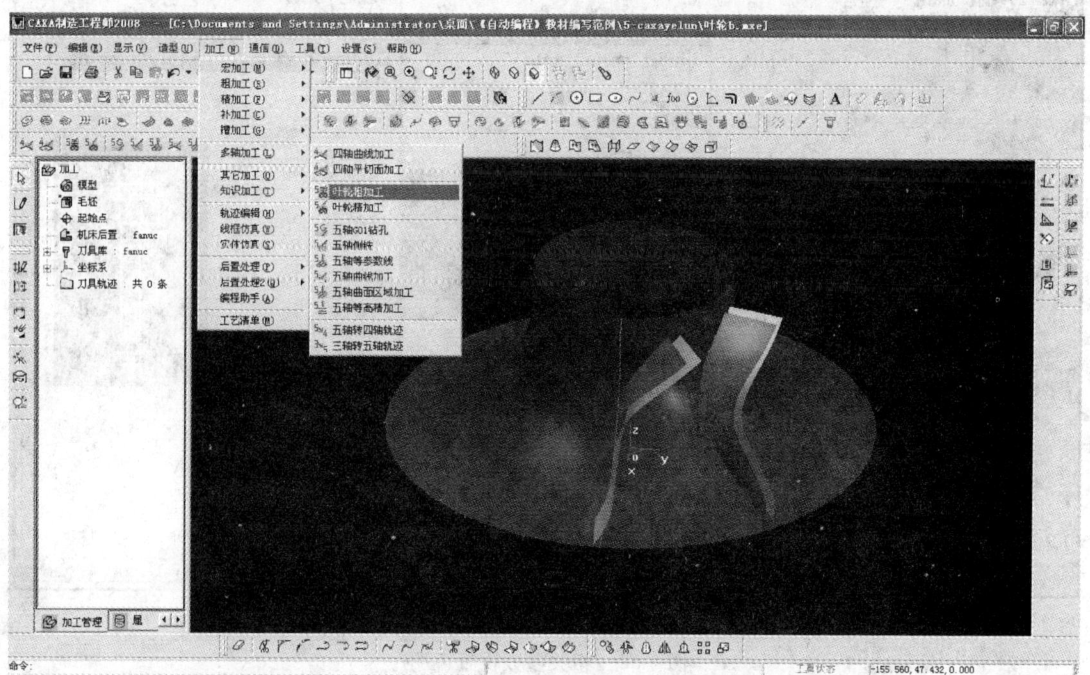

图 5-57　CAXA 叶轮加工功能

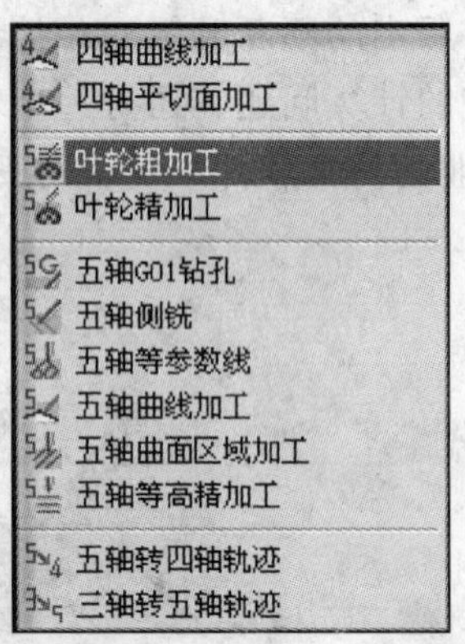

图 5-57 （续）

专门的加工方案，即叶轮粗加工和叶轮精加工。从工艺安排上，本次练习主要借助上述两种加工策略，分叶轮粗加工、叶片半精加工、叶片精加工和叶轮流道精加工（即叶轮底面精加工）的工艺路线来完成。关于上述两种叶轮加工策略会在随后的讲解中进一步说明。

（一）叶轮粗加工

1. 参数设置　选择图 5-57 所示的“叶轮粗加工”菜单，系统将弹出“叶轮粗加工”对话框，选择叶轮粗加工、切削用量和刀具参数标签页，按照图 5-58 所示分别设置相应的加工参数。

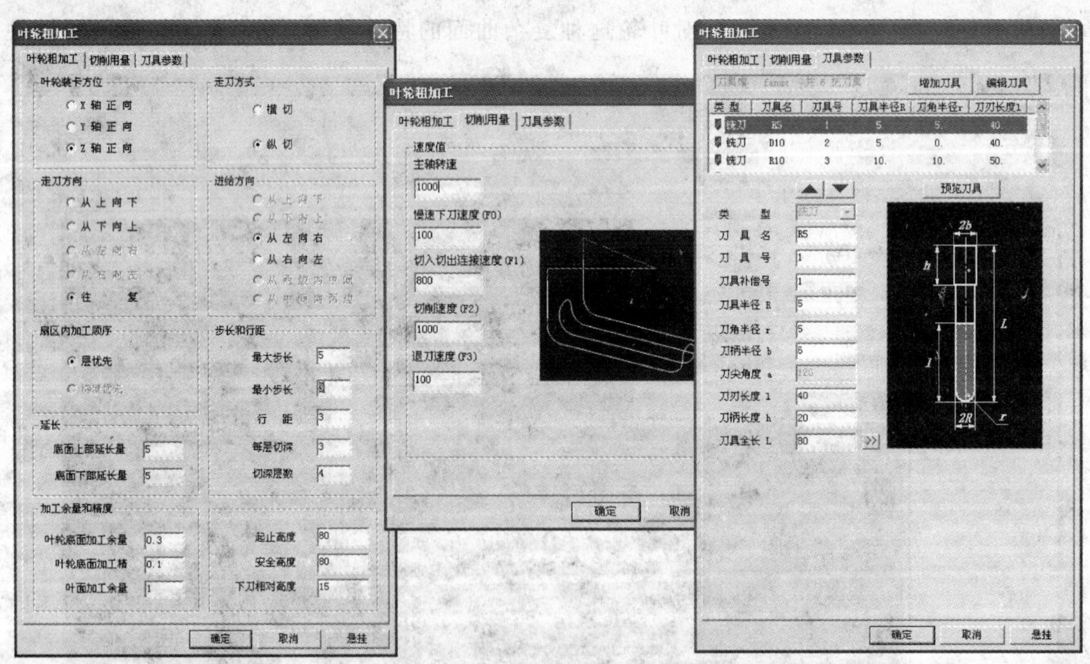

图 5-58 相关参数设置说明

在图 5-58 中，针对叶轮的装夹提供了三种方案，即 X 轴正向、Y 轴正向和 Z 轴正向。

上述参数的设置需要综合考虑机床坐标轴方向及工件的装夹，因为对于上述介绍叶轮的加工本文采用图 5-59 所示五轴机床进行多轴加工，因此叶轮装卡方位此处选择“Z 轴正向”，如图 5-60 所示。同时为了保证加工流道的刀具轨迹没有残留，此处设置了延长量，主要包含底面上部和下部两部分的延长量，具体数值如图 5-61 所示。

对于粗加工，设置叶轮底面加工余量为“0.3”，而“加工精度”改为“0.1”，从而降低刀具轨迹的计算时间和缩小程序量，叶面的加工余量设置为“1”，如图 5-62 所示。

2. 加工对象选取　设置完加工参数，接下来就是根据系统的提示信息，选择加工对象(【技巧】：需要注意并观察 CAXA 提示框的信息，也有对操作步骤的提示)。对于叶轮粗加工，系统首先弹出的相应提示信息如图 5-63 所示：第一步拾取叶轮底面，而叶轮底面必须是旋转面，这点必须注意。拾取图 5-54 所示的叶轮底面，其结果如图 5-64 所示。

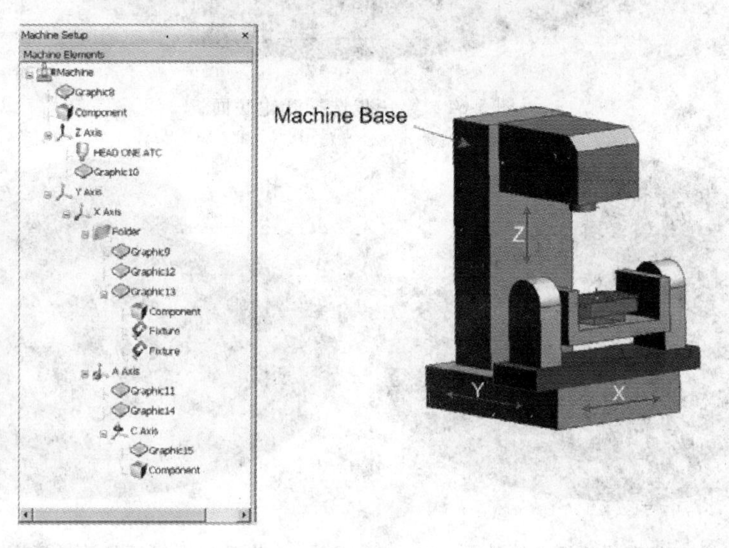

图 5-59　五轴机床

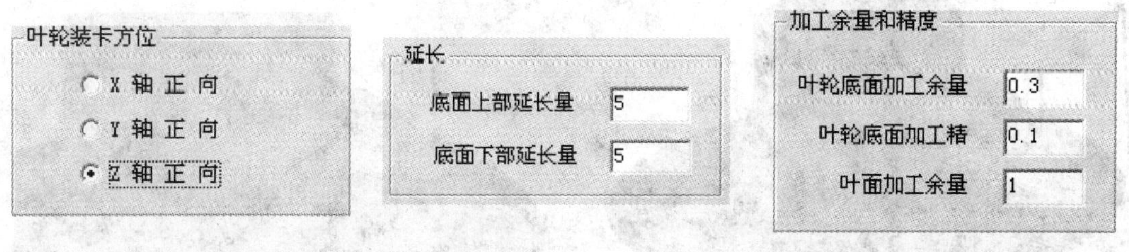

图 5-60　叶轮装卡方位图　　图 5-61　延长量的设置　　图 5-62　粗加工加工余量和精度设置

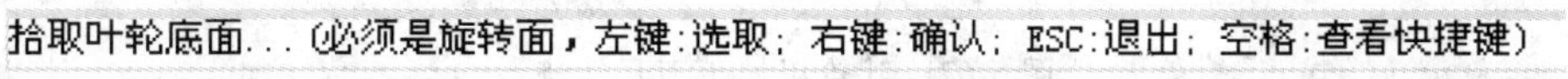

拾取叶轮底面... (必须是旋转面，左键:选取; 右键:确认; ESC:退出; 空格:查看快捷键)

图 5-63　提示框信息

第二步根据系统提示“拾取同一叶片槽左叶面”，按照图 5-65 所示选择同一叶片槽即流道左侧的叶片曲面。第三步根据系统提示选择流道右侧叶面，如图 5-66 所示。

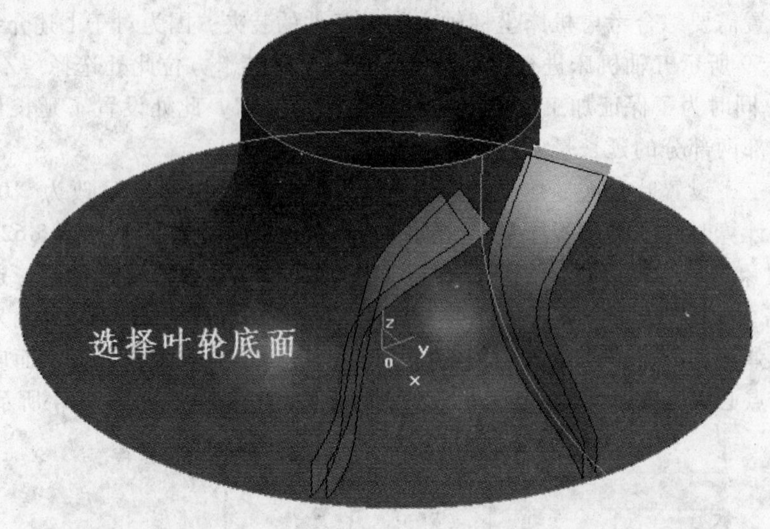

图 5-64　第一步选择叶轮底面

图 5-65　第二步选择流道左侧叶面

图 5-66　第三步选择流道右侧叶面

系统会在第三步结束后自动计算刀具轨迹，完成后的结果如图 5-67 所示。

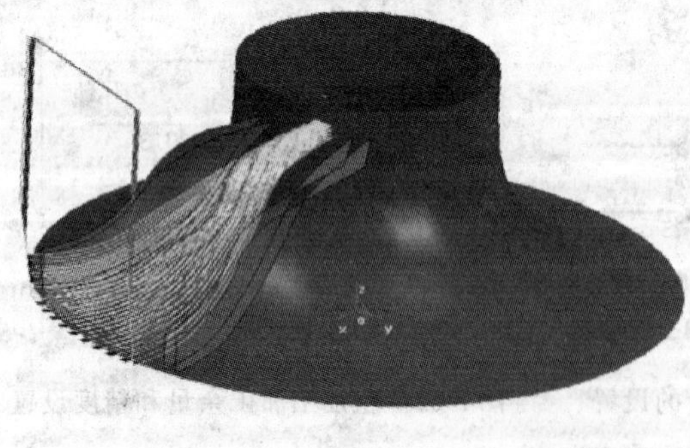

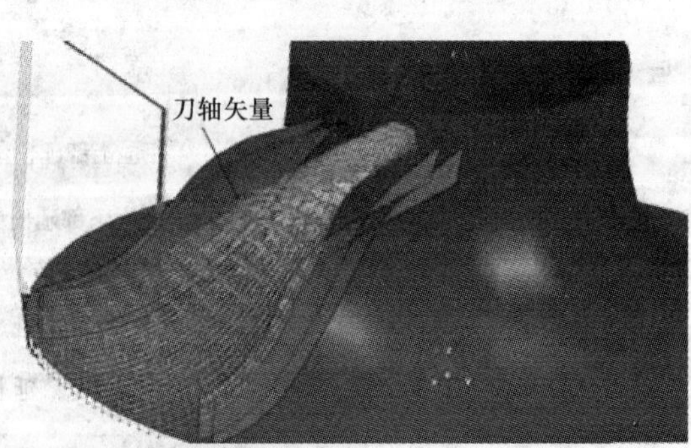

图 5-67　叶轮粗加工刀具轨迹

（二）叶片半精加工

CAXA 提供了两种加工策略，此处借助叶轮精加工策略按照相应的设置，创建叶片半精加工刀具轨迹，其加工留量为“0.2mm”，详细步骤如下。

（1）半精加工参数设置　选择图 5-68 所示的“叶轮精加工”菜单，系统将弹出“叶轮精加工”对话框，并选择叶轮精加工、叶片加工参数、切削用量和刀具参数标签页，按照图 5-68 所示分别设置相应的加工参数。

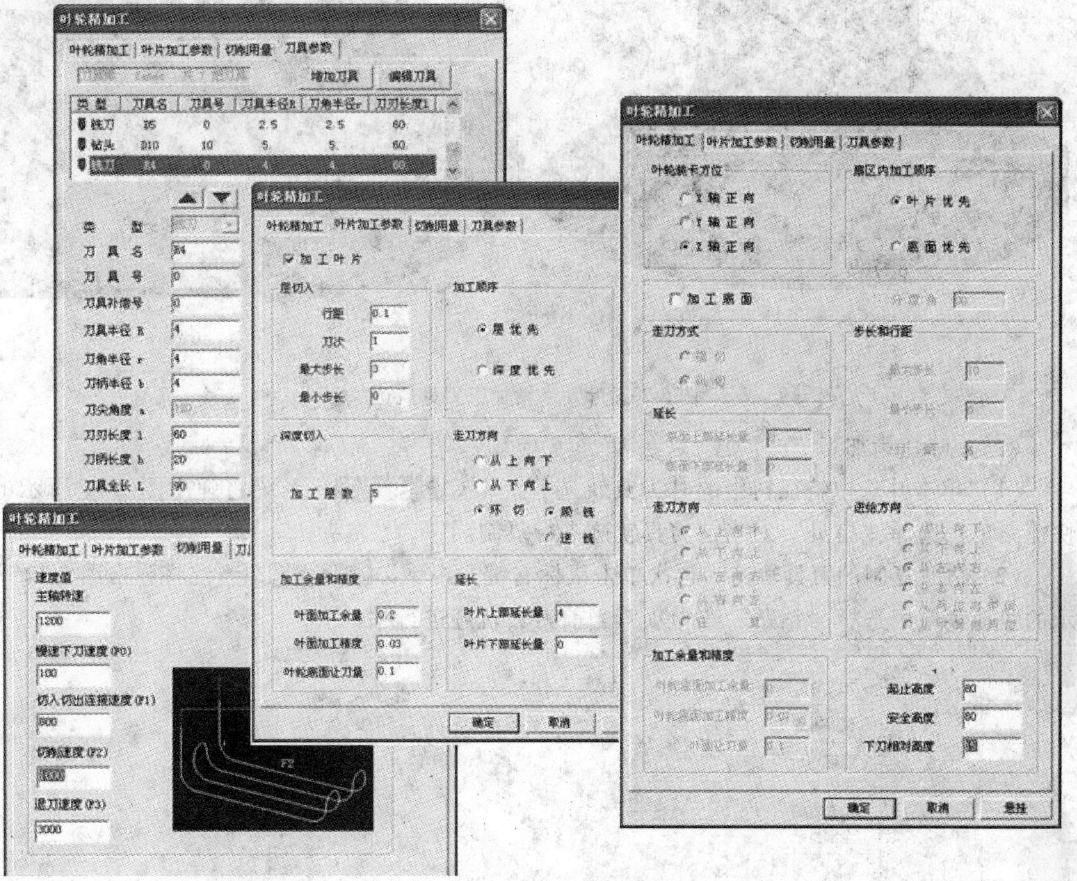

图 5-68　叶片半精加工参数设置

（2）拾取对象。第一步根据系统提示栏中的提示信息拾取叶轮底面，与叶轮粗加工一样，选择同一回转体曲面作为叶轮底面曲面。然后根据系统提示分别选择同一叶片的左侧叶面和右侧叶面，详细如图 5-69 所示。[提醒：叶面的选择必须是同一叶片，否则系统会提示错误信息。]

系统会自动完成刀具轨迹的计算，其结果如图 5-70 所示。

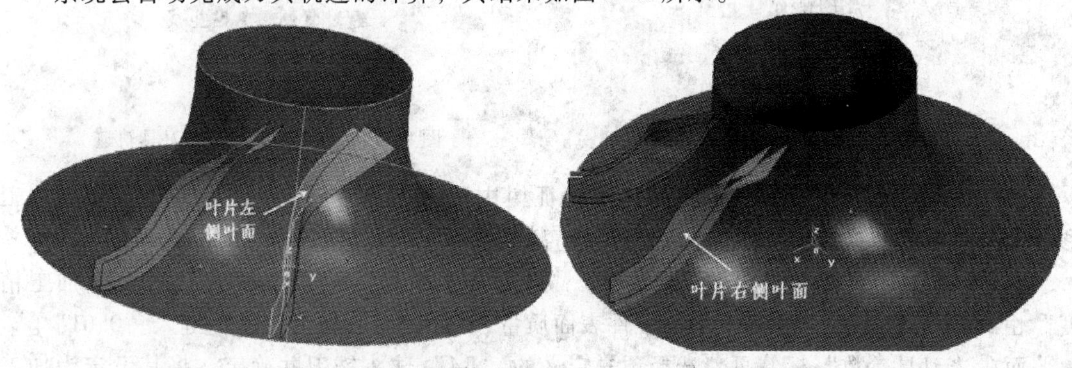

图 5-69　叶片左、右叶面参数

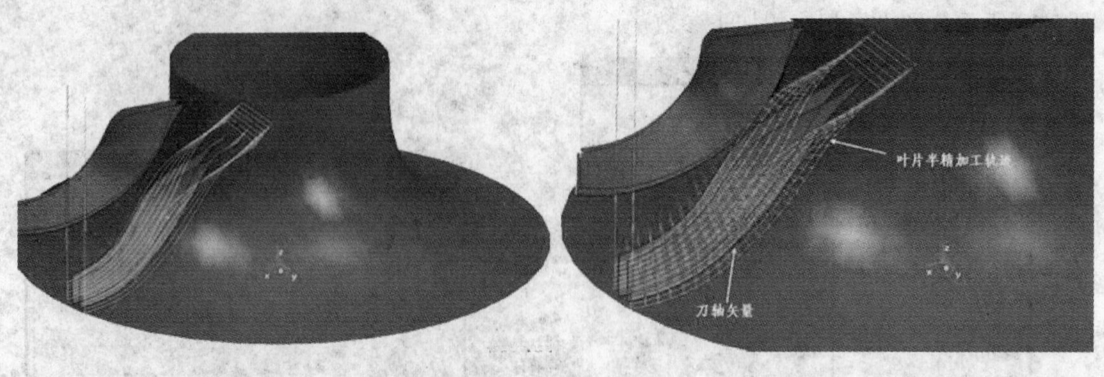

图 5-70　叶片半精加工刀具轨迹

（三）叶片精加工

（1）单击并选中特征树中的【刀具轨迹】→ 2-叶轮精加工，系统将弹出图 5-71 所示的快捷菜单。选择“拷贝”对当前刀具轨迹进行复制。

（2）粘贴复制的刀具轨迹。再次单击鼠标右键选中 2-叶轮精加工，系统将弹出图 5-72 所示的快捷菜单。选择“粘贴”菜单项对当前刀具轨迹进行粘贴。

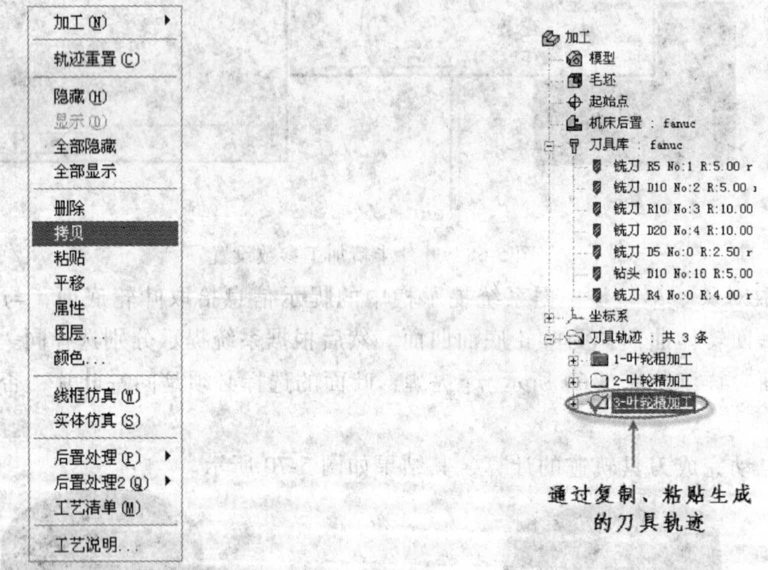

图 5-71　刀具轨迹快捷菜单　　　　图 5-72　复制粘贴生成的刀具轨迹

（3）编辑修改加工参数。单击并选中特征树中的【刀具轨迹】→ 3-叶轮精加工→加工参数，在弹出的“叶轮精加工”对话框后设置精加工的参数如图 5-73 所示。

其中，在“叶片精加工参数”标签页，“叶面加工余量”键入“0.01”；“叶面加工精度”由“0.03”改为“0.01”，提高工件表面质量；“叶面底面加工余量”键入“0.01”。

而在“刀具参数”标签页，选择预先定义的“R4”球头铣刀并确定，将其设定为加工刀具。

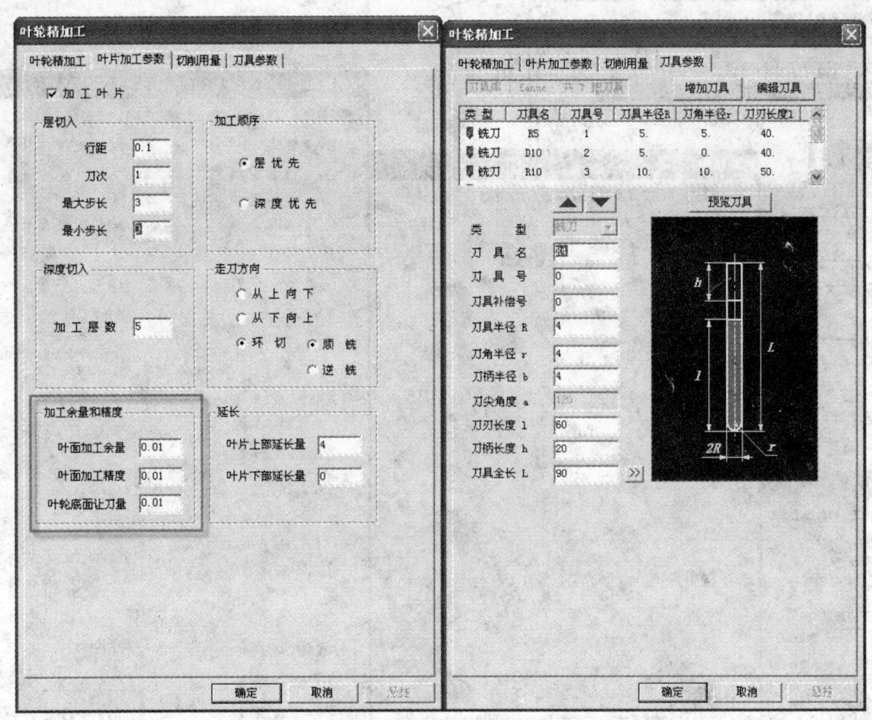

图 5-73　叶片精加工参数设置

编辑修改完成叶片精加工所需要的加工参数，系统会提示并计算刀具轨迹，完成的结果如图 5-74 所示。通过与叶片半精加工刀具轨迹比较，可以非常直观的看到参数设置带来的差异。

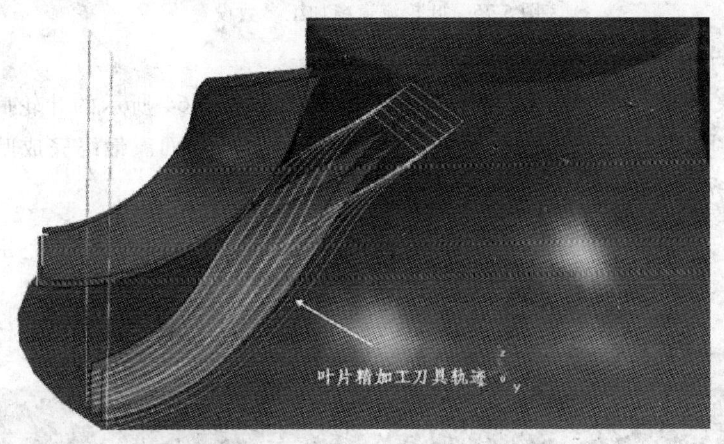

图 5-74　叶片精加工刀具轨迹

（四）叶轮流道精加工

1. 参数设置　选择图 5-57 所示的“叶轮精加工”菜单，系统将弹出“叶轮精加工”对话框，并选择叶轮精加工、叶片加工参数、切削用量和刀具参数标签页，按照图 5-75 所示分别设置相应的加工参数。其中分度角参数为“360°/叶片个数”，本叶轮为 8 个叶片的叶

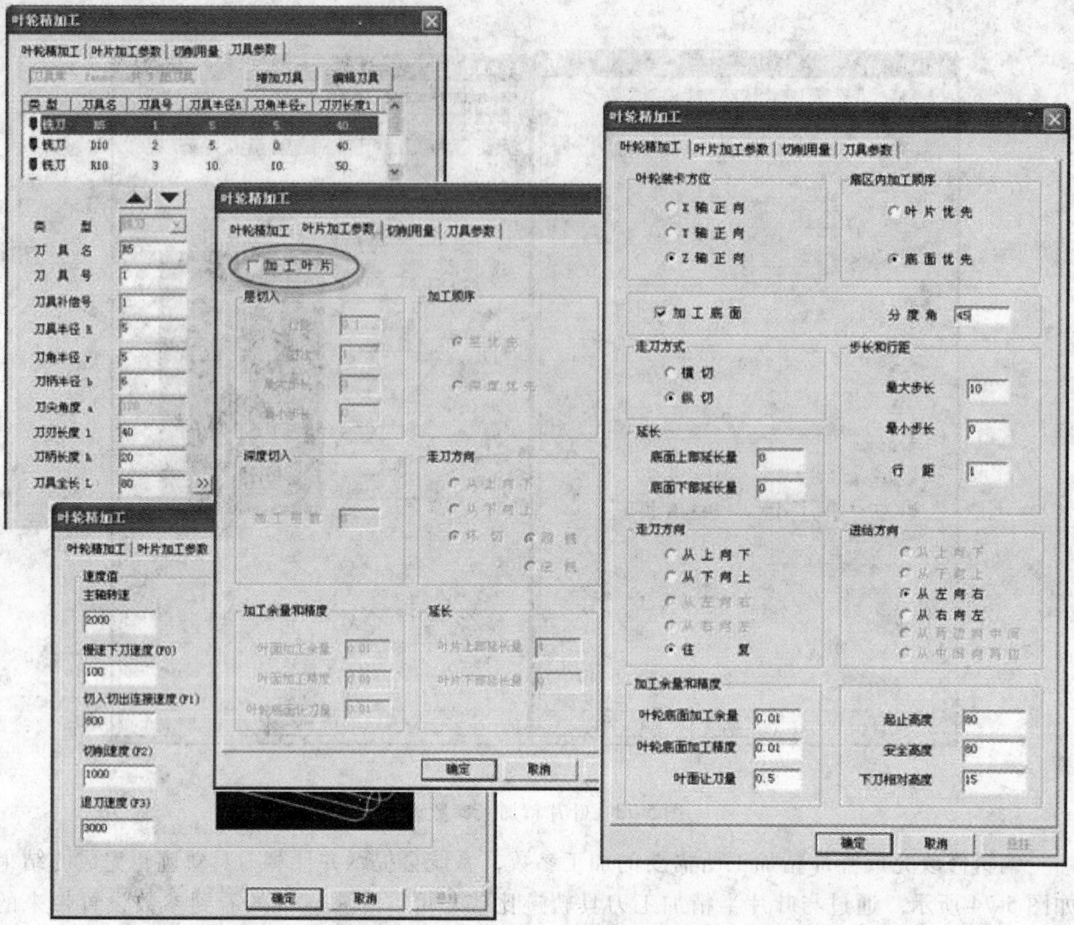

图 5-75 叶轮流道精加工参数设置

轮，所以分度角设置为“45”。

2. 加工对象拾取 第一步根据系统提示，首先拾取图 5-64 所示的叶轮底面，然后根据系统提示依次拾取图 5-76 所示的叶片左侧叶面和叶片右侧叶面。最终完成叶轮流道精加工刀具轨迹如图 5-77 所示。

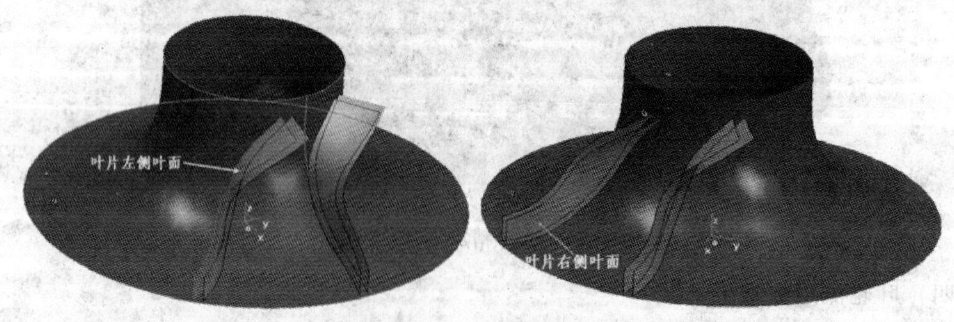

图 5-76 叶片左、右侧叶面

到这一步，就完成了叶轮加工工艺中全部刀具轨迹的创建任务。

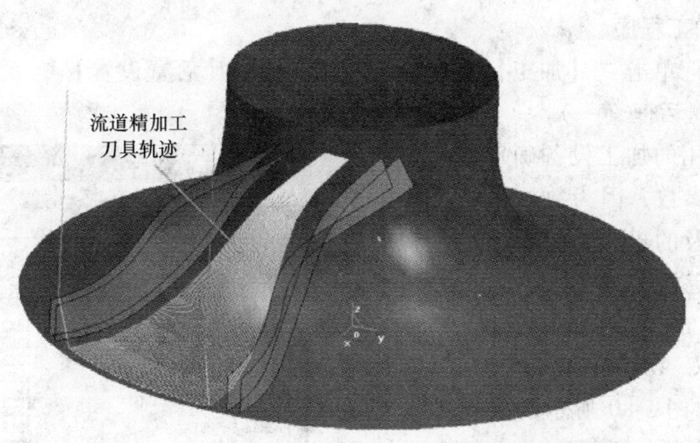

图 5-77 叶轮流道精加工刀具轨迹

【任务四】 自动编程与仿真

（一）轨迹仿真

由于 CAXA 制造工程师软件针对叶轮加工目前暂且不支持实体仿真，所以在 CAXA 环境下，本文只能借助线框仿真对叶轮加工刀具轨迹进行仿真。当然也可以借助 VERICUT 第三方仿真软件对叶轮多轴加工轨迹和程序进行仿真校验，这部分内容将在后续版本中详细介绍。

（1）选择“【加工】→【线框仿真】”，在弹出的立即菜单中，选择“实体显示刀具”、“显示刀具、刀柄和轨迹”、“连续向前运行”，“仿真单步长”和“一次走步数”分别选取默认值“4”和“1”。

（2）按屏幕左下角提示：“拾取刀具轨迹”单击鼠标左键，使刀具轨迹变红，单击鼠标右键确认。仿真加工效果如图 5-78 所示。

图 5-78 仿真加工效果

（3）仿真结束后，系统会弹出“关闭仿真到尾端”窗口，选择“确定”，退出仿真功能。

（二）生成加工程序

1. 设置参数　单击“【加工】→【后置处理2】→【后置设置】”，系统将弹出图5-79所示的后置配置对话框（一）。

（1）根据使用的加工设备确定数控系统及程序代码的相关参数，因为数控系统文件列表中没有本文所涉及的机床类型，其他编程的数控系统文件与规定相符，需要修改和重新设定。在图5-79所示的对话框中选择“heidenhain530_5x_HBTC_DMU60P”然后选择“编辑”，系统将弹出图5-80所示的后置配置对话框（二）。

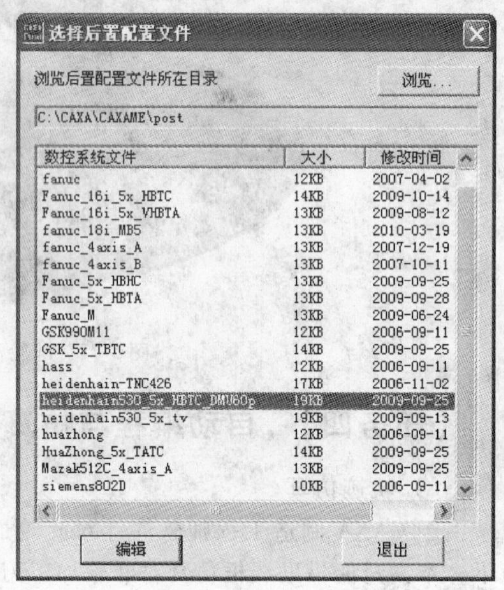

图5-79　后置配置对话框（一）

根据图5-59所示的五轴机床机械结构，打开图5-80所示对话框中的“多轴”标签页，按照图5-81所示的内容进行修改，其中机床结构类型选择“双工作台”，旋转轴选择“C轴”，旋转轴最大角度为“99999”，旋转轴最小角度为“-99999”；摆动轴选择“A轴”，摆动轴最大角度为“120”，摆动轴最小角度为“-90”，其他已有的内容能满足此工件的程序结构要求，可不做修改或重新填写；选择“预览”对程序样式进行预览。选择“多轴2”标签页，倾斜轴矢量修改为“1 0 0”（表示X轴为1，其余轴为0）。

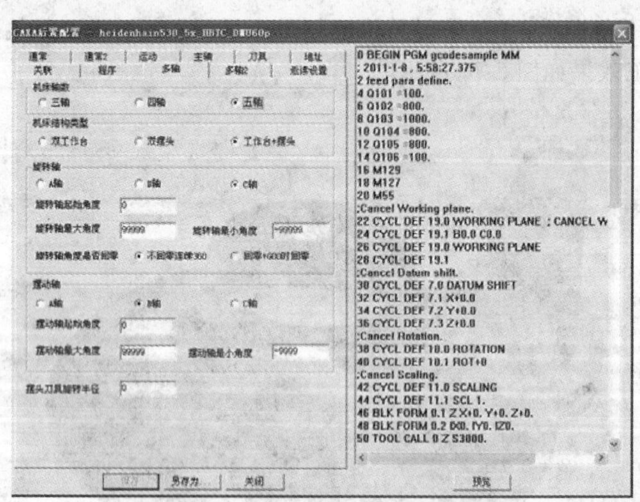

图5-80　后置配置对话框（二）

（2）保存定置的后置机床文件。选择“另存为”，并在弹出的存储对话框中输入“heidenhain530_5axis_TATC”，表示“AC模式的五轴双转台Heidenhain530系统的后置”。

（3）单击“关闭”退出CAXA后置配置对话框，完成“机床后置”的基本内容。

（4）单击“【加工】→【后置处理2】→【后置设置】”，在弹出的图5-79所示的后置

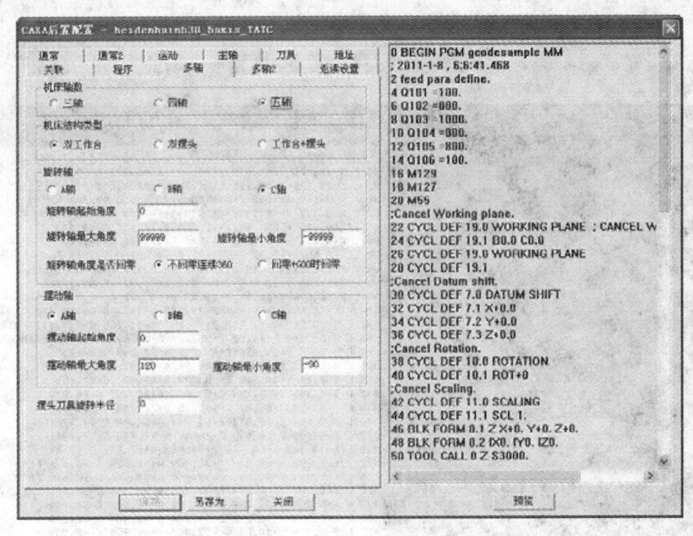

图 5-81　定置后置处理器

配置文件对话框下，选择“浏览”，并在弹出的设置对话框下选择上述第（3）步所生成的“heidenhain530_5axis_TATC”文件存储的路径。

2. 生成 G 代码　单击“【加工】→【后置处理 2】→【生成 G 代码】”，系统将弹出“生成后置代码”对话框，将文件名设定为指定的序号（如：0004），在左侧的列表中选择“heidenhain530_5axis_TATC”，并选中“保留刀位文件”选项，如图 5-82 所示。然后单击“确定”，屏幕状态栏提示：拾取刀具轨迹。按要求单击刀具轨迹（变成红色），单击鼠标右键确认，立即弹出加工 G 代码文件，保存即可，结果如图 5-83 所示。

图 5-82　生成后置代码设置

（三）生成加工工艺单

单击“【加工】—【工艺清单】”命令，弹出“工艺清单”对话框，分别填入“零件名称”、“零件图图号”、“零件编号”、及设计、工艺、校核人员的姓名等内容。然后单击“拾取轨迹”，按状态栏的提示拾取刀具加工轨迹（粗、精加工均有），单击鼠标右键；再单击“生成清单”，将生成“工艺明细表、机床、起始点、模型、毛坯”、“功能参数”、“刀具”、“刀具轨迹”和 G 代码等工艺清单。

至此，关于在 CAXA 制造工程师软件环境下，整体叶轮的造型、单个叶片及叶片流道加工轨迹生成、加工轨迹仿真、生成 G 代码、生成加工工艺清单的工作已经全部完成。

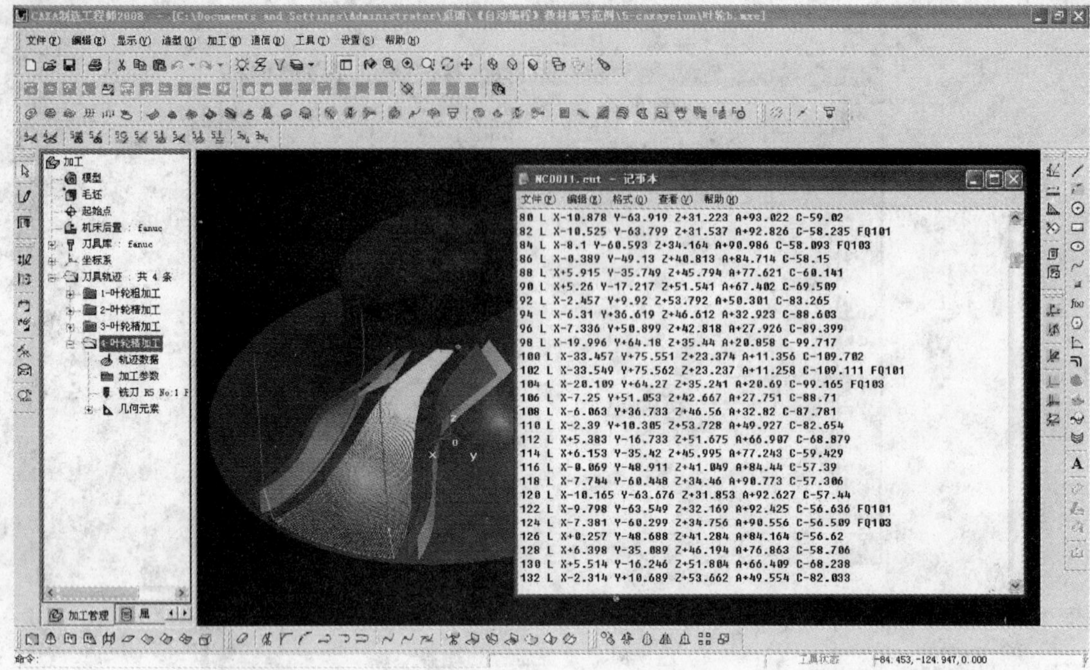

图 5-83　生成的加工程序

参考文献

[1] 何佳兵．数控加工自动编程［M］．北京：化学工业出版社，2009.

[2] 张德强．CAXA 数控铣削 CAD/CAM 技术［M］．北京：机械工业出版社，2005.

[3] 杨伟群．数控工艺培训教程（数控铣部分）［M］．2 版．北京：清华大学出版社，2006.

[4] 张丽华．数控编程与加工实训［M］．哈尔滨：哈尔滨工程大学出版社，2009.

[5] 张继东，崔保卫，何智慧．CAXA 制造工程师 2004 模具设计［M］．北京：机械工业出版社，2005.

[6] 张丽华．机械 CAD/CAM［M］．3 版．大连：大连理工大学出版社，2009.

[7] 邵东波．数控加工自动编程技术（CAXA）［M］．天津：天津大学出版社，2010.

[8] 劳动和社会保障部教材办公室．加工中心操作工（技师、高级技师）［M］．2 版．北京：中国劳动社会保障出版社，2008.

[9] 贾健明，杨继平，薛亮．整体叶轮的多轴数控加工编程［J］．航天制造技术，2002（6）3－8.

[10] 郝一舒，王德斌，杨玮玮．基于 NURBS 的整体叶轮建模技术［J］．CAD/CAM 与制造业信息化，2009（1）：85－86.

[11] 任涛．整体叶轮的五轴数控编程与加工［J］．CAD/CAM 与制造业信息化，2009（1）：122－125.